福島原発事故
賠償の研究

淡路剛久・吉村良一・除本理史（編）

はしがき

東日本大震災を契機に福島第一原子力発電所で深刻な事故が起こってから4年が経過した。この事故は未曾有の被害をもたらしたが、なお、その回復の目処は立っていない。損害の賠償に関しても、一方で、原子力損害賠償紛争審査会が指針を策定し、被害者と東京電力の直接交渉、原子力損害賠償紛争解決センターによる和解が進められているが、他方で、被害救済を求める訴訟も多数提起されている（集団訴訟だけでも、本書資料にあるように全国で20を越える）。

福島原発事故は、その規模において、さらに（広範な放射能汚染による被害という）質において、これまでの損害賠償法理論だけでは解決できない様々な問題を突きつけている。われわれは、この深刻かつ新しい問題に取り組むために、これまで環境問題に取り組み、多くの成果をあげてきた日本環境会議（1979年に、環境問題の研究者、環境問題に取り組む実務家、市民・住民等による学際的な研究団体として設立。理事長：寺西俊一）のもとに、この問題に取り組む各地の弁護団の協力を得て、「福島原発事故賠償問題研究会」（代表：吉村良一、事務局：除本理史、米倉勉、顧問：淡路剛久）を2013年12月に立ち上げ、研究会を重ねてきている。

研究会では、まず何よりも被害の実態を明らかにすることを出発点にし、従来の理論の到達点を踏まえながら、それを今回の事故の特質に照らしてどう発展させるかという視点に立って、様々の角度から、また、様々の論点について、月に1回の研究会を実施し、毎回、数十名の参加者による熱心で密度の濃い議論を行っている。本書は、この研究会の成果として公刊されるものである。研究会では、日本環境会議会員の公害・環境法研究者や会員以外の損害賠償法の研究者のほか、被害者、さらには各地で被害者と接し、その救済に取り組んでいる弁護士などにも報告をお願いしている。その成果の一部はすでに法律時報誌連載（2014年4月号～2015年3月号）等で公表しているが、本書は、それらに加えて、問題を全体的にとらえるために、多くの論点について、雑誌には掲載できなかった論文をも加えて編集されている。掲載論文にも必要な加筆を行っている。

この問題に対する研究課題は本書で扱ったテーマ以外にも多く存在し、また、本書で扱ったテーマについても、今後の事態（とりわけ訴訟の推移）のなかで、さらに深めなければならない点も多々出てくると思われるが、さしあたり、この問題に取り組む実務家や、この問題に関心を持つ研究者、さらには、被害者・被災者の救済や権利回復に取り組む多くの人びとに、問題解決を目指すための理論的な手がかりを示すことができ、また、公害・環境法や損害賠償法理論に対しても、新たな問題提起ができたのではないかと自負している。もちろん、各執筆者においても様々な理論的な差異は存在するが、そのことは、むしろ、今後の議論を通じてさらに理論が深められるエネルギーとなるものと考えている。

この問題に関心を持ち、この問題に様々な形で取り組んでいる方々に本書を読んでいただき、率直なご意見ご批判を賜われば幸いである。今後、それらを受けとめつつ、事態の推移を踏まえて研究活動を継続し、福島原発事故被害の救済に向けた理論の構築のために寄与していきたい。

最後になるが、この研究活動を支援いただいた関係弁護団、法律時報誌に連載の場を与えていただき、出版事情が厳しいなかで本書の出版を引き受けていただいた日本評論社、本書編集の労をおとりいただいた同社の中野芳明氏に感謝の意を表したい。

事故発生から４年を経過した日に

編者（淡路剛久・吉村良一・除本理史）

福島原発事故賠償の研究
目　次

第3章　損害論

第4章　除染

第5章　原発 ADR の意義と限界

避難指示区域の見直しと解除

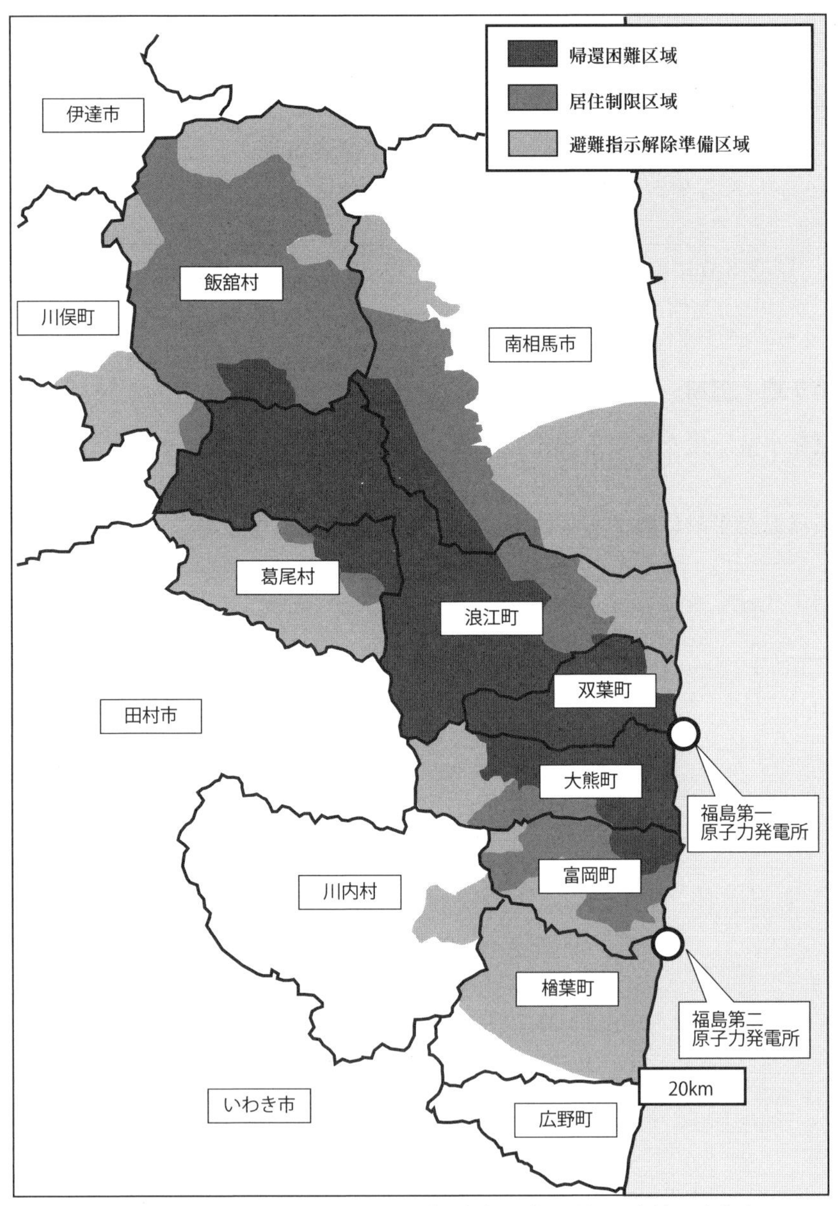

出所：経済産業省ウェブサイト「避難指示区域の概念図」（2014 年 10 月 1 日時点）より作成。

序章

福島第一原発事故が損害賠償法に投げかけた課題
——各章の解題をかねて

編者（淡路剛久・吉村良一・除本理史）

I はじめに

福島第一原発事故から4年以上を経過したが、事故は依然として収束していない。福島県内や全国に避難した人も2015年3月現在、12万人弱が帰還できていない。帰還困難地域はもちろん、それ以外の周辺地域においても、生活や環境の再生にはなお多くの課題が山積している。事故被害者の救済に関しては、原子力損害賠償法（原賠法）18条に基づく「原子力損害賠償紛争審査会」（原賠審）が、指針を作成し、また、「原子力損害賠償紛争解決センター」（いわゆる原発ADR）による和解も進められている。しかし、そこでの救済は今回の被害の特質を踏まえた真の救済という点では様々な問題も抱えている。他方、東京電力（東電）は、原賠法3条による無過失責任は否定しないものの、津波や事故は想定外のものであり過失はないと主張し、また、原子力政策を推進し、かつ、原発の設置や稼働に強い権限を有する国も、法的責任はないことを前提に、東電の賠償を「支援」するという姿勢に終始している。このようななか、全国で多数の訴訟が提起され進行しており、そこでは様々な議論が行われている（主要な訴訟の概要と争点については第7章参照）。いずれにしても確かなことは、今回の事故が従来の損害賠償法に重大かつ深刻な課題を突きつけていることである。

以上のような状況の下、われわれは、これまで環境問題に積極的に取り組んできた日本環境会議を母体に、実務家の協力も得て、2013年12月に、福島原発事故賠償問題研究会（代表・吉村）を立ち上げ、研究活動を進めている。その成果の一部は、すでに、雑誌(「法律時報」(日本評論社) や「環境と公害」(岩波書店))で公表しているが、本書は、それらを踏まえつつ、本件事故の真の救済のためには何が必要であるかを、理論的かつ総合的に検討するものである。以下、本章では、この問題を考えるうえでの基本視点を提示するとともに、各章の位置づけや解題をも行ってみたい。

Ⅱ　福島第一原発事故被害の特徴

かつて、四大公害事件に代表される公害裁判において、「被害に始まり被害に終わる」ということが言われてきた。本件においても、発生した被害の全体をいかにリアルに、しかも理論的に深く把握することができるかが決定的に重要である。この事故により生じた被害は、①放射線被曝そのもの、②被曝を避けるための避難による被害(避難生活の身体的負荷、避難生活の精神的苦痛、仮設住宅等での生活にともなう被害、長期化する避難生活による被害)、③地域社会を破壊され生活の地を奪われたことによる被害(ふるさとの喪失、事業と生計の断絶、生活の潤いの喪失、寺社・地域文化とのつながりの切断) などに整理できる[1)]。また、編者の一人である淡路は、別稿で、被害として、①放射線被ばくの恐怖感・深刻な危惧感、②避難生活を余儀なくされることによる精神的損害、③原状回復と生活再建にかかわる損害、④地域生活の破壊や喪失、⑤生態的損害をあげたことがある[2)]。そして、これらの被害全体の特徴としては、①類例のない被害規模の大きさ、②被害の継続性・長期化、③暮らしの根底からの全面的破壊、④被害の不可予測性などがあげられることが多い[3)]。これらのうち特に重要なことは、本件事故によって地域における生活が根底から破壊されていることである。早稲田大学のプロジェクトが実施した浪江町調査の報告書(この内容は第6章2参照。また、避難者の調査に関しては第6章1も参照) は、「アンケートを通じて、全体的に、浪江町では震災以前は友人・知人に囲まれた安心して生活できるコミュニティがあったこと、そのなかで生活史を積み重ねてきたこと、その生活史が一

1)　以上は、2012年4月に福島大学で行われた「『原発と人権』全国研究・交流集会」における米倉勉報告の整理による。

2)　淡路剛久「福島原発事故の損害賠償の法理をどう考えるか」環境と公害43巻2号(2013年)4頁。

3)　小島延夫「福島第一原子力発電所事故による被害とその法律問題」法律時報83巻9・10号(2011年)55頁以下、他。

瞬にして『原発事故により』奪われたことが住民に対して最も大きな苦痛を与えていることが推測される」と述べているが、このことは、浪江に限ったことではなかろう。

以上のような重層的で多様な被害に対する救済のあり方を考える場合、まず大切なことは、被害の全体を「あるがままに」とらえることである[4)]。そしてその際、被害を個別バラバラに切り離してとらえるのではなく、すべての被害を包括的にかつ総合的に把握することが必要である。この点で、編者の一人である吉村は、公害・薬害・水害等で論じられてきた考え方（いわゆる「包括請求論」）が手がかりになるのではないかということを主張してきた[5)]。それは、この考え方が、包括的で総体的な損害把握という損害の把握の仕方において、大きな特徴を有するからである。多岐にわたり、しかもそれぞれの被害が絡まり合い相乗し合っている総体を包括的にとらえる損害論が包括請求の出発点なのであり、そして、包括的・総体的損害論ともいうべきこのような損害把握にこそ、この考え方が本件被害における損害論として持つ意義がある。淡路も、「実態として存在する被害をそのまま損害として把握する必要がある」として、「この点では、包括請求論の被害実態に対するアプローチが参考にされてよい」と述べ、包括請求論の意義を指摘している[6)]。本件被害の全体的構造的分析は、編者の一人である除本が取り組んでいる[7)]が、その内容は、さらに第1章2で深められる。

本件被害の救済において第二に重要なことは、救済の理念として、完全救済、原状回復の理念を踏まえるべきことである。この点においても、これまでの公害等における考え方が参考となる。公害訴訟等では、包括請求論と結びつけて、損害賠償の目的として、被害の完全救済や原状回復の理念が強調されてきたが、この点は、本件被害の救済においても重視されるべきである。

それでは、本件原発事故によって侵害された（したがって、回復されるべき）住

---

4)　淡路・前掲注2）3頁以下。

5)　吉村良一「原発事故被害の完全救済をめざして」『馬奈木昭雄弁護士古希記念　勝つまでたたかう』（花伝社、2012年）87頁以下、「福島原発事故被害の救済」法律時報85巻10号（2013年）60頁以下、他。

6)　淡路・前掲注2）4頁。

7)　大島堅一・除本理史『原発事故の被害と補償』（大月書店、2012年）第1、2章、除本理史「原発事故による住民避難と被害構造」環境と公害41巻4号（2012年）32頁以下等。

民らの権利・法益とは何か。もちろん、そこでは、様々な利益や権利が侵害されている。しかし、それらを総体としてとらえ、その侵害に対する責任を考えていくうえでは、被害の全体を包括する権利・法益論の構築が求められる。この点に関し、現在争われている訴訟の多くで原告は、「放射性物質によって汚染されていない環境において生活する権利」、すなわち、「放射線被ばくによる健康影響への恐怖や不安にさらされることなく平穏な生活をする権利」が侵害されたとしている。平穏生活権は様々な場面で主張されているが、本件で問題となっている被害を平穏生活権で受け止めるとすれば、それは、「身体や健康に直結した平穏生活権」と位置づけるべきである。なぜなら、放射線被曝による不安は健康被害への不安であり、また、そのような不安には客観的根拠があるからである。

このように、本件で問題となっているのは「身体や健康に直結した平穏生活権」と位置づけるとしても、しかし、それはなお本件の被侵害権利・法益論としては不十分である。なぜならそこでは、あくまで「不安」が主要な問題とされているからである。もちろん、本件においては、放射線被曝による健康不安は重要な問題である。しかし、本件事故によって侵害された被害者の法益はこれにとどまらない。そこで、いくつかの訴訟で、避難によって生活の基礎を根こそぎ破壊された原告らは、平穏生活権とは別に、「人間が生涯にわたって地域や人と関係を築き、蓄積し、人間らしい生活を続け、命を次世代につないでいくプロセスそのものを奪ったものであって、これを人格発達権と呼ぶことにする」との主張が行われている[8]。さらに、本件では、住宅や家財道具、営業用財産、農地等の、いわゆる財物損害が重要な位置を占めるが、これらに対し、吉村は、用地買収の補償にかかわって、憲法13条、14条、25条を総合した「基本的生活権」という権利を構想し、損失補償の被補償者に、「基本的生活権」回復の視点から補償を行うべきことを主張する議論[9]をてがかりに、本件被害を、

---

8) この考え方は、ハンセン病国賠訴訟判決（熊本地判平成13・5・11判時1748号30頁）が、強制隔離は、「人として当然に持っているはずの人生のありとあらゆる発展可能性が大きく損なわれるのであり、その人権の制限は、人としての社会生活全般にわたるものである。このような人権制限の実態は、単に居住・移転の自由の制限ということで正当には評価し尽くせず、より広く憲法13条に根拠を有する人格権そのものに対するものととらえるのが相当である」としたことに示唆を受けて主張されたものである。

9) 田辺愛壹・海老原彰『用地買収と生活補償』（プログレス、2008年）はしがき。

被害者の「基本的生活権」の侵害であり、侵害された財物は、その「基本的生活権」を支える物質的基礎と考えることができるのではなかろうかと述べたことがある[10]。もちろん、これは、本来、損害賠償ではなく損失補償に関する議論であり、また、そこでは、主として不動産等の生活を支える財物の補償が問題とされている。しかし、問題を生活とそれを支える諸法益としてとらえる考え方は本件被害に応用可能なものではないか。

淡路は、これらの議論をも受けて、「本件原子力事故によって侵害された法益は、地域において平穏な日常生活をおくることができる生活利益そのものであることから、生存権、身体的・精神的人格権――そこには身体権に接続した平穏生活権も含まれる――および財産権を包摂した『包括的生活利益としての平穏生活権』が侵害されたケースとして考えることとしたい」と述べている[11]。この点は第1章1において詳しく展開される。

Ⅲ　具体的な検討課題

1　責任論

本件被害の救済を考える場合に重要なことは、誰がどのような責任を本件事故に対して負うかである（責任論）。その場合、まず第一に、本原発を設置し稼働させてきた東電の責任が問われるべきであるが、同時に、原発政策を推進し、その安全性確保について大きな権限と責任を負う国の責任も問題にされるべきである[12]。これらについては第2章が理論的かつ実践的な検討を行っているが、ここで略説するならば、東電については、まず、原賠法3条の責任が問題となる。本件事故に同法が適用されることに争いの余地はないが、唯一の問題は、3条但書の免責事由との関係である。原子力損害賠償・廃炉等支援機構法のスキームは、東電の原賠法3条責任の存在を前提に組み立てられており、このスキームによって国の「支援」を受けている東電が、原賠法3条責任を否定する

10）　吉村良一「福島第一原発事故被害の完全救済に向けて」環境と公害44巻1号（2012年）34頁。

11）　淡路剛久「『包括的生活利益としての平穏生活権』の侵害と損害」法律時報86巻4号（2014年）101頁。

12）　この他、原発メーカー等の関連事業者の責任、東電幹部の責任、銀行の貸し手「責任」、株主の「責任」（後の2つについては、その責任が賠償義務を負うという意味での責任なのかどうかも含めて検討されなければならないが）も問題にされるべきであるが、本書では、それらの検討は行えていない。

主張をすることは（少なくとも、政治的に見て）考えにくいが、一部には、今回の事態は「異常に巨大な天災地変」にあたるとする主張もあり[13]、また、東電がなぜ但書によって免責されないかについての理解によっては、東電の責任の中身が変わってくる可能性もあるので、整理しておく必要がある。この点、原賠法の立法作業に携わった担当者は、但書について、「いまだかつてない想像を絶した地震」を考えており、「およそ想像ができる、あるいは経験的にもあったというのは……含まれない」としている[14]。大塚直は、このような原賠法の国会審議や国際的な趨勢から、本条但書は厳格に解すべきとし、地震規模は1900年以降の世界の地震で4番目であり「想像を絶する」ものとはいえないこと、津波の遡上高も明治三陸地震や北海道南西沖地震の際の津波と比べて「想像を絶する」「異常に巨大な」ものであったとは考えにくいことから、免責の可能性を否定する[15]。また、この免責は、原子力損害が「異常に巨大な天災地変……によって生じたこと」を要件としていることから、人為（作為または不作為）があってそれと災害が競合して原子力損害が発生した場合には免責されないとする理解もある[16]。いずれにしても、本条但書により東電が免責されることはないと考えるべきであろう。

そのうえで問題は、東電は民法上の不法行為責任をも負うことはないのかという論点である。現在、東電に提起されている多くの賠償訴訟で原告は、民法709条や717条による責任をも追及している。これは、東電側が、無過失責任を定めた原賠法によって責任を負うとしても、今回の事故は津波という天災によるものであり、自らに過失はないとしていることに対し、不法行為法の責任を問うことにより、東電の様々な注意義務違反や設置・保存上の問題点を明らかにし、その責任の重大性をより明確にしようとする意図があるものと思われる。この点をどう考えるべきかについても第2章1－1、2が検討している。なお、無過失責任は過失責任より軽い責任であり、したがって、東電の原賠法による責任は通常の不法行為における加害者の責任より軽いものであるとの理解があるとすれば、それは誤りであり、また、無過失責任の場合においても、

13）　森嶌昭夫「原子力事故の被害者救済(1)」時の法令1882号（2011年）40頁等。
14）　当時の通産省の担当課長であった井上亮の発言（ジュリスト236号（1961年）17頁）。
15）　高橋滋・大塚直編『震災・原発事故と環境法』（民事法研究会、2013年）68頁以下。
16）　淡路剛久「福島第一原子力発電所事故の法的責任」NBL968号（2012年）31頁。

効果論（特に、慰謝料等の賠償額の算定）との関係で被告の義務違反の内容や程度は重要な考慮要素であり[17]、したがって、原賠法においても、東電に重大な過失があるかどうかといったことは問題になりうることを指摘しておきたい。

本件事故の多くの訴訟において、東電とならんで、国の責任が追及されている。本件事故について国が法的責任を負うかどうかは、国の被害救済へのかかわり方において、重要な意味を持ち、現在の原子力損害賠償・廃炉等支援機構法のスキームのあり方を根底から問い直す意味を持つ。この点を検討するのが第2章2－1、2であるが、ここで若干のことを述べるならば、まず、原賠法4条（責任集中規定）は国の国賠責任を免除するものではないと考えるべきである。なぜなら、責任集中規定の趣旨は、関連業者を免責することによって原子力産業への参入を促進するとともに、責任保険引受キャパシティーを原子力事業者に集積することにあるとされていることや、そもそも、本法が制定される時期には、国の規制権限不行使による責任は考えられていなかったのであり、本法の立法者は国の責任が責任集中原則で免責されるとは考えていなかったことからみて、国は、原賠法4条によって免責されるものではないと考えられるからである。本法の責任集中原則によって国の責任が否定されるとすれば、それは、憲法17条との関係で違憲の疑いがあるとの指摘もある[18]。

国が責任を負うとして、その根拠は、国賠法1条の、いわゆる規制権限不行使による責任であり、筑豊じん肺訴訟最高裁判決やそれを維持した泉南アスベスト訴訟最高裁判決などを踏まえて、原発に関する規制法規と規制の実態を明らかにした議論が求められる。

2　損害論

原賠審は、紛争解決（「和解」）の指針を策定している。この指針は、東電との交渉においても原発ADRにおいても大きな役割を果たしており、訴訟でも、東電側は、この指針以上の損害賠償には否定的な態度に終始している。原賠審が早期に指針を示したことは、本件原発事故被害の救済に一定の道筋を付けたものとして意義を有するが、同時に、それは、様々な問題を孕んでいる。したがって、損害論については、この指針の性格や特徴、その限界を正しく理解す

17）　大塚直「東海村臨界事故と損害賠償」ジュリスト1186号（2000年）38頁参照。
18）　日本弁護士連合会編『原発事故・損害賠償マニュアル』（日本加除出版、2011年）32頁。

るとともに（原賠審と指針の特徴については第3章1が検討している）、それを批判的に克服していくことが求められる。その際、まず検討されるべきは、原賠審が交通事故における賠償の考え方を参照した[19)]ことの当否である。この点を含めて、本件損害にふさわしい損害評価と賠償額算定のあり方は第3章1が検討しているが、ここでは、交通事故があくまで個別の事故であること、加害者と被害者に立場の交代可能性があること、保険が普及していることといった、本件事故とはおよそ異なる特質を有することに留意する必要があることを指摘しておきたい。また、交通事故方式においては、個別の損害項目ごとに算定された損害額を積み上げるという算定法がとられているが、このような方式で、本件における広範かつ多様な、しかも長期にわたって継続する被害の全体像を的確にとらえることができるのかという疑問もある[20)]。

損害論における各論的課題は第3章2以下が検討するが、指針が一人当たり月10万円（避難所の間は12万円）とした避難者慰謝料の当否（第3章2）、いわゆる「自主避難者」への賠償の可否やその内容、放射線量の高い地域に滞在する者に対する賠償（第3章7）、被曝による将来の健康影響や不安に対する補償[21)]といった問題がある。さらに、本件事故によって居住用不動産等の生活基盤としての財物に重大な被害を受けた者の賠償（第3章3）や山林や農地被害に対する賠償をどう考えるのか、休業や廃業を余儀なくされたことによる逸失利益や追加的費用の賠償、取引先を失ったことによる営業損害（第3章4）、いわゆる「風評被害」の賠償（第3章5）等、様々な課題がある。また、本書では独立したテーマとしては扱えなかったが、原発被害を苦にして「自殺」した人に対する賠

---

19)　審査会委員である中島肇は、指針を解説したその著書において（『原発賠償　中間指針の考え方』（商事法務、2013年）49頁）、「交通事故方式は、膨大な判例の蓄積があり、かつ個別の損害項目を抽出して損害額を積み上げる算定方式であることから、多くの損害項目のなかから順次指針を抽出提示していく審査会の方式に適合しやすい」ことから、交通事故方式が参考とされたとする。

20)　潮見佳男「中島肇著『原発賠償　中間指針の考え方』を読んで」NBL1009号（2013年）41頁は、この点につき、「自動車事故賠償方式を基礎に据えた点に対しては、基準の客観性・画一性・普遍性という点では評価できるものの、原発事故の特殊性が個別損害項目のなかで十分に汲みつくされているかどうか、自動車事故の場合には表れない特殊の損害項目がないかどうかの検証は、今後も不断に行っていく必要がある（個別算定方式の限界が公害賠償方式を生み出したことを忘れてはならない）」とする。

21)　現在の「健康管理調査」は不安の払拭を目的としており、必ずしも、健康の維持管理を目的としたものではない。したがって、定期的な健康診断や医療費の補助等、真の意味での健康管理費用の補償が問題となりうる。

償も裁判やADRで問題となっており（福島地判平成26・8・26判時2237号78頁は「自死」した避難者の遺族に損害賠償を認める判決を下した）、避難関連死や疾病（高齢者や病弱者が避難の負荷により死亡したり病気が悪化したり新たに発病した場合）被害も深刻である。原発事故により救助できなかった地震や津波による被災者への賠償を考える必要がないのかといった問題もある。加えて、生態系の変化を含めた環境それ自体に生じた損害（環境損害）をどう補償するのかということも検討の必要がある[22]。

本件で生じた重大な被害は、「ふるさと喪失」被害である。除本は、原発事故によって、それまで定住圏の中に一体となって存在していた諸機能（自然環境、経済、文化）がバラバラに解体され、「ふるさとの喪失」という重大な損失が発生し、その結果、住民は、そのバラバラにされてしまった機能のうちどれをとるかというきわめて困難かつ理不尽な選択に直面したとする[23]が、このような、おそらくこれまで損害賠償法が直面してこなかった被害をどうとらえて損害論・損害賠償論の議論の俎上に載せていくのかが問われている。この問題は第3章6が扱う。

被害地域の再生や生活の再建にかかわっては、除染の課題があり、除染を求める訴訟も提起されている。その場合、除染による原状回復請求の根拠をどう考えるか（人格権等の権利を根拠とした請求（妨害排除請求）として根拠づけるのか、不法行為に基づく損害賠償（狭義の原状回復）として根拠づけるのか）、請求内容の具体性や実現可能性、さらには、放射線物質汚染対処特措法による除染との関係なども問題となる。これらについては第4章が扱う。さらに重要な課題は、低線量被曝による損害をどうとらえるかである。本件被害の把握の難しさは、放射線被害の「把握困難ないし不可能性」に関連するが、その多くが「低線量被曝」ないし、それへの恐れが要因となっていることにある。この問題が深刻な形で表れるものとして、いわゆる「自主避難者」への補償をどう考えるかという問題があるが、「風評被害」の問題や避難区域の再編・解除にともなう「帰還」の問題にも関連してくる。この問題は第3章でも検討するが、指針は、不安やおそれ（および、それによる行動）が「合理的」である場合に補償するという基準を提示している。「不合理」な不安やおそれが補償対象にならないことはそのと

22）淡路・前掲注2）4頁。
23）除本・前掲注7）36頁。

おりであろうが、本件の場合には、放射能被害（とりわけ低線量被曝による）についての科学的知見の不確実さが残ること、その結果、「専門家」のなかでも安全基準についての意見が分かれること、今回の事故を通じて、政府等の公的機関や「専門家」「科学者」に対する国民の信頼が崩壊し、「科学的合理性」なるものへの強い懐疑が存在することなどを踏まえ、また、低線量被爆については、科学的知見には不確実さが残るが、その危険性は重大であり、もし、それが現実化した場合に生じうる被害は深刻なものとなるから、いわゆる「予防原則」の視点から「合理性」を判断すべきである。

Ⅳ　おわりに

これまで、深刻な被害を出してきた公害や薬害等では、裁判による賠償と自主交渉、さらには各種の制度要求が結合されて救済が実現されていっている（例えば、イタイイタイ病事件では、判決後の交渉により、被害者の救済、農作物被害の補償と汚染土壌の復元、発生源対策等に関する協定が結ばれ、それに基づく取り組みが成果を上げている）。これらと同様に、本件でも（あるいは、従来の公害等のケース以上の意味において）、訴訟による救済と自主交渉、ADR による救済、制度的要求の組み合わせが考えられるべきであろう。今回の事故の特質として、原発 ADR が作られたことが挙げられる。この仕組みがこれまで果たしてきた意義と限界や問題点を検証し、今後、被害救済の仕組みとその役割分担をどう改善していくのかが問われている（この点は第５章参照）。また、本件被害の場合、その広範性や、さらには継続性からみて、その回復のために必要な措置は多様かつ大規模なものとならざるをえないが、それらをすべて損害賠償の形で実現することは不可能であり、これまでの公害等の事例以上に、国や自治体等による制度的対応が重要となる。この制度的措置に関しては、現時点でなされている措置（放射線物質汚染対処特措法による除染、原発事故子ども・被災者支援法等）の現状と問題点や限界の洗い出し、新たな制度要求の具体化等の作業が必要であり、そのような全体としての救済措置のなかで損害賠償が占める位置を見極めていくことが必要となる。

1 「包括的生活利益」の侵害と損害

淡路剛久

I　序

1　避難被災者（被害者）の状況

(1)　未だ生活の再建ができない膨大な数の避難者

福島第一原子力発電所事故（福島原発事故）から4年余が経過した。この間、被害者（被災者）に対する国の施策、たとえば、原子力災害対策特別措置法に基づく避難指示区域の設定と再編、除染対策、原子力損害賠償紛争審査会（原賠審と略称することがある）の設置による賠償指針（中間指針）の策定と原子力損害賠償紛争解決センター（原賠ADRと略称することがある）による和解の仲介などの施策、そうして東京電力（東電）の対応措置としての被害者に対する損害賠償の支払いなどが進められてきた。しかし、被災者の困難な状況はあまり改善されていない。その最たるものが避難生活である。被災者の避難状況に関する報告によると（福島県災害対策本部の即報第1342報、2014年12月26日現在）、県内避難者75,796人、県外避難者（2014年11月30日まで）45,934人、避難先不明者は50人、（集計の時期によって若干の相違が生ずるが）合計121,780人となっている。

これらの膨大な数の避難被害者が最も強く望むのは、避難生活からの生活の再建であり、それを実現させることが国および関係自治体の何よりも急がれる重要な課題である。そのために、復興の加速化が決定された（2013年12月20日、閣議決定）[1]。元の市町村の復興が可能であり、それが加速化され、元のように（あるいはそれに近い形で）居住し生活できる故郷（ふるさと）・自宅への帰還の促進であれば、それこそが避難者がまさに望むことであろう。しかし、現状では、元のように居住し生活できる故郷・自宅への帰還には、多くの困難がある。また、長期間帰還ができないか、あるいはもはや現実には帰還不可能な被害者も多い。

(2)「帰りたくても帰れない」——帰還か移住か

原発事故後直ちに設定され、さらに変更や追加があった政府避難指示区域は、その後、原子力災害対策本部による見直しの決定（2011年12月26日）により、2013年8月までにすべての避難指示対象市町村において三つの避難区域への再編が完了した。三つの避難区域とは、①避難指示解除準備区域（年間積算線量が20 mSv（ミリシーベルト）以下となることが確実であることが確認された地域）、②居住制限区域（年間積算線量が20 mSvを超えるおそれがあり、住民の被曝線量を低減する観点から引き続き避難を継続することを求める地域）、③帰還困難区域（長期間、具体的には5年間を経過してもなお、年間積算線量が20 mSvを下回らないおそれのある、年間積算線量が50 mSv超の地域）をいう（vi頁の図参照）。

これらのうち、①の避難指示解除準備区域については、避難区域の解除が始まっている（田村市都路地区、川内村東部）。今後、早い時期に、さらにいくつかの市町村において解除が検討されることになろう[2]。そうなると、避難被害者は、新たな局面の問題に直面することになる。避難指示が解除されたとき、「避難指示解除準備区域」の住民は帰還か移住かの選択を迫られることになるが、元の居住地域に帰還しても放射能汚染による健康影響は大丈夫かとの深刻な危惧感を持つ人も少なくないであろう。また、居住を可能とする社会環境、たとえばインフラ整備や公共施設の再興そして生業の復興・再生など、地域生活を支える基盤の復旧・復興がすすむかという問題もある。それにもかかわらず、避難指示解除のときから1年で精神的損害の賠償は打ち切られる（中間指針第四次追補）。

「居住制限区域」の住民は、一定年数戻れないが除染がすすめば数年後（その

1）　2013年12月20日閣議決定「原子力災害からの福島復興の加速に向けて」および中間指針第四次追補。除染の困難と遅れ（計画より2年から3年ほど遅れている）や除染にかかる膨大な費用、それと被災者の帰還意向の変化（帰還から移住へ）などが理由となって、それ以前の全員帰還方針から、帰還か移住かの方針となった。

2）3）　朝日新聞2014年2月24日朝刊。

時期ははっきりしない）には帰還できるという前提で避難生活（災害公営住宅かその他の一時的避難地域での生活）を送りつつ帰還を待つか、それとも帰還をあきらめて移住かの選択に直面することになろう。

「帰還困難区域」の住民ははたして帰還できるのかという問題をつきつけられ、将来の生活の再建を見通す困難に直面している。

さらに、避難指示区域外に居住していた避難被災者あるいは滞在者の救済問題がある。

(3) 一体的復興が困難な被災自治体

このような被災者の状況は、被災自治体の復興計画にも深刻な影響をあたえている。たとえば、避難区域の再編により三つの区域に分断指定された浪江町では、2013年8月実施の町民帰還意向の調査によると、「戻りたい」18.8%、「判断がつかない」37.5%、「戻らない」37.5%となっている（新聞報道によれば、他の市町村でも、帰還に積極的な住民は2～4割、戻らないという住民も2～3割となっている[3]）。除染による安全・安心の確保、生活インフラと公共施設の整備、生業の復興・再生など地域生活の再建に不可欠な施策がなければ、町の一体的再興はむずかしいことを示しているが、それに加えて、避難区域の線引きが、除染対策や損害賠償問題（賠償格差）と直結されて、被災町民の一体的復興の意識を妨げている、という指摘がある。

避難被害者への損害賠償問題は被災自治体の復興問題（その出発点は放射能汚染の除染）と結びついていることを意識しつつ、本稿では損害賠償問題に焦点をあわせる。なお、本稿は、これまで述べてきた論文等の叙述をベースとしているので、再録や同趣旨の文章が多いことをお断りしておきたい。

2 本稿の課題

(1) 原賠訴訟の増加

以上のような状況にある避難被害者が、生活を維持し再建するためには、被害者の侵害された権利法益を填補する適切な損害賠償が支払われなければならない。現行制度では、被害者に対する損害賠償問題の多くは、原子力損害賠償法（原賠法）により、原子力損害賠償紛争審査会によって策定された中間指針に基づき、原子力損害賠償紛争解決センター（原賠ADR）における和解によって解決されているが、他方で、訴訟も増加している。これまでのところ第7章にあるように20以上の裁判所に8000人以上の被害者が訴訟を提起しているといわれているが、原賠ADRの仕組みがあるのに、なぜこのように多くの原賠訴訟が提起されているのであろうか。この問いは次のような問題提起につながろう。すなわち、後述のように、原賠ADRが主として依拠している従来の不法行為損害論は、福島原発事故が引き起こした広範かつ多様な被害に対する損害賠償の枠組みとして限界があり、新たな損害論の構築が必要ではないか、ということである。

(2) 賠償されるべき損害か——新たなタイプの被害

福島原発事故は、極めて多様かつ広範な被害を引き起こしたが、そのなかには、経済的・金銭的な被害を中心として伝統的な形の損害論にそのまま当てはまるものあるし、従来の損害論の延長上でとらえることができる被害もある。また、過去の損害賠償訴訟では経験したことのないような新たなタイプの被害も本件事故に基づく損害として主張されている。

原賠審の中間指針（2001年8月5日）とその後の追補（四次追補まで）で取り上げられた損害項目とその賠償基準は、従来の伝統的損害論あるいはその拡張的な適用によるものとして理解することができよう。

これに対して、ADRや訴訟で主張されている次のような被害は、従来の損害論では経験したことのないものであり、福島原発事故によって引き起こされた損害と評価され得るかどうかが問題となる。

(i) 被害者住民が、高濃度汚染地域にとどまっていた間に放射能汚染に曝露したことによる深刻な健康影響の危惧感。

(ii) 被害者住民が避難生活中に被った、そして被りつつある精神的損害。

(iii) 放射能汚染によって元の地域から他の地域へ移住を余儀なくされた被害者住民の故郷の喪失（地域生活利益の喪失と精神的苦痛）。

(iv) 移住を余儀なくされた被害者住民が他の地域で居住するための不動産損害。

(v) 環境損害（エコロジカル損害とも呼ばれる）。

(3) いかなる権利法益の侵害に基づく損害か

本稿では、これらの新たなタイプの被害を対象としてそれらがいかなる権利法益の侵害に基づく損害かを問い、一般法理と考えられる伝統的不法行為損害賠償論と対比しながら、本件原発事故に即した損害論の構築を試みたい[4)]。

そこで次に、まず、基本的に従来の不法行為損害論を適用（一部拡張適用）したと考えられる原賠審の中間指針の損害論を検討しよう。

Ⅱ 原賠審中間指針の損害論の特徴と検討

1 原賠審の中間指針

原子力損害賠償法（原賠法）は、原子力損害の賠償に関する紛争の自主的な解決を促進するために、文部科学省に、原子力損害賠償紛争審査会（原賠審）を置くことができるものとし、原賠審は、和解の仲介を行い（そのために、原賠審の下に原子力損害賠償紛争解決センターが設置された）、原子力損害の範囲について一般的な指針を定めることができるとの規定（18条）を置いている（1999年のJCO事故後の改正[5)]）。これに基づき、審査会は、賠償されるべき原子力損害の範囲について、数次にわたる指針（中間指針と第四次までの追補）を定め、公表してきた[6)]。中間指針が示す損害賠償の範囲は、本件原発事故と相当因果関係にある損害[7)]、すなわち「社会通念上当該事故から当該損害が生じるのが合理的かつ相当」と判断されるか、という判断枠組みで決められている。損害項目としてはかなり

4) 淡路剛久「福島原発事故の損害賠償の法理をどう考えるか」環境と公害43巻2号（2013年）2頁以下で、従来の個別的損害論を形作る中心となった交通事故損害論、包括的損害論を構築することとなった公害・薬害損害論、住居損害が議論となった水害損害論を取り上げ、本件原子力事故との相違を論じた。同様の視点にたつものとして、吉村良一「総論――福島第一原発事故被害賠償をめぐる法的課題」『小特集　福島第一原発事故被害の賠償』法律時報86巻2号（2014年）55頁以下などがある。

5) 「原子力損害賠償制度の在り方に関する検討会第一次報告書」（2008年12月15日、文部科学省）。

6) 中島肇『原発賠償中間指針の考え方』（商事法務、2013年）、大塚直「福島第一原子力発電所事故による損害賠償」（高橋滋・大塚直『震災・原発事故と環境法』民事法研究会、2013年、65頁以下）などに紹介と検討がある。

7) 原子力事故賠償について最初のケースとなったJCO事故に関する報告書は、「相当因果関係」が認められる限り損害賠償されるものとした。科学技術庁・原子力損害調査研究会『原子力損害調査研究会最終報告書』（2000年3月29日）。本件中間指針は、この報告書を参考にしているが、JCO事故における損害は主として営業損害であり、福島原発事故のような広範な損害ではなかった。その意味で本件中間指針が定めた基準の多くは新たなものといってもよいであろう。

広くとらえられ、一見するところでは、基本的に判例・通説の考え方に依拠しつ、本件原発事故の特殊性をも考慮した指針といえるようにも思われる。この指針に基づき、あるいは若干の修正を加えつつ、原賠 ADR により多くの申立て案件が解決に至っている。

2　中間指針の特徴と検討

(1)　特徴

原賠 ADR による解決は、合意に基づく自主的解決であって（賠償の負担を負う東電側の同意を得る必要があることからいえば、被害者側にとっては最低限の賠償といえるかも知れない）、必ずしも裁判上の規範となるものではないが、中間指針の考え方に少し立ち入って、法的観点からその特徴をみてみたい[8]。

中間指針の特徴は、因果関係論について一種の相当因果関係説をとり、損害概念については個別的損害項目・差額説をとり、原子力事故と個別項目の損害とを——政府避難指示を媒介とする——相当因果関係によって直結させて、賠償範囲にあるかどうかの判断をしたことにある、といえよう。

すなわち、中間指針は、まず、本件事故による損害賠償の範囲は本件原発事故と相当因果関係にある損害だとした。原賠法には賠償範囲について特別の規定がないから、「一般法である民法に戻り、放射線作用等との間の相当因果関係が認められる損害は何かを検討することになる」との説明がなされている[9]。そうして、中間指針は、本件事故と相当因果関係のある損害として、①「本件事故から国民の生命や健康を保護するために合理的理由に基づいて出された政府の指示等に伴う損害」、②「市場の合理的な回避行動が介在することで生じた損害」、さらに、③「これらの損害が生じたことで第三者に必然的に生じた間接的な被害についても、一定の範囲で賠償の対象となる」とし（2011年8月5日の中間指針）、その上で、以下のような損害項目につき、賠償範囲と賠償額の基準を定めている。すなわち、検査費用（人、物）、避難費用、一時立入費用、帰宅費用、生命・身体的損害、精神的損害、営業損害、就労不能等に伴う損害、財物価値の喪失または減少等、いわゆる風評被害、いわゆる間接被害等（一部省略）、ある

---

8)　中間指針および前掲・中島著については、潮見教授の示唆に富んだ紹介と分析がある。潮見佳男「中島肇著『原発賠償　中間指針の考え方』を読んで」NBL1009号（2013年）40頁以下。

9)　大塚・前掲注6）72頁。

種の損害項目については、定型化された賠償額（精神的損害など）である。そうして、具体的な損害賠償の基準は、前記の個別損害項目ごとに、「差額」によって導き出せる損害については基本的にそれにより（営業損害や就労不能の場合の減収など）、一般的には、「合理的」とか「合理的かつ相当」とか「必要かつ合理的」などの判断基準[10]をあげて、賠償の要否および賠償額を定めている。

このような中間指針の個別的損害項目を、原賠法3条1項および2条2項の「原子力損害」の定義にあわせて整理され、説明されたのが、中島肇著『原発賠償中間指針の考え方』（4頁）である（注(6)参照)。前記個別損害項目についての指針が、「放射線等の作用により直接生じた損害」、「作用を回避するために生じた損害」――ここに政府避難指示に伴う損害についての指針が類型的にあげられている――、「政府の指示に基づかない回避行動に伴う損害」として、整理されている。中間指針の説明としては、分かり易い整理といえよう。

もっとも、中間指針には、従来の相当因果関係によって導かれ得るか、それともあらたな損害として認めたのではないかが問われてよい賠償指針もある。第四次追補（2013年12月26日）が認めた、帰還困難区域（および大熊町と双葉町）からの避難被害者に対する「長年住み慣れた住居および地域が見通しのつかない長期間にわたって帰還不能となり、そこでの生活の断念を余儀なくされた精神的苦痛等」に対する一括賠償、および住居確保損害である。これらの損害項目の性質と賠償基準については、後に検討する。

(2) 検討

以上、中間指針の損害論には、従来の不法行為損害論によって把握されてきた損害項目について損害賠償の考え方が示されているが、本件原発事故が引き起こした新たな被害に対する損害論については、抜け落ちている（放射能汚染のばく露による健康被害に対する深刻な危惧感、故郷の喪失による地域生活利益の喪失、環境被害など）か、あるいは不完全・不十分にしか示されていない（避難慰謝料、財物被害、避難区域外避難者の慰謝料など)。中間指針は従来の不法行為損害論の適用ないし拡張適用という既存の枠にあてはめて導かれているのに対して、本件原発事故は従来経験したことのない新たな被害を引き起こし、新たな損害論の

10) もっとも、これらの基準の使い分けは明確ではない。なお、潮見・前掲注8) 43頁注（7）参照。

構築を必要としていることに応えていないのである。たとえば、原賠 ADR や原発損害賠償訴訟において主張されている、放射能汚染によって元の地域から他の地域へ移住を余儀なくされた被害者住民の「故郷の喪失」（「地域コミュニティの喪失」）と呼ばれる損害や、移住を余儀なくされた被害者住民が他の地域で居住するための不動産損害などは、従来ほとんど議論されたことのなかったテーマである。

このような損害の主張に対してどうアプローチすべきかが問われているのである。従来型の損害論を形式的にあてはめれば、故郷の喪失は、ふるさとへの愛着を切断された精神的被害（悲しみ）として慰謝料の対象となり、不動産損害は居住できなくなった不動産の市場における交換価値を尺度として賠償額を算定する、ということになりかねないであろう。しかし、このようなアプローチは、被害の実態とはかけ離れていると言わなければならない。

原賠法は、賠償されるべき「原子力損害」を、「…原子核分裂の過程の作用又は…放射線の作用若しくは毒性的作用…により生じた損害」（以下、「作用等」とか原子力事故という）と規定している（2条2項）のみであるから、相当因果関係――しかも、政府指示避難を媒介させた――枠組みと、あらかじめ個別化された損害項目から賠償範囲を画そうとするのは必然ではないと思われる。そのようにアプローチするのではなく、原賠法の規定から、「…作用等」によって実態として現実に生じた被害（あるがままの被害）をどのように賠償されるべき原子力損害として構成するのが事案適合的か、というアプローチがとられる必要があるように思われる。そのためには、不法行為損害論の基本理論に戻って検討することが適切であろう。

3　不法行為損害論の基本理論からの検討

(1)　原発事故と個別的損害項目との相当因果関係か

まず、因果関係論であるが、先に述べたように、中間指針は、相当因果関係により、「…作用等」（原子力事故）と個別的損害項目としての損害との因果関係とを直結させ、かつその金銭評価をも示した。ここでは、相当因果関係は、本件事故と賠償の範囲を画する因果関係であると同時に、個別的損害の金銭評価をするための因果関係ともなっている。そして、相当因果関係の有無を定める基準としては、基本的に「合理的かつ相当性」という判断基準が用いられている。とはいっても、それは「416条類推適用説」の「通常生ずべき損害」の範囲を示したものか、それとも類推適用否定の相当説か、あるいは従来の相当因果関係説とは別の考え方なのかは、明らかでない。

これに対して、学説上有力な事実的因果関係説の立場に立てば、損害の把握は原子力事故によって引き起こされた被害の実態をあらわす不利益事実としてあらわされるから、それと原子力事故との事実的因果関係を問うことになる。問題はその不利益な事実をどう構成すべきかであり、それは損害概念の問題となる。

(2) 損害概念から

周知のとおり、不法行為損害賠償の対象となる損害概念については、二つの考え方がある。一つは伝統的にとられてきた差額説であり、もう一つは、最近有力に唱えられている損害事実説である。差額説は、損害とは不法行為がなければあったであろう状態と不法行為があったために生じた現実の状態との差額である。この差額は、法益の差として抽象的にとらえることもできるはずである[11]（その場合には直接的には金銭ではあらわされない）が、わが国で一般的にとられてきたのは金銭であらわされた差額である。そのためには、金銭化を可能とする個別的損害項目ごとに差額を導く必要があるため、差額説による損害は個別損害項目についての金銭的差額であらわされることになる。これが判例および従来の通説の考え方であるとされてきた。

本件福島事故損害賠償の中間指針は、基本的に、このような損害項目別・金銭的差額説に基づき、重要なファクターとして政府避難指示によって発生したと考えられる損害項目を立てて、賠償基準を定めたものと思われる。原発事故被害の実態からというよりは、既定の枠組みから被害をみて、損害賠償論を組み立てた方式といえるように思われる。

しかし、損害項目別・金銭的差額説がどのような不法行為の加害の態様にも妥当するかは、再考が必要である。従来、不法行為損害論をリードしてきた加

11）　法人の慰謝料に関するが、この趣旨を述べた判例がある。要約すれば、損害とは、侵害行為がなかったならば惹起しなかったであろう状態から侵害行為によって惹起されている現実の状態の差であるとし、その差を金銭で数理的に評価できるものが有形の財産上の損害であり、そうでないものが無形の損害とした。最判昭和39・1・28民集18巻1号136頁。

害と被害の類型は交通事故であり、そこでの損害賠償請求は、人身損害にしても、物的損害にしても、個別事故における個別的損害の賠償請求としてあらわれるので、賠償されるべき損害が個別的損害項目ごとに把握され、裁判例が積み重ねられ、損害賠償法の中心となる損害賠償体系が形作られることになった。しかし、交通事故損害賠償においても、賠償基準は事案の性質に応じて多様化や修正が加えられており、裁判例でも損害事実説によって説明できる（その方が適切な）事例も少なくない[12)]。医療事故判例にも同様の傾向があらわれている[13)]。

これに対して損害事実説は、法益によって生じた不利益そのもの、あるいはこうむった不利益として主張されている事実そのものを損害ととらえる考え方である。学説上、有力な立場であり、裁判例上も、公害薬害や水害の裁判例では包括的損害方式をとるものが多いが、これらの裁判例は損害事実説により親近性を有する[14)]。

要するに、判例の立場に立っても、また学説の立場に立っても、損害項目別・金銭的差額説によってすべての損害賠償問題の解決をはかろうとすることは妥当でないといえよう。本件原発事故についても、本件不法行為の加害と被害の実態を踏まえ、それらの態様に応じて損害論を組み立てる必要があると思われる。

Ⅲ　本件原子力事故によって引き起こされた権利法益の侵害

1　本件原発事故によって侵害された基本的な権利法益

(1)　侵害された基本的な権利法益

未曾有の本件原発事故によって侵害された被害者のもっとも基本的な権利法益はなんだろうか。この点を避難中の被害者に問えば、躊躇なく「地域での元の生活を根底からまるごと奪われたこと」、「家族離散による生活の破壊」、「故

12）　人身損害についての死傷損害説は損害事実説によって説明できよう。交通事故賠償の場合の逸失利益について、下級審裁判実務は一般に稼働能力喪失説をとっているが、これも稼働能力という法益に生じた喪失という不利益を損害ととらえているから、損害事実説的な損害のとらえ方ということができる。最高裁判例には、金銭差額説をとりつつ、稼働能力説にも一定の理解を示したとみられる判決もある。最判昭和56・12・22民集35巻9号1350頁、最判平成8・4・25民集50巻5号1221頁。
13）　最判平成11・2・25民集53巻2号235頁など。
14）　淡路剛久『不法行為法における権利保障と損害の評価』（有斐閣、1984年）で論じた。

郷を失ったこと」などと答えられるであろう[15]。このような日常用語レベルでの被害を、法的な損害賠償概念に翻訳するとき、上記中間指針の個別損害項目のような、主として交通事故賠償によって形作られた、既存の損害賠償法の仕組みによって表現しきれるであろうか。原発事故によって侵害され破壊されたのは、根本的には日常生活そのものであり、そこから様々な具体的な損害が生じる。中間指針のように、政府避難指示区域を媒介とし、相当因果関係に直結された個別的・差額説的損害項目の枠組みからアプローチするのではなく[16]、本件原発事故によって侵害された権利法益を問い、そこから賠償されるべき損害項目を導いて金銭化するのとでは、事案に適合した法的構成の点でも、その結果としての損害賠償額においても違いが生じるのではなかろうか。

それでは、「地域での元の生活を根底からまるごと奪われた」本件原発被害の実態を、どう法的に表現すればよいであろうか。

(2) 法的には

損害事実説によれば、「地域での元の生活を根底からまるごと奪われた」こと、すなわち、平穏な日常生活（家庭生活、地域生活、職業生活など）を奪われたことが、損害である。差額説をとっても、法益の差としてとらえる考え方によれば、侵害行為がなかったならば惹起されなかったであろう状態から侵害行為によって惹起されている現実の状態の差（無形の損害）であり、それは平穏な日常生活の喪失である[17]。平穏な日常生活を営む権利は、原賠法によって保護されるべき権利法益（自由権、生存権、居住権、人格権、財産権を含む）であり、「包括的生活利益としての平穏生活権」（包括的平穏生活権）と呼ぶことができる。

もっとも、「平穏生活権」という権利概念は、吉村教授が論じられたように[18]、

15) 詳細な被害の実態については、浪江町被害者の実態調査であるが、早稲田大学東日本大震災復興支援法務プロジェクト『浪江町被害実態報告書』（2013年8月）参照。

16) 潮見・前掲注8) 42頁は、自主的避難についてであるが、「政府による指示」の有無は過大視されるべきではないと指摘する。

17) 潮見・前掲注8) 46頁以下は、「平穏生活権」の視点とこのような法益状態の「差」から、「その地域で平穏に生活する権利」（事業者の場合には、その地域で事業活動を展開する権利）と捉え、「権利侵害（ここでは平穏生活権の侵害）がなければ、被害者が現在置かれているであろう状態」を金銭によって価値的に実現するための制度としての損害賠償を構想することこそが重要——これは差額説と矛盾するものではない——と述べられている。従来の平穏生活権をそのまま用いている点で、私の用語とは異なるが、趣旨は同じと解される。

18) 吉村良一「『平穏生活権』の意義」『行政と国民の権利』（法律文化社、2011年）232頁以下。

いくつかの意味で用いられているので、従来の「平穏生活権」の意義と本件の「包括的生活利益としての平穏生活権」の意義について、述べておく必要があろう。

2　従来の「平穏生活権」と「包括的生活利益としての平穏生活権」

(1)　従来の平穏生活権——二つの場合

従来、「平穏生活権」は二つの場合に用いられてきた。一つは、騒音被害事件や嫌忌施設による生活妨害事件のように、精神的平穏が侵害される場合であり、その被侵害利益は、主として精神的人格権である。もう一つは、廃棄物処分場や遺伝子組み替え施設などから人体に有害な汚染水や病原体が流出し生命・身体に被害を受けるのではないかという深刻な恐れ・危惧による人格権侵害のような場合であり、その被侵害利益は身体的人格権（身体権）に接続（直結）した平穏生活権である。

わたくしは、後者について、かつて次のように述べた[19]。第一に、「単なる不安感や危惧感ではなく、生命、身体に対する侵害の危険が、一般通常人を基準として深刻な危険感や不安感となって精神的平穏や生活を侵害していると評価される場合には、人格権の一つとしての平穏生活権の侵害」となる。第二に、「平穏生活権は、生命、身体を法的保護の対象とする身体権そのものではないが、生命、身体に対する侵害の危険から直接に引き起こされる危険感、不安感によって精神的平穏や平穏な生活を侵害されない権利、すなわち、身体権に直結した精神的人格権であるから、身体権に準じた重要性を有する…」。この論考においては、身体権に直結した平穏生活権の侵害は、身体権の侵害の場合に準じて差止請求権を生じるとしたが、損害賠償請求についても（要件は少し異なるかもしれないが）同様に解されるであろう。

(2)　本件における身体権に直結した平穏生活権の侵害

吉村教授は、本件原発事故の損害論を上記「身体権に直結した平穏生活権」侵害のケースとして構成する考えを提示されている[20]が、わたくしとしては、本

---

19)　淡路剛久「人格権・環境権に基づく差止請求権」判例タイムズ1062号（2001年）150頁以下、同「廃棄物処分場をめぐる裁判の動向」環境と公害31巻2号（2000年）9頁以下。

20)　吉村・前掲注4）56頁以下。

件原子力事故（「…作用等」）によって侵害された法益は、地域において平穏な日常生活をおくることができる生活利益そのものであることから、生存権、身体的・精神的人格権――そこには身体権に接続した平穏生活権も含まれる――および財産権を包摂した「包括的生活利益としての平穏生活権」が侵害されたケースとして考えることとしたい。

なお、本件においても、後述するように、「身体権に直結した平穏生活権」侵害のケースがある。

3 「包括的な生活利益としての平穏生活権」の侵害による損害

(1) どのような特徴的な損害類型を導くか

それでは、本件原発事故によるこのような権利法益の侵害は、金銭評価のための個別的不利益としてどのような特徴的な損害類型を導くであろうか。本稿では、原賠ADRや福島原発賠償訴訟において主張されている主要な損害（個別性が強い営業損害や就労不能等による損害を除く）として、次のようなものがあると指摘した。

(i)被害者住民が、高濃度汚染地域にとどまっていた間に放射能汚染に曝露したことによる深刻な健康影響の不安（危惧感）、(ii)被害者住民が避難生活中に被った、そして被りつつある精神的損害、(iii)放射能汚染によって元の地域から他の地域へ移住を余儀なくされた被害者住民の地域コミュニティの喪失（地域生活利益の喪失と精神的苦痛）、(iv)移住を余儀なくされた被害者住民が他の地域で居住するための不動産損害、(v)環境損害（エコロジカル損害とも呼ばれる）。

(2) 新たな損害類型についての考え方

そこで、前記それぞれの損害類型についての考え方を要約的に述べておこう。

(i)であげた損害には二種類ある。一つは、避難中に高濃度汚染地域で被曝したときの恐怖感であり、もう一つは、そのときの被曝が将来健康被害を引き起こすのではないかという深刻な危惧感である[21]。前者は、「恐怖の慰謝料」（日航ジャンボ機墜落事件で提起された）の問題としてとしてとらえることができよう。後者は、「身体権に直結した精神的人格権」の侵害と考えられるべきであり、被曝の程度によっては賠償されるべき損害と解されよう。

(ii)は、避難慰謝料と呼ばれ、伝統的損害論では精神的損害の問題として解決されるが、その内容は避難生活を余儀なくされたことから生じる精神的損害であり、従来の不法行為事例ではほとんど経験したことのない被害である。原賠審の中間指針は、交通事故の場合の自賠責保険における入院の慰謝料を参考とした（それよりも少し下げて、一人当たり月10万円）が、避難生活の精神的苦痛と不便および経済的負担などは交通事故の入院事例とは著しく異なるであろう[22)]。その被害の実態をあるがままに把握し、賠償額に反映させる必要がある（原賠ADRへの申立や訴訟では、増額が主張されている）。

(iii)の地域コミュニティ喪失による損害は、「包括的生活利益としての平穏生活権」に包摂された「地域生活を享受する権利」（地域生活享受権）の侵害の結果として生じた損害である。地域コミュニティは、広範、多面的、複合的な役割・機能を果たしており（経済的・財産的側面から社会的、文化的、精神的側面まで、また、個人的・私的利益の側面から集団的利益や公的利益の側面まで）、地域住民にとってその全体が法的利益であり（包括的生活利益としての平穏生活権を構成する重要な権利利益の一つである）、地域生活享受権とも称すべき権利である。このことは、最近の文献や調査が明らかにしている[23)]。

このような地域コミュニティの破壊と喪失は、一方で、これまで享受してきた地域生活利益という法益を失わせる。地域生活利益には次のような法益が含まれている[24)]。

①生活費代替機能　　コメ、野菜、飲料水などの自給・交換。財産的側面が強い。中間指針では、月10万円の精神的損害の慰謝料に生活費増大分が含まれていると説明しているが、含まれているとする根拠が明確でないだけでなく、

21）　たとえば、浪江町の住民は、原発事故について正確な情報が与えられなかったため、避難途上高濃度汚染地域への避難を余儀なくされ、放射の汚染に曝露した。飯舘村長泥地区の住民は、居住地域が、（旧）警戒区域と同程度の汚染レベルであったにもかかわらず、（旧）計画的避難区域に指定されて即時の避難指示がされなかったため、40日余りその地域に滞在し、汚染に曝露した。このようなケースでは、被災者は、将来にむけて深刻な身体的被害の恐れ・危惧を有するであろう。また、高濃度汚染地域に滞在中その事実を知ったときの恐怖感は、「恐怖の慰謝料」として、それ自体として賠償されるべきではないかと考えられる。淡路・前掲注4）5頁で述べた。

22）　この点に関する中間指針の問題点については、浦川道太郎「原発事故により避難生活を余儀なくされている者の慰謝料に関する問題点」環境と公害43巻2号（2013年）9頁以下、吉村良一「原子力損害賠償紛争審査会『中間指針』の性格――審議経過から見えてくるもの」法律時報86巻5号（2014年）134頁以下。

23）　淡路・前掲注4）で述べた。

24）　淡路・前掲注4）参照。

指針が依拠したとする交通事故モデルでも、生活費増大分は含まれていないと考えられる（入院雑費等などは別に損害塡補される）。したがって、月額10万円の精神的損害賠償の増額事由として評価しないのであれば、地域コミュニティ生活享受権の侵害の一つの事由として評価する必要がある。

②相互扶助・共助・福祉機能　複数世代家族内、集落共同体内で互いに面倒をみあい、防災・防犯を担いあい、福祉的役割を果たしてきた。財産的側面と精神的側面の両方がある。仮設住宅における避難生活では、この役割が大幅に失われ、家族の分断による生活費の増加、精神的苦痛、老齢者や被介護者についての共助の喪失による外部施設への委託による財産的費用の増加、精神的苦痛などが生じている。ふるさとに帰れないことになれば、これらの利益を究極的に喪失する。

③行政代替・補完機能　旧村落から維持されてきた「区」を中心とした活動など、清掃やまちづくりへの参加。これらは、集落の一体性という精神的安定と安心を維持していたが、これらが失われたことによって精神的苦痛や精神的安定への侵害を被った。

④人格発展機能　隣近所や地域の交流、集会や祭りなどの行事への参加など。地域コミュニティは、子ども、若年者にとっては人格形成と発展の機会であり、成人にとっては精神的平穏・精神的安定を保つ機会である。精神的側面が強い。

⑤環境保全・自然維持機能　水田や畑の利用と維持、里山の維持と管理は、自然環境を享受するという個人的利益のみならず、集団的利益、公益的利益をも喪失させた。財産的損害と精神的損害が生じる。

地域コミュニティの破壊と喪失は、以上のような法益を失わせるだけでなく、他方で、避難被害者に深刻なストレスや精神的苦痛を与える。たとえば、前掲・『浪江町被害実態報告書』（30頁以下、59頁以下）には、自由記載欄において、コミュニティを喪失した町民の心情、家族関係の破壊、人間関係・社会機能の破壊、高齢者にとってのコミュニティ破壊、自然環境の破壊についての苦痛に満ちた心情等が語られている。自死事件に関する福島地裁平成26年8月26日判決は、ある避難者の自死という不幸な事案に関するが、被害者が自死に至った故郷喪失の心理的ストレスを詳細に認定している。

以上のような被害を直視すれば、地域コミュニティの喪失は、賠償されるべき精神的損害ないし無形の損害と理解されるべきである。[25)]

(iv)については、まず、居住用不動産損害として失った法益はなにかが問われよう。居住用の不動産（宅地、家屋）は、所有利益という法益と利用利益という法益によって二重包装されているが、本件原発事故被害地域における不動産について第一次的に発現してきたのは、「居住生活利益」としての利用利益である。住民は、長期間、相双地域において、居住生活利益を享受してきたのである。これは「包括的生活利益」に包含されている法益の一つであり、これを「居住生活権」と呼ぶことができる。したがって、不動産損害として住民が失った法益は、不動産所有権だけではなく、土地建物の利用利益を目的とする居住生活権ということになる。

居住生活利益は、事故により侵害された包括的生活利益に含まれていた法益の一つであり、賠償額算定のための重要な損害項目である。不法行為法の目的は、不法行為がなかったならばあったであろう状態にできる限り戻すことであり（原状回復の目的ないし理念）、金銭賠償主義の下では原状回復を可能とするような損害賠償の算定がなされるべきである。居住生活利益の侵害は、財産権の侵害であるだけでなく、生存権、人格権の侵害でもあり、その原状回復は、生活保障（生活の再建を可能とする最小限の保障）をも目的としなければならない。なお、差額説でも、法益状態の差額と考えれば、基本的に同じになろう。

原状回復の方法としては、原物自体を回復させる原物賠償の方法（日本民法の金銭賠償主義――722条・417条――の下では否定される）、喪失した法益の交換価値を評価してその回復としての賠償をする方法、利用価値を評価して賠償する方

25)　原賠審自体、第四次追補で、「最終的に帰還するか否かを問わず、『長年住み慣れた住居及び地域が見通しのつかない長期にわたって帰還不能となり、そこでの生活の断念を余儀なくされた精神的苦痛等』を一括して賠償することとした」として、コミュニティ喪失による精神的苦痛が、精神的損害賠償の対象となることを認めている（1000万円の一括賠償）。地域生活の断念を余儀なくされたことによる精神的苦痛が精神的損害の対象になることを明示的に述べたことは妥当と考えられるが、指針が認めたこの一括賠償の性質がそれにあたるかどうかは、（必ずしも明確ではないが）疑問である。

政府避難指示区域が三つの区域に再編されたことは本文で述べたが、第二次追補では、その時から「第３期」とされ、三つの区域のうち「帰還困難区域」については、第３期の慰謝料として一人600万円の精神的損害の賠償が認められていたが、それは避難慰謝料の前払いと解されよう。それと第四次追補の一括賠償1000万円とが、期間経過前部分については額の調整がされているのであるから、この賠償はやはり避難慰謝料の前払いとしての性質をもつと解されるのではないかと思われる。それに加えて、この精神的損害には本文で述べたような様々な地域生活利益を失ったことが考慮されていない。

法、原状回復ないしそれに近い状態を回復するための費用を評価して賠償する方法などがある[26)]。市場経済のもとでは、喪失した財物の価値は多くの場合に市場における交換価値に化体されていると解されるから、喪失した財物の価値を市場の交換価値によって金銭評価する方法が一般的である。しかし、原状回復を目的とする損害の金銭評価の方法は、それに限られるわけではなく、喪失した財物の利用価値が損害と解される場合もある。本件は、居住生活利益の喪失（居住生活権の侵害）が正面にでてくるケースであるから、原状回復の目的ないし理念に従い、出来る限り元の居住生活に近い状態に戻せるような賠償方法（窪田・注26）文献は原状回復費用の賠償と呼ばれる）が検討されるべきである。

(v)の環境損害は、放射能汚染された自然としての森林、原野、野生動物の汚染からの回復の問題として、今後に課題が残されている。

（あわじ・たけひさ　立教大学名誉教授）

26）　利用価値アプローチについては、窪田充見「原子力発電所の事故と居住目的の不動産に生じた損害」法律時報86巻9号（2013年）110頁以下〔本書第3章3〕。

2　被害の包括的把握に向けて

除本理史

はじめに

福島原発事故による被害の中心的な内容は、「地域での元の生活を根底からまるごと奪われた」ことである。法的には、これは「包括的生活利益の総体としての平穏生活権」の侵害と表現される[1)]。こうした被害は、被害を個別の項目に分解して市場価格で評価する方式では捉えきれない。

本稿ではまず、被害の包括的な把握のために必要な基本的な視角について述べ、それを本件に適用することによって、事故被害の全体像の概観を試みる。採用するのは、実物レベル（素材面）の被害と貨幣タームの被害（金銭換算された被害）を区別しつつ、両者の関連を明らかにする政治経済学的方法である（Ⅰ）。次に、従来の公害被害との比較を通じて、本件被害の特質について考察する（Ⅱ）。最後に、避難指示区域等の設定によってつくりだされた賠償格差など、制度的・政策的要因によって、被害が拡大・増幅されている側面について述べる。これは、被害の全体像を捉えるうえで欠かせない論点である[2)]（Ⅲ）。

1)　淡路剛久「『包括的生活利益としての平穏生活権』の侵害と損害――福島原発事故賠償問題研究会・連載の序論を兼ねて」法律時報86巻4号（2014年）101頁。また、本章1も参照。

2)　藤川賢「福島原発事故における被害の拡大過程と地域社会」環境と公害44巻1号（2014年）35-40頁。
原発避難に関する社会学分野の展望論文では、国や自治体の政策的対応がむしろ問題をつくりだしているという側面が重要な論点として取り上げられている。佐藤彰彦「原発避難者を取り巻く問題の構造――タウンミーティング事業の取り組み・支援活動からみえてきたこと」社会学評論64巻3号（2013年）439-459頁。高木竜輔「福島第一原発事故・原発避難における地域社会学の課題」地域社会学会編『地域社会学会年報（第26集）』（ハーベスト社、2014年）29-44頁。

I　被害の全体像をどう捉えるか

1　被害実態を把握するための視点

福島原発事故による被害は、きわめて広い範囲に及んでおり、大規模である。この全体像を捉えることは容易ではないが、ここではまず、被害実態を把握していくための基本的な視角を述べておきたい[3)]。

原発事故による被害には、金銭換算できるものもあるが、それ以前に、実物レベル（素材面[4)]）で各種の被害が生じているという点がまず重要である（図1のA)。今回の事故では、大量の放射性物質が大気や海に放出され、土壌を汚染した。その結果、食品の汚染が広がり、消費者に不安を引き起こした。人体への悪影響も懸念される。とくに、事故収束にあたる労働者の間に深刻な被曝が広がっている。

汚染や被曝の影響は、貨幣タームの被害（金銭換算された被害）としてもあらわれる（図1のB)。ここでは次の三つの視点が必要である。

(a)　まず、農林水産物など、価格を有する財・サービスの被害がある。損害額の算定方法の問題[5)]はあるものの、これは貨幣評価が比較的容易な被害である（図1のB-①)。

(b)　他方、生命・健康、環境、コミュニティなど、通常は市場価格をもたないものも被害を受ける。しかし、これも貨幣評価が不可能というわけではない。たとえば生命・健康被害であれば、慰謝料の賠償請求額などとして貨幣評価す

---

3)　以下で述べる分析視角は、K. W. カップ、宮本憲一らによる社会的費用論を踏まえている。その成果を継承するものとして、寺西俊一「“社会的損失” 問題と社会的費用論──（続）公害・環境問題研究への一視角」一橋論叢91巻5号（1984年）592-611頁、除本理史『環境被害の責任と費用負担』（有斐閣、2007年）などを参照。

その原発事故への応用については、除本理史「福島原発事故の被害補償をめぐる課題」環境経済・政策研究4巻2号（2011年）120-123頁、大島堅一・除本理史『原発事故の被害と補償──フクシマと「人間の復興」』（大月書店、2012年)、大島堅一・除本理史「福島原発事故のコストと国民・電力消費者への負担転嫁の拡大」経営研究65巻2号（2014年）1-24頁などがある。

4)　「素材面」とは、人類史において可変的な側面である「体制面」（人間社会の特定のあり方）とは対照的に、歴史貫通的な物的・技術的側面を表す用語である。「使用価値的側面」といいかえてもよい。環境問題の政治経済学的研究では、この両側面から問題の原因や解決策を考えることが必要だとされている。詳しくは、除本理史「環境の政治経済学とは何か」除本理史・大島堅一・上園昌武『環境の政治経済学』（ミネルヴァ書房、2010年）3-9頁。

図1　原発事故の被害実態を明らかにするための基本的視角

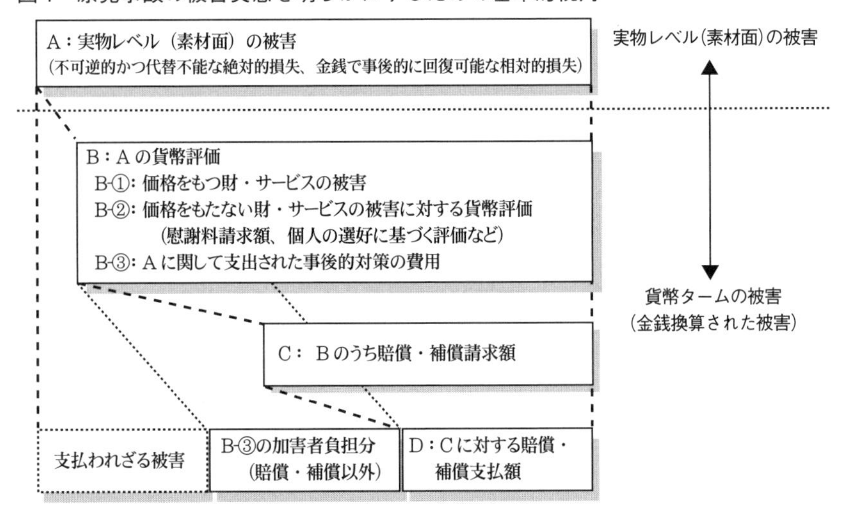

注：概念の相互関係を示したものであり、絶対的な大きさは意味をもたない。
出所：大島堅一・除本理史『原発事故の被害と補償――フクシマと「人間の復興」』（大月書店、2012年）23頁、図1-1をもとに加筆。

ることが可能である（図1のB-②）。

(c)　さらに、Aの被害が起きたことによって支出された事後的対策の費用（賠償・補償、被害修復・緩和に要する費用、対策実施のための行政費用など）として、貨幣タームの被害を捉えることもできる（図1のB-③）。B-①および②の被害が賠償請求され、被害者に支払われると、この費用の一部としてもあらわれる。

以上のようにAの貨幣評価が可能であるが、AはBに完全に置き換えることはできず、一部はBのレベルでは捕捉されずに残る。それは、事後的に取り返しがつかない被害（不可逆的かつ代替不能な絶対的損失）があるからである。いったん放出された放射性物質は、どれほど費用をかけたとしても、完全に取り

5)　たとえば原発事故で利用できなくなった住居の賠償額を、どう評価するかという問題がある。一般に物的損害の評価方法として、①交換価値アプローチ、②利用価値アプローチ、③原状回復費用アプローチなどが考えられるが、この場合いずれを採用すべきかという問題である。中古自動車と比較した場合、住居は人びとの暮らしに不可欠な、土地に固着した不動産であるという特性から、事故当時の価格（①）ではなく、再取得の費用（③）を賠償するのが合理的である。窪田充見「原子力発電所の事故と居住目的の不動産に生じた損害」法律時報86巻9号（2014年）110-117頁〔本書第3章3〕。

除くことは不可能である。生命・健康被害も絶対的損失であるが、治療費や慰謝料として金銭換算されることがある。しかし、生命・健康被害はそれによって完全に回復するわけではない。したがって、Bの捕捉範囲はAのすべてには及ばないと考えるべきである。

図1のCとDは、Bのうち賠償・補償にかかわる部分である。Cは、被害者から加害者に対する請求額だが、関連する法律などの制度上の制約から、Bのすべてが請求されるとは限らない。また、書類や手続が煩雑であるため、被害者が請求をあきらめてしまうということもありうる。Bの大きさを知るには、被害実態の調査研究が必要であるため、それが進まないうちは、Cが被害額として認識されることがある。

最終的に、Cはその全額が賠償・補償されるわけではなく、訴訟などを通じて支払いが一部に限定されることが多い（図1のD)。訴訟の結果として補償・救済制度がつくられ、原告以外にも適用されれば、DはCより大きくなるとも考えられるが（その場合でもBより大きくなることはない)、ここでは一定の制度・対策を前提とし、Cに対する支払額としてDを考えている。

被害全体のなかで加害者が負担していない部分を、図1では「支払われざる被害」(unpaid damage) と表記した。被害の「完全救済」「完全賠償」とは、この「支払われざる被害」をできるだけ小さくすることだといってもよい。

2 事故被害の概観

次に、図1の視点から、福島原発事故による被害の全体像を概観したい[6]（図2)。

実物レベルの被害として、第一に挙げられるのは、放射性物質が大量に放出され、原発の敷地内はもちろん、その外にも深刻な汚染が起きたことである。その結果、事故収束にあたる労働者だけでなく、周辺住民も避難途上などで被曝した。また、国の避難指示が出ていない地域では、現在も住民が「低線量被曝」に直面している状況がある[7]。それらによって、ただちに人体への影響はな

6) 以下は、淡路剛久「福島原発事故の損害賠償の法理をどう考えるか」環境と公害43巻2号（2013年）4頁を参考に、自然と人間の間の物質代謝の攪乱という視点を交えて再整理したものである。自然と人間の間の物質代謝の攪乱については、除本・前掲注4) 4-5頁。

7) 「低線量被曝」を避けるために避難した場合は、それにともなう被害（避難費用、世帯分離など）が生じる。

図2　原発事故被害の全体像

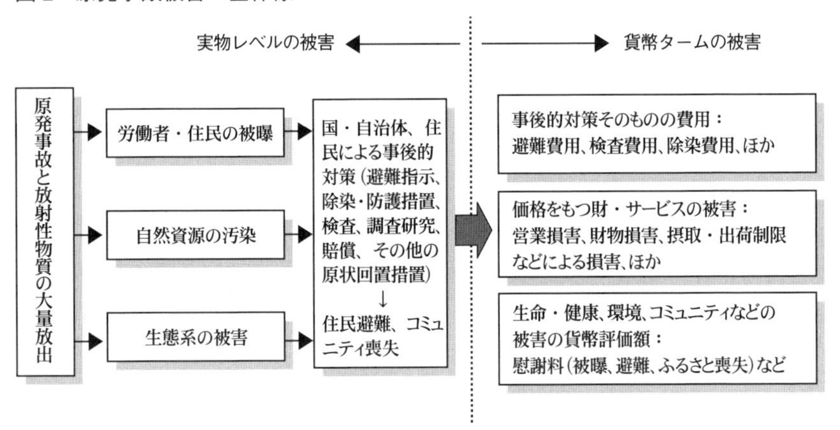

注：本図における「貨幣タームの被害」は、図1のBに対応する。ただし、図2では事後的対策の役割が大きいため、区分は図1のB-①～③に必ずしも厳密には対応していない。
出所：筆者作成。

いとしても、被曝による恐怖や不安という精神的被害は実際に生じている。さらに、野生動植物や生態系への影響なども懸念される[8]。

第二に、人間の経済活動という面からみれば、環境汚染は、自然資源（農林水産資源、水、農地など）の汚染である。自然資源は、汚染されたまま人間活動のサイクルのなかに取り込まれると、食物を通じた内部被曝などを引き起こす。また自然資源は、採取されると、農林水産物のように価格のついた商品になる。その汚染により、貨幣タームの被害として、出荷制限などによる損害、あるいは財・サービスの取引量や価格の低下（いわゆる風評被害）が生じる。

第三に、事故後、避難、除染、出荷制限などの各種の事後的対策が講じられた。そのあり方によって、貨幣タームの被害のあらわれ方も変化する。

避難、除染、出荷制限などは放射線防護を目的とするから、それらの防護措置がとられれば、被曝による被害は減少する。この場合、貨幣タームの被害として、①防護措置そのものの費用、②防護措置にともなう損害（出荷制限による損害など）、③被曝による損害（健康影響の調査費用などを含む）、が考えられる。基本的には①②が増加すれば、③は減少するであろう。そのほか、除染が不徹底

8)　羽山伸一「野生動物から見た放射能汚染問題」環境と公害42巻2号（2012年）27-32頁、平田剛士『非除染地帯――ルポ　3・11後の森と川と海』（緑風出版、2014年）など。

な場合などに、④汚染による物的損害も発生する。[9)]

本件でとりわけ特徴的なのは、大規模で長期にわたる避難が、実物レベル（素材面）で被害の拡大をもたらし、それがさらに貨幣タームの被害にも波及していることである。国や自治体の避難指示が出た地域では、多数の住民が避難し、社会経済的活動がストップした。避難を余儀なくされた住民は、避難および避難生活で、深刻な心身のストレスを受けた。健康を損ない、亡くなった人も少なくない（原発事故関連死）。[10)] 多数の住民が面的に避難してしまうと、地域社会で人びとがとりむすんでいた社会関係が崩壊する。コミュニティの喪失はその代表的な例であり、自然資源の管理や地域文化の継承などを含む諸機能が失われる。経済面では、生産→流通→消費→廃棄という全過程がほぼ機能停止したために、それにともなう営業損害、就労不能損害、財物損害（住居や家財、事業用不動産などの価値減少・喪失）が生じた。大規模な住民の避難については、本件被害の特徴を規定する要因として、Ⅱでさらに述べる。

このように、制度的・政策的要因は貨幣タームの被害と密接に関連しているだけでなく、その問題点によって被害が拡大、増幅されている面もある。Ⅲでは、原発賠償のあり方を中心に、この論点を取り上げる。

Ⅱ　被害の特質――従来の公害問題との比較を通じて

1　公害被害との比較

福島原発事故による被害の特徴は何か。従来の公害被害と比較して、次の二つの特徴を指摘することができる。

第一の特徴は、公害被害とは対照的に、放射線被爆の健康被害が「ただちに」はあらわれておらず、確率的な影響、すなわちリスクだということである。また、積算 100 mSv 未満の「低線量被曝」では、どの程度のリスクがあるのかは

9)　①が増加すれば、③と同様に④も減少すると想定できるが、避難指示によって汚染地域に放置された住居のように、防護措置によって拡大する汚染被害も考えられる。ただしこの場合は、②の事例と考えるべきかもしれない。そのほか、基準値内で流通している農林水産物の取引量や価格の低下（いわゆる風評被害）も、④の類型に入るであろう。

10)　たとえば、福島第一原発周辺の 5 病院・介護老人保健施設では、事故直後の避難の過程で 58 人が死亡している。東京電力福島原子力発電所事故調査委員会（国会事故調）『調査報告書【本編】』（2012年 6 月）381 頁。ただし同報告書では、58 人の死亡をただちに避難と関連づけているわけではない。

っきりと分かっていない。この問題については、第3章7で述べられている[11]。

いずれにせよ住民の被曝が一定の水準に抑えられたのは、前述のように防護措置がとられたためである。国による避難指示の目安は、年間積算線量20 mSvで、通常時の被曝限度である1 mSvと比べるとかなり開きがある。そのため、現在よりも広範な避難指示が必要だという議論はありうるが、現状でもすでに大規模な避難であることは疑いない（次項参照）。これは次の点にも関連している。

第二に、公害被害と共通する点として、絶対的損失が重要な位置を占めることが挙げられる。つまり被害が不可逆的であり、かつ市場で容易に代替物を取得できないために、市場価格による被害評価が難しい。ただし違いもあり、公害問題では、健康被害の発生が被害構造の起点となるが、本件では、放射能汚染が広い範囲に及び、その影響を避けるために非常に多くの住民が避難したところに起点がある。

原発避難により「自治の単位」としての地域[12]が回復困難な被害を受けた。そこでとりむすばれていた住民・団体・企業などの社会関係（いわゆるコミュニティはその一部）が破壊され、それを通じて人びとが行ってきた活動の蓄積と成果が失われつつある。それによって、地域固有の伝統、文化、景観などが、時代の推移に応じた変化をともないつつも継承されてきた。地域には、こうした長期継承性と固有性があるために、避難者が原住地から切り離されると、避難先では回復できない多くの要素を失うことになる。これは「ふるさとの喪失」と呼ぶべき被害類型である。これについては第3章6で詳しく論じる。

次項では、住民の大規模な避難について、発災以降の経緯を振り返っておく。

2　住民の大規模な避難と国の帰還政策

(1)　原発事故の発生と住民の避難

2011年3月11日、福島原発事故が発生したことを受け、国は原子力災害対策特別措置法に基づいて、原子力緊急事態宣言を発出するとともに、原発周辺に避難等の指示を出した。3月12日には避難区域が福島第一原発20 km圏に拡大され、3月15日には20〜30 km圏に屋内退避の指示が出された。

---

11)　このほか、鳥飼康二「放射線被ばくに対する不安の心理学」環境と公害44巻4号（2015年）31-38頁など。

12)　中村剛治郎『地域政治経済学』（有斐閣、2004年）61頁。

2011年4月22日、国は第一原発20km圏に警戒区域を設定し、原則立ち入り禁止とするより厳しい規制措置をとった。また同日、国は20〜30km圏の屋内退避指示を解除し、計画的避難区域および緊急時避難準備区域に再編した。前者（計画的避難区域）は、第一原発20km以遠で年間被曝量が20mSvに達する恐れのある区域であり、おおむね1カ月をめどに避難することとされた。後者（緊急時避難準備区域）では、緊急時に屋内退避や避難が可能な準備をしておくこと、子ども、妊婦、要介護者、入院患者などは区域内に入らないことが求められ、保育所、幼稚園、小中高校は休園、休校とされた。

福島原発事故による避難者数は2012年6月に16万人超となりピークを迎え、2014年12月時点でも12万人以上にのぼる（表1）。事故後、9つの町村が役場機能を他の自治体に移転し、広い範囲で社会経済的機能が麻痺した。一部の自治体は、役場機能を元の地に戻しつつあるが、住民の帰還は見通すことが難しい状況にある。原発事故の被害は、今もなお継続中である。

(2)　帰還政策の開始――緊急時避難準備区域の解除

東京電力（以下、東電）は2011年4月17日、「福島第一原子力発電所・事故の収束に向けた道筋」を発表した。そのなかで、「放射線量が着実に減少傾向となっている」ことを「ステップ1」、「放射性物質の放出が管理され、放射線量が大

表1　福島県の避難者数

単位：人

年/月	県内避難者	県外避難者	避難先不明	計
2011/10	88,212	56,469	—	144,681
2011/12	93,476	61,167	—	154,643
2012/ 6	102,180	62,038	—	164,218
2012/12	98,528	58,608	—	157,136
2013/ 6	96,386	53,960	142	150,488
2013/12	89,947	48,944	58	138,949
2014/ 6	81,560	45,279	50	126,889
2014/12	75,796	46,070	50	121,916

出所：福島県災害対策本部の公表した避難者数。2011/10、12は「ふくしま復興のあゆみ」（2012年10月29日）、2012/6〜2014/6は同第8版（2014年8月4日）、2014/12は「平成23年東北地方太平洋沖地震による被害状況即報（第1342報）」（2014年12月26日）による。

幅に抑えられている」ことを「ステップ2」とする2つの目標を設定した。目標達成時期は、「ステップ1」が3カ月程度、「ステップ2」はステップ1終了後の3〜6カ月程度が目安とされた。国は「ステップ1」「ステップ2」と歩調を合わせ、段階的に原発避難者を戻していく帰還政策を進めてきた[13)]。

国と東電は2011年7月19日、「ステップ1」の目標がほぼ達成されたと発表した。それを受けて、国は8月9日、緊急時避難準備区域を一括して解除する方針を示した。すなわち「市町村においては、住民の意向を十分に踏まえるとともに県と連携し、住民の円滑な移転支援、学校、医療施設などの公的サービスの再開、公的インフラの復旧、学校グラウンド・園庭などの除染を含む、市町村の実情に応じた『復旧計画』の策定を開始していただきたいと考えている」「それぞれの市町村により復旧計画について慎重な検討が行われた後、最終的に計画の策定が完了した段階で、政府として緊急時避難準備区域を一括して解除する考えである[14)]」。

2011年9月、関係市町村（南相馬市、田村市、川内村、広野町、楢葉町）が「復旧計画」の策定を終えた。これを受けて、同月末、当該区域が解除された。

(3)　国の「事故収束」宣言と避難指示区域の見直し

国は2011年12月16日、上記「ステップ2」が完了し、事故そのものは収束に至ったと宣言した（「事故収束」宣言）。これにともない、避難指示区域の見直しと解除に関する基本的な考え方が公表された（本稿で避難指示区域とは、国の避難指示が出された第一原発20 km圏と旧計画的避難区域を指す。2014年4月以降、避難指示は一部の区域で解除されている。以下、避難指示区域の見直しを区域見直しと略す）。

区域見直しとは、これまでの避難指示区域を新たに三つの区域に再編することである（第一原発20 km圏の陸域については、同時に警戒区域を解く）。三つの区域とは、「避難指示解除準備区域」（年間積算線量20 mSv以下）、「居住制限区域」（年間20 mSv超で、被曝量低減の観点から避難の継続を求める地域）、および「帰還困難

13)　帰還政策については、次の文献も参照。礒野弥生「避難指示の解除をめぐる法的課題——福島原発事故をめぐって」人間と環境39巻1号（2013年）9-17頁。除本理史「『復興の加速化』と原発避難自治体の苦悩——避難指示区域の再編と被害補償をめぐって」世界845号（2013年）208-216頁。山下祐介・市村高志・佐藤彰彦『人間なき復興——原発避難と国民の「不理解」をめぐって』（明石書店、2013年）。

14)　原子力災害対策本部「避難区域等の見直しに関する考え方」（2011年8月9日）3頁。

区域」（5年を経過しても年間20 mSvを下回らない恐れのある、年間50 mSv超の地域）である[15]。つまり、これら3区域は、放射能汚染の程度によって分けられており、国はそのうち汚染が比較的少ないところから、段階的に住民を戻していくという方針を立てている。避難指示解除準備区域とは、もうすぐ避難指示を解除して帰れる区域という意味であり、逆に、帰還困難区域は、戻るのが難しいぐらい汚染のひどい地域だということである。

区域見直しは、2012年4月から田村市、川内村を皮切りに順次実施され、2013年8月、川俣町の再編によりいったん完了した。その間に、2012年12月の総選挙で自民・公明両党が政権に復帰した。しかし政権交代後も、国の帰還政策は、一定の手直しがなされたものの（帰還困難区域等に対する「移住」支援）、大枠としては継続している。

2014年4月1日、田村市都路地区で国の避難指示が初めて解除され、住民の帰還がはじまった。続いて同年10月1日、川内村の避難指示解除準備区域で避難指示が解除され、居住制限区域は避難指示解除準備区域に再編された（vi頁の図参照）。

Ⅲ　原発賠償の問題点と被害者の分断

本節では、制度・政策の問題点によって被害が拡大、増幅されているという側面について、原発賠償のあり方を中心に述べる。原子力損害賠償紛争審査会（以下、原賠審）の指針と東電の賠償基準をめぐっては、策定プロセスや内容に問題点が指摘されている。また、国の避難指示等と連動した指針や賠償基準は、区域間の賠償格差をもたらし、住民の分断を引き起こしている。分断は被害者の結集を阻害し、運動を通じた被害回復を遅らせる恐れがある[16]。

15）　原子力災害対策本部「ステップ2の完了を受けた警戒区域及び避難指示区域の見直しに関する基本的考え方及び今後の検討課題について」（2011年12月26日）8-12頁。

16）　環境社会学における水俣病の研究では、原因物質の排出という「直接的加害」にとどまらず、被害者の精神的・肉体的苦痛、不利益を拡大する行為・言辞の総体を、「広義の加害過程」として把握することが提唱されている。賠償格差による分断はこの視点から捉えることができよう。また、後述する被害の放置は、広義の加害過程の一部である「追加的加害」のなかに位置づけられる。追加的加害とは、問題の発生と解決に責任をもつべき主体が、被害者からの正当な権利回復要求に対して対抗的・否定的にふるまうことを指す。「広義の加害過程」については、飯島伸子・舩橋晴俊編『新版 新潟水俣病問題――加害と被害の社会学』（東信堂、2006年）41-73頁。

1 原発賠償の枠組みと問題点——区域間の格差などについて

「原子力損害の賠償に関する法律」は、原子力事業者の責任を規定しているが、賠償の対象となる損害の範囲については、とくに定めていない。この点に関しては、文部科学省に設置される原賠審が、指針を策定することとされている。東電はそれを受けて、自ら賠償基準を作成し、それにしたがって被害者に賠償を行っている[17]。

原賠審の指針は本来、裁判等をせずとも賠償されることの明らかな損害を列挙したものであり、賠償の範囲としては最低限の目安である。にもかかわらず、東電はこれを賠償の「天井」であるかのように扱ってきた。

原賠審と東電によってつくられた賠償の枠組みのもとで、放射線被曝による恐怖・不安や「ふるさとの喪失」などの重要な被害が、賠償対象外に置かれてきた。しかし適切な賠償を行わないのは、被害の放置である（原賠審による指針の問題点については第3章2などを参照）。

また、原賠審の指針と東電の賠償基準は、避難元の地域によって賠償に格差を設けている。とくに、国の避難指示等の有無による違いは大きい。さらに、区域見直しによって設定された3区域の間で賠償条件に差があるため、避難指示区域のなかでも格差が広がっている（慰謝料を例に、区域間の格差を表2に示した）。区域間の賠償格差は、自治体やコミュニティの分断を引き起こしている。

2 復興政策と被害者の分断

前節で述べたように、区域見直しは帰還政策の一部であり、福島復興政策のなかに位置づけられる。そこで次に、区域見直しを含む復興政策が、被害者の分断とどう関係しているのかをみよう（図3）。

(a) 区域間の賠償格差の問題は、単に格差があるということではなく、それが被害実態とずれている点にある。国による区域設定が、必ずしも放射能汚染の実情に対応しておらず、そのため区域間の賠償格差と放射能汚染の濃淡とが絡み合って、住民の間に分断をもたらしている。この分断を乗り越えようとする試みとして、福島県伊達市の特定避難勧奨地点（以下、勧奨地点）の周辺住民による集団申し立て（後述）が挙げられる。

---

17) この構図を、筆者は「加害者主導」の賠償として批判的に考察してきた。除本理史『原発賠償を問う——曖昧な責任、翻弄される避難者』（岩波書店、2013年）11-26頁など。

表2　慰謝料の区域間格差（4人家族の場合の試算、第四次追補まで）

単位：万円

帰還困難区域	5,800
居住制限区域	2,880
避難指示解除準備区域	1,920
特定避難勧奨地点	1,000
緊急時避難準備区域	720
自主的避難等対象区域	168

注：1. 避難指示解除見込み時期は、避難指示解除準備区域で事故後3年（自治体によるが、実際より期間が短いため、本表の賠償額はそれだけ過少になっている）、居住制限区域で5年と想定。
2. 特定避難勧奨地点は、伊達市、川内村のケースを想定（相当期間2013年3月末まで）。
3. 自主的避難等対象区域の賠償額は、他の区域と同質の慰謝料ではない（対象となる被害が異なる）。家族4人（うち子ども2人）が避難した場合の金額を示した。

出所：第39回原賠審資料「原子力損害賠償の世帯当たり賠償額の試算について」（2013年12月26日）、原賠審の指針、東電のプレスリリースなどをもとに作成。

図3　復興政策と被害者の分断

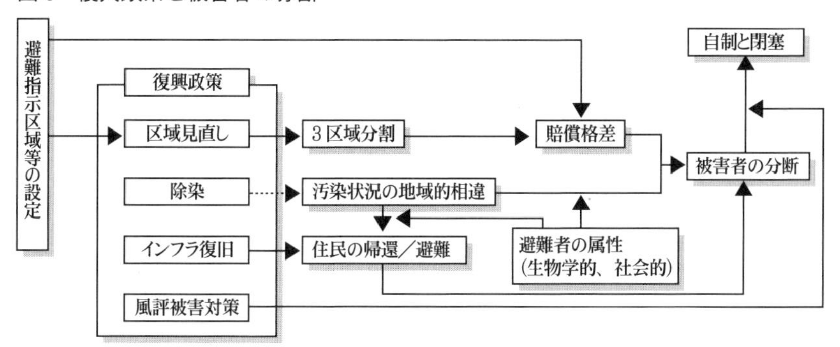

注：矢印は因果関係をあらわし、点線は結果が原因を必ずしも前提としないことを意味する（汚染状況の地域的相違は、原発事故後の放射性物質の降下によるもので、除染はそれを変化させる要因である）。さしあたり本稿の議論に必要と思われる内容を図示したため、重要だが省略した事象もある。

出所：筆者作成。

また、避難によって、ひとたび地域社会の機能が停止してしまうと、その影響（つまり被害）は長期にわたり継続する。したがって、放射能汚染の程度に応じて避難自治体を3区域に分割しても、必ずしも被害実態を反映しているとはいえない。これは次の(b)および(c)の点とあいまって、区域の解除にともなう賠償終期（避難費用や慰謝料の賠償打ち切り時期）をめぐる問題を生み出している。

(b)　放射線被爆による健康影響は、将来あらわれるかもしれないリスクであり、その重みづけは、個人の属性（年齢、性別、家族構成など）によって異なる。たとえば、年齢が低いほど放射線への感受性が高いことは、広島、長崎の被爆者調査でも明らかにされている。また、若い人は余命が長く、その間にさらに被曝を重ねることになる[18]。したがって、若い世代、子育て世代は、汚染に敏感にならざるをえない。こうした事情から、同じ放射線量であっても、そのもとでの避難者の意識と行動は同一ではなく、個人の属性に応じて分岐する。

この点に関連して重要なのは、「風評被害」という言葉のもたらす作用である。その対策は、福島復興政策において重要な位置を与えられている。「風評被害」という語は、本来は無害とされるものを、消費者が回避する状況への非難性を含んでいるため、原発事故を引き起こした加害者を抜きにして、それ以外の主体どうしを対立させる方向に作用する。被害地域の生産物にまったく汚染の影響がないのであれば、文字どおり風評被害だが、汚染がゼロでないのであれば、そこに「風評被害」の語を充てることは、基準値内の汚染は無害であるという言説にほぼ等しい。

ところが、上記のように被曝によるリスクの重みづけは、個人の属性により異なる。したがって、基準値内であってもその健康影響を懸念する人はいるのだが、評価の異なる他者（しばしば家族である場合もある）との対立を避け、あるいは「風評被害」を懸念して、口を閉ざす傾向がある。つまり、被害を語ることへの自制と抑制が生み出され、被害地域に閉塞感をもたらすのである。これによって全国的にみれば、事故被害の忘却・風化が進む可能性すらある[19]。

(c)　インフラの復旧が進んでも、避難者ごとの事情により、インフラへのニーズが異なる。復旧が遅れたインフラへの依存度が大きい人は、戻ることができない（たとえば医療機関の再開が遅れていれば、健康に不安のある人は戻れない）。そのため復興政策の影響は、不均等にあらわれる。他の住民が戻らなければ、コミュニティへの依存度が大きい人びとは、帰還して暮らしていくことが困難である。その結果、帰還を進める自治体では、原住地と避難先との間で住民の分断が起きてしまう（また、避難先は1つではないから、その違いによる分断も生じ

18)　国会事故調・前掲注10）435頁。

19)　藤川・前掲注2)、および同「避難と帰宅にかかわる生活困難と再建への道——川内村のコミュニティ再建をめぐって」除本理史・土井妙子・藤川賢・尾崎寛直・片岡直樹・藤原遥『原子力災害からの生活再建と地域の復興——旧緊急時避難準備区域の実状を踏まえて』OCU-GSB Working Paper No. 201409（2014年9月6日）34-36頁。

る)。

(d)　図示しなかったが、除染をめぐる分断もある。たとえば、福島県内の除染で取り除いた土などを保管する中間貯蔵施設に関して、搬入される側の立地地域と、搬出する側の県内他地域との間で不協和音が生じている。また県内でも、立地地域は原発から「恩恵」を受けてきたという見方があり、そのこともこの問題に影を落としている。

原発事故の被害地域では、以上で述べたような複数の要因によって、復興政策の影響が地域・個人等の間で不均等にあらわれるとともに、きわめて複雑な分断構造が生じている。

3　コミュニティ修復の取り組み

賠償格差による分断を乗り越えようとする取り組みとして、伊達市の勧奨地点周辺の住民（330 世帯、1008 人）が 2013 年 2 月に行った、原子力損害賠償紛争解決センター（以下、紛争解決センター）への集団申立てが挙げられる（紛争解決センターについては第 5 章参照）。勧奨地点は住居単位で指定されるため、同じ地域のなかで、指定の有無により賠償条件が異なるという状況が生まれる。

申立てをした住民の暮らす地区では、放射能汚染がひどいため、勧奨地点に指定されていなくても、農業などが深刻な被害を受け、一時避難や外出を控えるなどして日常生活が阻害された。さらに、健康被害への恐怖や将来への不安といった精神的苦痛を強いられた。しかも、地域内に賠償条件の大きく異なる世帯が併存するため、住民間の分断が深刻化した（勧奨地点に指定された世帯は、1 人月額 10 万円の慰謝料などが支払われ、指定のない世帯は自主的避難等対象区域の賠償のみ）。

そのため住民は、最低限の賠償とコミュニティの修復を求めて、紛争解決センターに集団で申立てをした。請求は慰謝料のみに絞り、少なくとも勧奨地点に指定された世帯同様の賠償を求めるという趣旨で、1 人月額 10 万円の支払いを求めた。

紛争解決センターは 2013 年 12 月、和解案を提示した。その内容は、勧奨地点の設定から、解除後相当期間が経過するまで（2011 年 6 月 30 日〜2013 年 3 月 31 日）、1 人月額 7 万円の慰謝料の賠償を認めるものだった。住民が求めた勧奨地点と同額には届かないが、格差を埋める効果は大きい。また紛争解決センターが、放射線被曝による恐怖・不安、生活上のさまざまな制約を認めた点も、住民側は評価している。東電は2014年2月、和解案を受諾した。和解案について住民側の弁護団は、「金銭賠償を受けることにより、失われたものが完全に戻るわけでも、被ばくへの不安が完全に解消されるわけでもありません」としつつも、「崩壊したコミュニティが修復されることに期待を寄せ」るがゆえに、受け入れるのだと述べている[20]。

おわりに

本稿では、福島原発事故による被害の包括的把握に向けて、その基本視角を述べるとともに、被害の全体像の概観を試みた。また、公害問題との比較を通じて、本件被害の特質についても考察した。第3章1以下で検討されるように、本件被害をどう捉え、賠償の俎上に載せていくかが問われている。

本件被害の特徴として、市場価格による被害評価の難しい絶対的損失が、重要な位置を占めることが挙げられる。そのため、金銭賠償だけでは被害回復は困難である。適切な賠償とともに、国・自治体などによる原状回復措置（完全な原状回復が難しい場合はそれに準ずる措置）が求められる。それらを通じた総合的な被害救済の取り組みが不可欠であり、そのなかで損害賠償の果たす役割と位置づけを検討しなくてはならない。

また、被害実態から離れた賠償は、被害を拡大する面ももつ。被害実態を踏まえ「完全救済」を求めることは、こうした被害の拡大・増幅を防ぐためにも重要な取り組みである。

（よけもと・まさふみ　大阪市立大学教授）

20）　東日本大震災による原発事故被災者支援弁護団（原発被災者弁護団）「伊達市霊山町小国・坂ノ上・相葭地区集団ADR申立て和解案の報告」（2014年1月28日）。

1　東京電力の法的責任
――1　責任根拠に関する理論的検討

大坂恵里

I　はじめに

福島第一原子力発電所事故に伴う原子力損害の範囲等の指針の策定等を行うために文部科学省に設置された原子力損害賠償紛争審査会は、中間指針第四次追補[1)]に、「東京電力株式会社には、被害者からの賠償請求を真摯に受け止め、……合理的かつ柔軟な対応と同時に被害者の心情にも配慮した誠実な対応が求められる」（下線筆者）という一文を入れた。

当該事故に伴う原子力損害の賠償スキームは、東電が原子力損害の賠償に関する法律（以下「原賠法」と略記する）に基づく責任を負うという前提で設計されたものであるが、東電が、本来は原賠法に基づいて免責されるべきであったのにもかかわらず責任を負わされている、また、原賠法が適用される故に過失がなくても責任を負わされているという考えの下、被害者に対して真摯に誠実な対応をしていないのであれば、その考えが正当なものかどうか、検証する必要があろう。本稿は、このような問題意識の下、東電の法的責任について、原賠法に基づく免責が否定されることと、原賠法とともに、または、原賠法に代えて、民法に基づく過失責任が追及できることを中心に論じるものである[2)]。

1)　原子力損害賠償紛争審査会「東京電力株式会社福島第一、第二原子力発電所事故による原子力損害の範囲の判定等に関する中間指針第四次追補（避難指示の長期化等に係る損害について）」（2013 年 12 月 26 日）。

2)　吉村良一「総論――福島第一原発事故被害賠償をめぐる法的課題」法律時報 86 巻 2 号（2014 年）55 頁、57-59 頁も参照〔本書序章〕。

Ⅱ　原賠法に基づく東京電力の責任

1　原賠法における原子力事業者の責任

日本における原子力損害賠償制度の構築にあたって、原子力委員会（委員長は中曾根康弘）に設置された原子力災害補償専門部会（部会長は我妻栄）は、政府が原子力事業を育成しようとする政策を決定した以上、万一事故を生じた場合に被害者が泣き寝入りすることなく十分な補償を受けられるようにするため、原子力事業者に重い責任を負わせることが必要であると考えた。そこで、「近代科学の所産たる不可避の危険を包蔵する事業を営もうとする者は、よって生ずる損害については故意過失の有無を問わず賠償責任を負うべし、とすることは、今日ではすでに確立された原則」（下線筆者）であることから、「原子力事業者は、その事業の経営によって生じた損害については、いわゆる責に帰すべき事由の存在しない場合にも賠償責任を負うべきである」としたのである[3)]。

こうした背景から、原子力損害の賠償に関する法律の下、原子炉の運転等により原子力損害を与えた原子力事業者は、無過失責任[4)]かつ無限責任を負う（3条1項本文）。ただし、原子力損害が異常に巨大な天災地変によって生じた場合には、原子力事業者は免責され（3条1項但書）、政府が被災者の救助および被害の拡大の防止のため必要な措置を講ずることとなる（17条）。また、同法は責任集中の原則を採用しているため、原子力事業者以外の者は損害賠償責任を負わず（4条1項）、例えば、原子炉の欠陥が原子力損害の発生に寄与した場合でも、製造物責任法は適用されない[5)]（同条3項）。

原子力事業者には、原子力損害を賠償するための措置――原子力損害賠償責任保険契約および原子力損害賠償補償契約の締結もしくは供託――を講ずることが義務付けられているが（6条、7条）、賠償措置額を超え、かつ、原賠法の目的を達成するために必要がある場合には、政府は、国会の議決による権限の範

3）「原子力災害補償専門部会の答申（昭和34年12月12日）」原子力委員会月報4巻12号13頁以下（1959年）。小柳春一郎「原子力災害補償専門部会（昭和33年）と『原子力損害の賠償に関する法律』(1)」獨協法学89号（2012年）89頁（以下続刊）は、同部会における議論に詳細な分析を加えている。

4）「無過失責任」には、賠償義務者は過失がなくても責任を負うという考え方（過失存在不要論）と、賠償義務者に過失があることは当然として、不法行為責任の成立の段階で賠償請求権者に賠償義務者の過失を立証する負担を課さないという考え方（過失立証不要論）があることを確認しておきたい。

囲内において、原子力事業者に対して損害賠償のために必要な援助を行うものとされている（16条）。

2　原賠法3条1項但書による東京電力の免責の可否

一連の原発事故賠償訴訟における準備書面等で明らかなように、東電は、原賠法3条1項但書により免責されるとの解釈もあり得るという考えを持ち続けているようである[6)]。確かに、東日本大震災が原賠法上の免責事由に該当するとの有力な見解は存在する[7)]。しかし、下記に挙げる理由により、東電の免責は否定されるという見解が大勢を占めており、筆者も同調する[8)]。

①異常に巨大な規模の地震・津波ではないこと[9)]。原賠法の法案段階での国会答弁では、「異常に巨大な天災地変」が「関東大震災の三倍以上の大震災」であると説明された[10)]。後に、原子力損害賠償制度専門部会は、この「三倍」が加速度を意味していたと推定した[11)]。大正関東地震では、東京本郷での推定値が300ガル[12)]、東北地方太平洋沖地震では、福島第一原発で最大550ガル（2号機東西方

5）　国内では、本条の違憲性等を理由として、GEジャパン、東芝、日立製作所を被告として製造物責任法および民法709条に基づく「原発メーカー訴訟」が東京地裁に提起されている。国外では、著者の知る限り、ニューヨーク州裁判所において日本人を含む原発事故被害者対原子炉メーカーのクラスアクション2件が、カリフォルニア南部地区合衆国地裁において空母ロナルド・レーガン乗組員ほかトモダチ作戦中に被曝したとされる合衆国海軍軍人対東電および原子炉メーカーのクラスアクション1件が係属中である。前者についてElizabeth Warmerdam, If Successful, Fukushima Class Actions Could Wipe Out GE, Court House Service（Mar. 12, 2014）、後者についてfukushimaradiationvictims. net〈www.fukushimaradiationvictims.net〉を参照。なお、筆者は、別稿で、アメリカ法の下での原子炉メーカーに対する製造物責任追及の可能性について論じたことがある。Eri Osaka, *Corporate Liability, Government Liability, and the Fukushima Nuclear Disaster*, 21 PAC. RIM L. & POL'Y J. 433（2012）.

6）　免責規定が東京電力の初動対応に影響を与えた可能性について、戒能一成「福島第一第子力発電所事故の検証すべき問題点」法律時報83巻8号（2011年）64頁を参照。

7）　森嶌昭夫「原子力被害の救済(1)――損害賠償と補償」時の法令1882号（2011年）39頁、40頁ほか。

8）　近時の分析として、小林寛「原子力損害賠償責任における免責規定の適用要件に関する考察」法律時報85巻5号（2013年）103頁を参照。

9）　小島延夫「福島第一原子力発電所事故による被害とその法律問題」法律時報83巻9・10号（2011年）55頁、64頁、大塚直「福島第一原子力発電所事故による損害賠償」法律時報83巻11号（2011年）48頁、49-50頁ほか。

10）　第34回国会衆議院科学技術振興対策特別委員会議録第13号（昭和35年5月18日）10頁［石野久男委員に対する中曾根康弘科学技術庁長官の答弁］。

11）　第3回原子力損害賠償制度専門部会議事要旨（案）（1998年9月11日）。

12）　石本巳四雄『地震とその研究』（古今書院、1935年）113頁。

向）であった[13]。また、津波についても、福島第一原発検潮所設置位置における津波の遡上高は推定13.1メートル[14]で、過去のものとくらべて異常に巨大であったとはいえない。東電に原賠法上の賠償責任があるとの判断を前提とした措置を国が講じたことにより東電の株価が下落して損害を被ったとして、東電株主が国を被告として損害賠償請求した事案においても、東京地判平成24・7・19判時2172号57頁は、原賠法の作成経緯、国会審議および当時の文献、原賠法施行後に発生した地震・津波との比較から、「異常に巨大な天災地変」とは、人類がいまだかつて経験したことのない全く想像を絶するような事態に限られ、東北地方太平洋沖地震およびこれに伴う津波はそのような事態に該当しないと判断し、東電の免責を否定している。

②不可抗力性の特に強いものではないこと[15]。「不可抗力」の法律上の定義はないが、一切の注意や予防方法を講じてもなお防止し得なかったといえる程の不可抗力性は、福島第一原発事故には認められない。

③人為と競合した事故であること[16]。原賠法の立法当時、3条1項但書を因果関係の中断から説明する見解があった[17]。但書の「によって生じた」の定めは、因果関係の視点からは、「異常に巨大な天災地変」が原子力損害の排他的な原因であることを前提としており、福島第一原発事故は、もっぱら「異常な天災地変……によって生じた」とはいえず、東電の人為が競合して生じたものである。そして、東電に過失があった可能性については、後述のとおりである。

④政府の支援による賠償を履行していること[18]。東電は、原賠法16条に基づく国の援助の枠組みを策定するよう政府に支援を求め[19]、それに応じて政府は東電への支援を決定し、原子力損害賠償支援機構法（平成23年法律第94号）が制定

13）原子力安全・保安院「東北地方太平洋沖地震における福島第一原子力発電所及び福島第二原子力発電所の地震観測記録について（お知らせ）」(2011年4月1日)。

14）東京電力株式会社「福島第一原子力発電所及び福島第二原子力発電所における平成23年東北地方太平洋沖地震により発生した津波の調査結果に係る報告（その2）【概要版】」(2011年7月8日)。

15）人見剛「福島第一原子力発電所事故の損害賠償」法学セミナー683号（2011年）20頁、21-22頁。

16）淡路剛久「福島第一原子力発電所事故の法的責任について――天災地変と人為」NBL968号（2012年）30頁、30-31、34-36頁。

17）加藤一郎「原子力災害補償立法上の問題点」ジュリスト190号（1959年）14頁、15-16頁、科学技術庁原子力局『原子力災害補償制度について』（1961年）113-114頁ほか。後者については、同一内容の記述が科学技術庁原子力局監修『原子力損害賠償制度』（通商産業研究社、1962年）に残っているが（44頁）、同書の1980年版、1991年版にはない。

18）卯辰昇『現代原子力法の展開と法理論〔第2版〕』（日本評論社、2012年）346頁。

された。[20] 今になって東電が免責を主張することは、当該スキームを根本から覆すことになる。

Ⅲ　民法に基づく東京電力の責任

1　民法を根拠とする理由

原発事故賠償訴訟のなかには、東電に対して、原賠法によらず、また、原賠法とともに、民法709条や民法717条に基づく主張を行っているものがある。とりわけ注目したいのは、民法709条に基づいて東電の過失責任を追及する訴訟である。原告らがあえて東電の過失を立証する負担を負う選択をした理由は、東電の津波対策の不備、シビアアクシデント（過酷事故）対策の不備、事故時の不適切な対応等について裁判を通じて明らかにすることで、東電による謝罪と完全賠償を実現し、将来の原子力事故を抑止するといった目的のためである。これに対し、東電は、原賠法が民法の適用を排除すると反論している。

2　裁判例

福島第一原発事故前に、原発事故への民法の適用可能性が争点となった事案は2つある。いずれも東海村JCO臨界事故に関するものである。

一つは、茨城県那珂郡東海村において宅地造成販売事業を計画していた原告が、事故によって土地の価格が下落したため、当初販売を予定していた価格で宅地の販売ができなかったとして、JCOに対し、主位的に原賠法3条1項、予備的に民法709条に基づいて損害賠償を請求した、いわゆる純粋経済損失の事案である（①事件）。第一審の東京地判平成16・9・27判時1876号34頁は、「原賠法二条二項、三条一項の「損害」とは、「原子炉の運転等」、「核燃料物質の原子核分裂の過程の作用又は核燃料物質等の放射線の作用若しくは毒性作用」と

---

19)　東京電力株式会社代表取締役社長清水正孝から原子力経済被害担当大臣海江田万里への書面「原子力損害賠償に係る国の支援のお願い」（2011年5月10日）。東電は、この時、賠償総額に事前の上限を設けることなく迅速かつ適切な賠償を確実に実施することを含む6つの確認事項について了承している。原子力被害担当大臣海江田万里から東京電力株式会社代表取締役社長清水正孝への書面「確認事項」（2011年5月10日）および東京電力株式会社代表取締役社長清水正孝から原子力被害担当大臣海江田万里への書面（2011年5月11日）。

20)　同法の下で設立された原子力損害賠償支援機構は、原子力損害賠償支援機構法の一部を改正する法律（平成26年法律第40号）により、原子力損害賠償・廃炉等支援機構に改組された。

相当因果関係があるかぎり、すべての損害を含むと……解する以上、原告が被告の「原子炉の運転等」以外を加害原因として主張していない本件においては、原賠法三条一項による無過失賠償責任と別個に民法七〇九条による賠償責任が成立する余地はなく、原賠法三条に基づく請求（主位的請求）が認められない場合には、民法七〇九条に基づく請求（予備的請求）も認められない」（下線筆者）とした。控訴審の東京高判平成17・9・21判時1914号95頁もこの部分を引用して同様の判断を行った。

もう一つは、事故時、近隣工場において稼働していた原告らが、放射線に被曝したこと（各推定被曝量は6.5 mSv）などに起因して身体に変調が生じ、また、工場での営業ができなかった等主張して、JCOとその親会社である住友金属鉱山株式会社に対し、主位的に民法709条および715条1項等、予備的に原賠法3条1項に基づき、連帯して損害賠償するよう求めた事案である（②事件）。第一審の水戸地判平成20・2・27判時2003号67頁は、まず、住友金属鉱山に対する715条1項等に基づく請求を原賠法4条1項に基づき否定し、「さらに、原賠法に規定する原子力損害の賠償責任は、原子力事業者に対して原子力損害に関する無過失責任を規定するなどした民法の損害賠償責任に関する規定の特則であり、民法上の債務不履行又は不法行為の責任発生要件に関する規定は適用を排除され、その類推適用の余地もないのであるから、本件事故による被曝と相当因果関係があるものとして損害賠償を請求する限りにおいては、原子力事業者に該当する被告JCOとの関係においても、民法上の不法行為に基づいて、損害賠償を求めることはできないというほかない」（下線筆者）とした。控訴審の東京高判平成21・5・14判時2066号54頁もこの部分を引用して同様の判断を行った。

原賠法4条3項は、原子炉の運転等により生じた原子力損害について、商法798条1項、船主責任制限法および製造物責任法を明示的に排除しているが、民法については言及していない。それにもかかわらず、原賠法第二章の原子力損害賠償責任について、科学技術庁原子力局による1961年版解説書および1962年版解説書は、「第二章は、民法の不法行為に関する規定に対する特例である。その範囲において、民法の規定は適用を排除されるが、不法行為に関する規定であっても、責任発生の要件等に関する事項以外の規定は、原子力損害賠償責任に対しても、なお適用がある」として、具体的には、民法709、715、

716、717条が排除されるとしている[21)]。さらに、同局の1980年版解説書および1991年版解説書は、「第二章は、民法の損害賠償責任に関する規定に対する特例でもある」として民法415条も適用排除規定に加えており[22)]、②事件の被告JCOに対する民法709条請求の適用排除の理由づけは、この解説書に影響を受けたものとみられる。

しかし、①事件の控訴審の陪席裁判官であり、現在は原子力損害賠償紛争審査会委員である中島肇は、第一審の判示について「民法709条に基づく損害賠償請求権も並存し得ることを認めたうえで、同条の請求原因事実の主張がないという理由で、同条の請求を棄却したもの[23)]」と評している。同じく審査会委員である野村豊弘も、責任集中規定（4条1項）について、「原子力事業者に対する関係では、民法の適用は否定されていないと思われる[24)]」と述べているのである。たしかに、同項は、原子力損害賠償責任を負う原子力事業者以外の原子力損害賠償責任を否定することを明記しているにすぎない。

3 検討

そもそも、特別法上の請求権と一般法上の請求権が競合した場合に前者が後者を排除することは自明の理なのであろうか。例えば、被害者の保護を図り国民生活の安定向上と国民経済の健全な発展に寄与することを目的とする製造物責任法の3条は、製造物の欠陥により人の生命、身体または財産に係る被害が生じた場合の、民法の損害賠償責任に関する規定の特例ないし特則である。しかし、製造物責任法の適用によって既存の不法行為責任、契約責任等に基づく損害賠償請求権に関する規定が排除されるという解釈はとられていない[25)]。また、一般消費者の利益の確保と国民経済の民主的で健全な発達を促進することを目的とする私的独占の禁止及び公正取引の確保に関する法律（以下「独禁法」と略

21） 科学技術庁原子力局・前掲注17）110-111頁、科学技術庁原子力局監修・前掲注17）42頁。

22） 科学技術庁原子力局監修・前掲注17）。1980年版49頁、1991年版52頁。

23） 中島肇「原子力損害の賠償に関する法律」能見善久・加藤新太郎編集『論点体系 判例民法〈第2版〉7 不法行為Ⅰ』（第一法規株式会社、2013年）300頁。

24） 野村豊弘「原子力事故による損害賠償の仕組みと福島第一原発事故」ジュリスト1427号（2011年）118頁、121頁。

25） 例えば、升田純「詳論・製造物責任法(2)」NBL550号（1994年）11頁、20頁、朝見行弘「製造物責任法第6条」能見善久・加藤新太郎編集『論点体系 判例民法8 不法行為Ⅱ』（第一法規株式会社、2009年）156頁を参照。

記する）の25条は、私的独占、不当な取引制限、不公正な取引方法によって損害が生じた場合の、民法の損害賠償責任に関する規定の特例ないし特則である。そして、独禁法の適用によって民法709条が排除されるという解釈もとられていない（最判昭和47・11・16民集26巻9号157頁）。製造物責任法には民法の適用に関する規定が置かれているが（6条）、独禁法に同様の規定が置かれていないにもかかわらず、である。

もっとも、特別法上の請求権と一般法上の請求権について、前者が後者を排除するという明文規定がないからといって、常に両者が並存することにはなるまい。複数の法令に矛盾抵触がある場合に「特別法は一般法を破る」という解釈原理の下、一般法上の請求権を行使することが特別法の目的に矛盾抵触する場合には、やはりその請求権は排除されることになろう。それでは、民法709条の過失責任に基づく請求は、原賠法の目的である被害者の保護を図ることと、原子力事業の健全な発達に資することのいずれかまたは両方に矛盾抵触するのだろうか。

原子力局の1980年版解説書および1991年版解説書は、万一の損害発生の場合における被害者による賠償請求を容易にするとともに、原子力事業者をして予め賠償履行のための措置を講じさせておくことにより、常日頃から被害者のために充分な配慮を加えておくことをその主要なねらいとして、無過失責任（3条）および損害賠償措置の強制（6条）が規定されたとする[26]。福島第一原発事故の被害者である原告らが、民法709条の過失責任を追及することで東電による謝罪と完全賠償が実現されるのであれば、無過失責任によらずとも、被害者の保護は図られよう。また、民法709条責任が成立する場合には、原賠法3条責任も成立するのであるから、原賠法10条の原子力損害賠償補償契約による補償、16条の国の援助に基づく原子力損害賠償支援機構法の下での現行の支援スキームは維持されることになるため、被害者保護という目的と矛盾抵触しないのである。

解説書はまた、原子力事業に対し損害賠償に関しての予測（計算）可能性を与え、もって事業の健全な発達を図るために、原子力事業者に損害賠償措置を講ずることを義務付け（6条）、その額以上の損害賠償については国が必要に応じ

26）科学技術庁原子力局監修・前掲注17）。1961年版や1962年版に比べて、1980年版および1991年の説明は詳細になっている。

介入することにより（16条）、企業としての安定性を保証しようとし、また、原子力事業者の求償権を制限することによって（5条）、原子力関連産業が安んじて原子力事業と取引を行うことができるようにしている、と説明している。民法709条の過失責任の下では、事業者に結果の予見可能性がなければ責任も発生しないため、同条に基づく請求は、原子力事業者の損害賠償に関する予測可能性を損なうものではない。また、裁判のなかで福島第一原発事故における東電の過失の有無および程度を明らかにして事故の原因を究明していくことは、原告らが意図する将来の原子力事故の抑止に不可欠であり、原子力事業の健全な発達という目的に矛盾抵触することにはならない。

4　責任成立以外の段階における過失の考慮の必要性

原告らの請求が民法上の過失責任に基づくものであれ、原賠法上の無過失責任に基づくものであれ、福島第一原発事故における東電の過失の有無および程度は、以下のとおり、責任成立以外の段階において審理の対象となる。

①慰謝料額の算定における東電の過失の考慮の必要性。例えば、鉱業法109条の無過失責任に基づくイタイイタイ病訴訟において、富山地判昭和46・6・30下民集22巻5・6号別冊1頁は、被告の結果回避義務違反について言及し、その行為の非難性を慰謝料算定において考慮している[27]。

②国との共同不法行為または競合不法行為における東電の過失の考慮の必要性。福島第一原発事故の発生および事故による被害の拡大については国の責任も問われているが、原賠法と国賠法の関係については、原賠法の趣旨や憲法17条等を理由に国賠法の適用を肯定する見解が多数派である[28]。東電と国が共同不法行為責任または競合的不法行為責任を負うことになれば、それぞれの過失は、

27）　牛山積と河合研一は、同判決について、「このような判断を示した裁判所の態度は高く評価すべきであると同時に、このような結論に到達するかたちで鉱業法109条を利用していった原告側の訴訟の進めかたは、今後の訴訟における一つの模範を示したものとして重視されなければならない。企業の責任を徹底的に明らかにしていくべきだという基本的態度の現われとみることができるからである」と評価している。牛山積・河合研一「イ病判決の意義と論理　イタイイタイ病判決を傍聴して」法学セミナー187号（1971年）2頁、7頁。

28）　行政法学者の分析として、磯野弥生「原子力事故と国の責任――国の賠償責任について若干の考察」環境と公害41巻2号（2011年）36頁、早川和弘「原子力損害と国家賠償」大宮ローレビュー9号（2013年）61頁、下山憲治「原子力損害と規制権限不行使の国家賠償責任」法律時報86巻2号（2013年）62頁ほか。

それぞれの負担部分を判断する際の考慮要素となる。

5　東京電力の過失

福島第一原発事故の原因については、これまでに複数の事故調査委員会が報告書を公表しており、東京電力福島原子力発電所事故調査委員会（国会事故調）は、地震・津波による被災の可能性、自然現象を起因とするシビアアクシデントへの対策、大量の放射能の放出が考えられる場合の住民の安全保護など、東電および規制当局がそれまでに当然備えておくべきこと、実施すべきことをしていなかったために生じた人災であると断じた[29]。一方、東京電力福島原子力事故調査委員会（東電事故調）は、事故の根本的原因を想定外の大きさの津波であると結論している[30]。これをそのまま受け止めれば、結果回避義務の前提となる予見可能性が否定されることになるが、後掲の山添論文[31]で論じられるように、東電の予見可能性の対象を、東北地方太平洋沖地震およびこれに伴う津波そのものではなく、今般生じたようなシビアアクシデントを引き起こす規模の地震ないし津波であるととらえれば、東電の予見可能性を基礎づける資料は複数存在している。例えば2006年に行われていた原子力安全・保安院、独立行政法人原子力安全基盤機構、電気事業連合会、電力各社による内部溢水、外部溢水勉強会において、東電はO.P.＋10 mおよび14 mの波高について福島第一原発5号機の耐力を検討していたのである[32]。

---

29)　東京電力福島原子力発電所事故調査委員会『国会事故調　報告書』（2012年7月5日）10-12頁。福島原発事故独立検証委員会（民間事故調）も人災であるとする。福島原発事故独立検証委員会『調査・検証報告書』（2012年2月27日）383-384頁。なお、民間事故調、東電事故調、東京電力福島原子力発電所における事故調査・検証委員会（政府事故調）は、事故原因を津波による全交流電源喪失としているが、国会事故調は地震による損傷の可能性も否定できないことを指摘している。『国会事故調　報告書』207-225頁。事故原因が地震であったならば他の原発においても対応が必要になるが、原子力規制委員会の東京電力福島第一原子力発電所における事故分析に係る検討会は地震説を否定した。原子力規制委員会「東京電力福島第一原子力発電所事故の分析　中間報告書」（2014年10月8日）。

30)　東京電力株式会社「福島原子力調査報告書」（2012年6月20日）325頁。その後、東電は、津波の高さの想定等について根本原因分析をしているが、「知見が十分とは言えない津波に対し、想定を上回る津波が来る可能性は低いと判断し、自ら対策を考えて迅速に深層防護の備えを行う姿勢が足りなかった」という反省を示す内容に留まった。東京電力株式会社「福島原子力事故の総括および原子力安全改革プラン」（2013年）20頁。

31)　山添拓「東京電力の法的責任――2　大津波の予見は可能だった」〔本書第2章1-2〕。

32)　内部溢水、外部溢水勉強会第3回資料（2006年5月11日）。

今般生じたようなシビアアクシデントを引き起こす規模の地震ないし津波が東電の想定内であったとすれば、結果回避義務違反の有無につき、シビアアクシデント対策の内容が問われることとなる。その際には、東電による原発周辺住民への情報提供の不備も含めた事故時の不適切な対応についても審理されることが必要である。そのなかには、周辺住民への情報提供の不備も含まれる。一例として、浪江町と東電は、福島第一原発で異常があった場合に、東電が浪江町に対して直ちに通報連絡を行う協定[33]を締結していたが、福島第一原発事故時にその通報がなされたか否か、なされたとしてもそれが適切な態様でなされたのかをめぐって、両者の主張は対立している。放射線量測定値の通報や公表の懈怠により、住民が不要な被曝を受けたのであれば、その行為の非難性は相当高いものと判断できよう。

不幸にも福島第一原発事故が現実化させたように、いったん原子力発電所事故が起こると、環境中に放出される放射性物質は広範囲かつ長期的に残留するため、それによって避難を余儀なくされる人々は「地域での元の生活を根底からまるごと奪われ」るのである[34]。このような原子力の高度の危険性から生じうる被侵害利益の重大性を鑑みれば、結果発生の蓋然性がいかに低かろうとも、原子力事業者の注意義務の程度は極めて高いものとなる。事故と公害との違いをおいても、熊本水俣病第一次訴訟において、熊本地判昭和48・3・20判時696号15頁が、抽象化された高度の予見義務に基づく高度の結果回避義務を被告に課したことは示唆的である。

Ⅳ　おわりに

本稿では、福島第一原発事故における東電の法的責任について、東電が原賠法3条1項但書によって免責されないこと、東電に対して原賠法とともに、または原賠法に代えて民法709条の過失責任が追及できることを中心に論じた。すでに、民法709条に基づく請求を主位的に、原賠法3条1項に基づく請求を予備的に主張している「生業を返せ、地域を返せ！」福島原発事故被害訴訟に

33)　東京電力株式会社福島第一原子力発電所に係る通報連絡に関する協定書（1998年3月26日）。

34)　淡路剛久「『包括的生活利益としての平穏生活権』の侵害と損害――福島原発事故賠償問題研究会・連載の序論を兼ねて」法律時報86巻4号（2014年）97頁、100頁〔本書第1章1〕。

おいて、賠償額算定のために東電の過失の種類・程度の審理がされることになっている[35]。今後、同訴訟をはじめとする一連の訴訟において、福島第一原発事故の原因が究明されていくことを期待したい。

【脱稿後の補論】

2015年1月15日、日本は、原子力損害の補完的補償に関する条約（Convention on Supplementary Compensation for Nuclear Damage, CSC）を受諾した。同条約は、日本の受諾によって発効要件が満たされ、2015年4月15日に発効することとなった。現時点での日本以外の締約国は、アメリカ、ルーマニア、モロッコ、アルゼンチン、アラブ首長国連邦である。

CSCの受諾に向けて、その国内実施に必要な事項を整備するための「原子力損害の補完的な補償に関する条約の実施に伴う原子力損害賠償資金の補助等に関する法律」（平成26年法律第133号）と、原子力損害賠償制度を条約上の制度と適合させるための「原子力損害の賠償に関する法律及び原子力損害賠償補償契約の一部を改正する法律」（平成26年法律第134号）が既に公布されているが、新聞報道によれば、政府は、事故時の電力会社の責任範囲や賠償額に上限を設け、電力会社が将来にわたり原発事業を継続できる環境を整備することを考えており、原賠法改正のための有識者による作業部会が設置されることが決定している（2015年第3回原子力委員会定例会議議事録（2015年1月27日））。

今後、原賠法が改正されたとしても、福島第一原発事故に遡及適用されるわけではないが、例えば、CSCの原子力損害の定義に関する議論が現在の原子力損害賠償実務に事実上の影響を与える可能性も懸念されるところであり、原賠法改正の動向について一層注視していく必要がある。

（おおさか・えり　東洋大学教授）

35）「東電の過失責任が審理対象に　東電原発訴訟　裁判長『重要な争点』」『福島民報』2014年1月15日。

1　東京電力の法的責任
——2　大津波の予見は可能だった

山添　拓

I　はじめに

1　警告を無視してきた東京電力

過去の公害事件において、被害者自身が加害企業の過失責任を立証する証人となる例は、まずないと思われるが、福島原発事故の場合はこれに当てはまる。

福島第一原発が立地する浜通り地域には、原発事故前から、過酷事故を回避するために何度となく東電に対して地震・津波対策を採るよう警告し、申入れをしてきた市民団体がある。

たとえば、「原発の安全性を求める福島県連絡会」(代表は、後に述べる「避難者訴訟」の原告団長である早川篤雄氏）は、2005年に「チリ級津波の引き潮、高潮時に耐えられない東電福島原発の抜本的対策を求める申し入れ」を、当時東電の代表取締役であった勝俣恒久宛に提出している。福島原発は、東電が想定していたチリ級津波による引潮や高潮にすら対応できず、冷却機能の喪失を伴う過酷事故に至る危険性を具体的に指摘していた。しかし、東電からの回答は一切なかった。

「いわき市民訴訟」(後述）の原告団長である伊東達也氏は、県民連絡会を代表して東電と交渉した際、福島第二原発は建屋を水密化したから大丈夫だと言われた。そこで建屋の見学を求めたが、「テロ対策」という名目で認められなかった。水密性についての説明もなければ、なぜ第一原発で同様の水密化工事を行わないのかの説明もなかった。

住民の声を無視し、また専門家の警鐘にも耳をふさぎ、予見し得た津波を敢えて「予見しない」こととしてきたのが、東電である。

2　本稿の目的

各地で東電や国の責任を問う裁判がたたかわれている。それぞれの責任論の主張には特徴があり一様ではないが[1)]、共通する点は津波についての予見可能性であろう。本稿では、事故をもたらした津波の予見可能性に焦点を当て、とりわけ東電がいかなる事実を認識し、または認識し得たのか、認識すべきであったのかという過失責任を論じたい。

なお、筆者は主に福島地裁いわき支部で裁判に取り組んでいる福島原発被害弁護団に属しており、以下はいわき支部での主張と反論状況を前提に論じることをお断りしておきたい[2)]。

Ⅱ　原子力事業者が負うべき注意義務

1　原発事故被害の特異性と重大性

東電福島原発事故調査・検証委員会（以下「政府事故調」）の最終報告（2012年）は、「原発事故の特異性」について、次のように指摘する。

「原子力発電所の大規模な事故は、施設・設備の壊滅的破壊という事故そのものが重大であるだけでなく、放出された放射性物質の拡散によって、広範な地域の住民等の健康・生命に影響を与え、市街地・農地・山林・海水を汚染し、経済的活動を停滞させ、ひいては地域社会を崩壊させるなど、他の分野の事故には見られない深刻な影響をもたらすという点で、極めて特異である」（同7~8頁）。

原発においてひとたび深刻な事故が発生した場合の被害の重大性については、スリーマイル島原発事故（1979年）やチェルノブイリ原発事故（1986年）等、福島原発事故に先立つ過酷事故の経験を踏まえて、つとに指摘されてきたところ

---

1)　国と東電を被告とするもの、東電のみを被告とするもの、地震原因論を取り込むもの、事故の発生防止のみならず拡大防止責任を主張するものなどがある（本書第7章参照）。

2)　いわき支部での訴訟は、強制避難区域からの避難者が原告となり、東電のみを被告として2012年12月に第一次提訴を行った「避難者訴訟」と、いわき市民が原告となって国と東電を被告とし、2013年3月に第一次提訴を行った「いわき市民訴訟」とがある。それぞれの主張と反論の状況は後に述べる。

である。とりわけ巨大な自然災害である震災と原発災害とが複合して発生する「原発震災」については、次のように警鐘が鳴らされてきた。

「震災時には、原発の事故処理や住民の放射能からの避難も、平時にくらべて極度に困難だろう。つまり、大地震によって通常震災と原発災害が複合する'原発震災'、が発生し、しかも地震動を感じなかった遠方にまで何世代にもわたって深刻な被害を及ぼすのである。膨大な人々が二度と自宅に戻れず、国土の片隅で癌と遺伝的障害におびえながら細々と暮らすという未来図もけっして大袈裟ではない[3)]」。

他ならぬ福島第一原発の地震・津波対策の脆弱性について、事故の直接の被害者である地域住民らが事故前から警告を繰り返していたことについては、すでに述べたとおりである。

2　原子力事業者が負うべき高度の注意義務と高度の調査研究義務

原発事故の特異な危険性、また、自然災害の想定の難しさを踏まえた観点からは、原発の安全対策において、科学的知見が学会の中で多数を占める等により確立し、かつ、確立した知見に基づき具体的に想定される危険性のみを考慮して対策をとれば足りるという考え方は許されない。

最高裁は、伊方原発の設置許可取消訴訟（最判平成4・10・29民集46巻7号1174頁）において、原子炉施設の安全性の審査について、最新の科学的、専門技術的知見に基づきなされるべきこと、科学技術は不断に進歩、発展していること、最新の科学技術水準への即応性が求められることを指摘している[4)]。

原子力事業者である東電は、その時点における最新かつ最高の知識および技術に基づき、事故の発生防止に万全を期すとともに、常により一層の安全の確保に向けて継続的に調査および研究を尽くす必要がある。そして、一定の科学的知見に基づき過酷事故の危険性が予見できる場合には、たとえ不確実なリスクであっても、徹底的に安全側に立ち、最新の知見に基づき即応性をもって対策を講じる義務が、原子力事業者である東電に課されていたというべきである。

3)　石橋克彦「原発震災――破滅を避けるために」科学（岩波書店、1997年10月号）。

4)　この指摘は、核原料物質、核燃料物質及び原子炉の規制に関する法律24条1項4号が原発の安全審査基準を具体的かつ詳細に定めていないことが憲法31条および41条に違反するかどうかという争点に関して、これを消極に解する判示のなかで述べられている。

Ⅲ　東京電力は大津波を予見していた

1　「想定外」の意味と予見可能性の対象

東電は事故の直後から、「想定外の津波による事故」という見解を示した[5]。現在もその姿勢は変わらない。しかし、結論から言えば、東電は、福島原発事故以前から過酷事故をもたらす地震および津波が発生する可能性を十分に予見することができた。今回の津波は、「想定外」だったのではなく、東電が意図的に「想定外」に押しやっていた津波が現実に発生したものである。

東電は、各地の訴訟において、「領域をまたがり連動して発生するマグニチュード9.0の地震を予見することはできなかった」と主張している。しかし、東電に求められたのは、東北地方太平洋沖地震とそれに伴う津波という、今回発生した地震および津波そのものの予見可能性ではない。連動・マグニチュード9でなくとも、福島第一原発において全交流電源喪失、および、それにより引き起こされる炉心溶融を伴う重大事故をもたらす程度の巨大な地震および津波について予見できたかどうかが問題である。

2　地震と津波

地震のメカニズムを説明するプレートテクトニクス理論は、1960年代の終わりから70年代にかけて確立した。福島第一原発の建設は、それに先立つ1966年である[6]。

地震とは、地下の岩盤が周囲から押されることによって、ある面を境としてずれる現象であり、地表に達すると地面の揺れとなる。地球の表面は複数枚の難い岩盤（プレート）で構成され、個々のプレートはマントルの流れによって他のプレートの下に沈み込んでいる。今回の地震は、東日本を載せた陸側の北米プレートの下に太平洋プレートが沈み込み、それにともなって固着して引きず

5)　たとえば、2011年3月13日午後8時半から行われた東電清水正孝社長の記者会見では、「施設は地震の揺れに対しては正常に停止したが、津波の影響が大きかった。津波の規模は、これまでの想定を超えるものだった」と述べている（同日のNHKニュース）。

6)　設計に当たって考慮されたのは、1960年のチリ津波の際の3.122 mの津波であるが、これは福島第一原発から55 kmも離れた小名浜港における、わずか12年分の検潮記録を準用したものに過ぎない（添田孝史『原発と大津波　警告を葬った人々』岩波新書、2014年8頁）。

り込まれていた北米プレートの先端部が耐えきれなくなってはね返り、大きな地震動をもたらし、海域で起こったために大津波を引き起こした、いわゆるプレート境界地震（海溝型地震）である[7)]。

プレート境界地震も一様ではない。地震の規模の割に大きな津波を引き起こす地震は「津波地震」と呼ぶ。海溝の最深部付近でプレート境界面がずれることにより、その断層の直上の海底のみが急激に大きく隆起すると大きな津波を引き起こす。他方、プレート境界の深部で幅の広いずれが生じると、広い範囲で海底が隆起し、水面がゆっくり上昇して波長と周期の長い津波が生じる。後に述べる貞観津波（869年）はこのタイプの津波と呼ばれる。

3　4省庁「報告書」および7省庁「手引き」――1997年〜98年

(1)「報告書」「手引き」の策定

1993年に発生した北海道南西沖地震は、大きな津波を引き起こし、奥尻島で死者200名を超える被害をもたらした。これを機に、関係省庁が津波対策を再検討し、4省庁による「太平洋沿岸部地震津波防災計画手法調査報告書」（以下「報告書」、1997年）、および、7省庁による「地域防災計画における津波対策強化の手引き」（以下「手引き」、1998年）が策定された。

「報告書」および「手引き」の特徴は、既往最大という従来の津波想定の考え方を転換させた点にある。すなわち、想定すべき津波の選定においては、最新の知見によって想定しうる最大規模の地震津波を想定し、既往最大津波との比較検討を行った上で、「常に安全側の発想から対象津波を選定する」。

その具体例として指摘されているのが、地震発生のメカニズムには一定の傾向があり、同様の地下構造等が見られる領域においては、同様の地震が繰り返すというものである。福島沖を含む宮城県沖から房総半島沖の領域もその一つで、この領域のどこでも起こり得る最大の地震は、1677年に発生した延宝房総沖地震（M8.0クラス）とされる。東電が2008年にした試算では、福島第一原発の最も近くでこの地震が発生すると、敷地に到達する津波高さは13.6 mであった[8)]。

「常に安全側の発想」という姿勢は、「報告書」および「手引き」の全体を貫

7)　日本科学者会議編『地震と津波――メカニズムと備え』（本の泉社、2012年12頁）。
8)　前掲・添田25〜26頁。

くものである。より規模の大きい断層モデルを設定し、断層モデルの位置も南北に移動させてシミュレーションする、さらには、想定される数値に一定の補正率を乗じて幅を持たせるという点が挙げられる。調査委員会の委員が、「津波数値解析の精度は倍半分（2倍の誤差がある）」と発言していたことは象徴的である。東電は、この時点で福島第一原発に敷地高さ10mを超える津波が襲来する可能性があることを予見していたというべきである。

(2)「報告書」を受けた東電と電事連の対応

東電や電事連は、「報告書」および「手引き」に対して強い警戒感を抱いていた。数値予測の誤差を大きくとる考え方によれば、「一部を除き、多くの原子力発電所において津波高さが敷地高さ更には屋外ポンプ高さを超えることになる」ことが認識されたからである[9]。

そのため電事連は、「想定しうる最大規模の地震津波」の想定に当たって、誤差を考慮しなくてよいとの「ロジックを組み立て、MITI（引用者注；通商産業省）顧問の理解を得るよう努力する」との方針を立てている[10]。

一方国は、仮に当時の数値解析の2倍で津波高さを評価した場合、その津波により原子力発電所がどうなるか、さらにその方策として何が考えられるかを提示するよう、電力会社に要請した。

電事連が2000年に報告した「津波に関するプラント概略評価」には、各原発の津波の想定値と解析誤差を考慮した想定値の1.2倍、1.5倍、2倍の津波高さによる原発への影響が記されている。これによれば、「建屋内への海水漏洩により非常機器が水没する可能性」や「電源盤等の機能喪失が考えられる」原発があることが判明し、福島第一原発1～6号機は、想定水位が5m、いずれも1.2倍の津波で「海水ポンプのモーターが止まり、冷却機能に影響が出ることが分かった[11][12]」。

9）1997年6月の電事連会合議事録、および、添付報告「7省庁による太平洋沿岸部地震津波防災計画手法調査について」。

10）国会事故調・参考資料44頁。

11）国会事故調・83頁。

12）「生業を返せ！地域を返せ！」福島原発訴訟や「いわき訴訟」で国が原告の要求に応じて提出した「『太平洋沿岸部地震津波防災計画手法調査』への対応について」と題する文書。

4 「津波評価技術」の策定とその問題点

(1) 土木学会の津波評価部会

土木学会原子力土木委員会の津波評価部会は、1999年度に設置され、全8回の部会を経て、2002年2月、「原子力発電所の津波評価技術」(以下「津波評価技術」)を作成した。国と東電は、裁判でこの「津波評価技術」が原発における津波評価の手法を体系化した唯一の基準であると主張し、また固執している。

同部会を構成する委員・幹事は、その過半数を電力業界の者が占め、1億8378万円の研究費の全額を電力会社が負担している。元々公正性が疑われる組織である。また国は、「報告書」や後記「長期評価」等、自らが設置して行った調査・報告の信用性を否定してまで、民間基準に過ぎない「津波評価技術」を唯一絶対としており、その態度は奇異ですらある。

(2) 津波評価技術の問題点

「津波評価技術」は、「報告書」および「手引き」の考え方を後退させ、「過去に起こった場所でしか津波地震は起こらない」という科学的根拠のない立場をとった。すなわち、「津波評価技術」の評価方法は、「概ね信頼性があると判断される痕跡高記録が残されている津波」を評価対象として選定することから始まる。東北・関東で言えば、江戸時代初期の大津波として知られる慶長津波までの約400年以内のものが対象で、文献記録のない古い時代の津波は、対象としない[13]。

また、「報告書」および「手引き」の「常に安全側の発想」という立場は放棄される。すなわち、「報告書」より小規模の断層モデルを敢えて設定し[14]、数値解析上の誤差を反映させる「安全率」の考え方を放棄し、想定津波の補正係数は1.0とされた。これは、想定津波の高さは既往津波の痕跡高を超えないということを意味する。「既往最大」にとらわれず、「想定を上回る津波が発生する可能性」を重視した「報告書」および「手引き」の考え方に、真っ向から反する

13) この発想は、2006年に改訂された耐震設計審査指針が「活断層の活動性評価」の評価期間を「13万年前以降の活動が否定できないもの」としていることとも矛盾する。津波は地震随伴事象であり、地震について先史時代を含めて評価するにもかかわらず、津波について文献記録の残る約400年程度に評価期間を限定するのは不合理である。

14) 「報告書」が1896年明治三陸地震を基に最大マグニチュード8.5と設定した領域で、「津波評価技術」は敢えてそれより低い最大マグニチュード8.3を設定。

ものである。

「津波評価技術」に基づく福島第一原発の設計津波最高水位は、5.7 m とされた。6号機の一部で敷地高さをわずかに上回るのみで、設置レベルのかさ上げで対応できるとの結論であった。

5 「長期評価」の位置付けと概要

(1) 地震本部と「長期評価」

1995年1月17日に発生した阪神・淡路大震災を受けて、同年7月、地震防災対策特別措置法が制定された。同法に基づき設置された政府の機関が、文部科学省・地震調査研究推進本部（以下「地震本部」）である。このうち地震に関する調査、分析、その総合的な評価を行うのが地震調査委員会であり、同委員会が策定する「長期評価」は、主な活断層と海溝型地震を対象にした地震の規模や一定期間内に地震が発生する確率などの評価結果を指す。

(2) 2002年「長期評価」

地震本部地震調査委員会は、2002年7月31日、「三陸沖から房総沖にかけての地震活動の長期評価について」（以下「長期評価」）を発表した。「長期評価」は、歴史地震の記録や観測成果の中に記述された、津波の記録、震度分布等に基づく調査研究の成果を吟味し、三陸沖北部～房総沖における大地震を整理した上で、今後発生する「次の地震」を予測した。

このうち、「三陸沖北部から房総沖の海溝寄りのプレート間大地震（津波地震）」については、M8クラスのプレート間大地震が過去400年間に3回発生していることから、領域全体では約133年に1回の割合でこのような大地震が発生すると推定、今後30年以内の発生確率は20％と推定されるとした（「長期評価」4頁）。また、その震源域については、1896年「明治三陸地震」のモデルを参考にし、同様の地震が三陸沖北部から房総沖の海溝寄りの領域内[15)]のどこでも発生する可能性があるとして、「具体的な地域は特定できない」としている（同9頁）。東北沖のプレート境界に沿って、南北に広く地震断層モデルを移動させシミュレーションを実施した、「報告書」「手引き」とも整合する考え方であった。

15)　日本海溝に沿って長さ200 km程度の長さ、幅50 km程度の幅。

⑶ 「長期評価」に基づく東電の試算

東電は2008年、「長期評価」に従い福島第一原発での津波高さを試算した。それによれば、最大で5号機の敷地南部でO.P.＋15.7 mとの想定波高であった。しかもこの高さは、不確実性を考慮すれば、さらに2〜3割程度津波水位が大きくなるというものである。敷地高さがO.P.＋10 mの福島第一原発における浸水は確実である。

2008年時点でこの試算が得られた以上、「長期評価」が発表された2002年の段階で東電はすでに、O.P.＋15.7 mの津波想定を認識し得たというべきである。

6 「長期評価」を否定する様々な対応

⑴ 中央防災会議の対応

中央防災会議は、災害対策基本法に基づき内閣府に設置され、「防災基本計画」「地域防災計画」の作成および実施の推進等を行う組織である。

中央防災会議の事務局は、「長期評価」発表の6日前に、地震本部事務局に対してその発表を見送るよう求め、またやむを得ず発表する場合にも今回の評価が誤差を含むものであることを注記するよう要請し、現にそのとおりの文言が盛り込まれた[16)]。

⑵ 東電の対応

東電は、「長期評価」で福島沖を含む日本海溝沿いでの大地震の可能性が指摘されたにもかかわらず、「文献上は福島県沖で津波地震が起きたことがない」という理由で、福島第一原発における対策を見送った[17)]。東電は、「報告書」や「長期評価」によって、過去に起きていない地震は将来も起きないという考え方が明確に退けられていたにもかかわらず、これに固執し対策を検討することすらなかったのである。

7 知見の進展と東電・電事連の対応

⑴ スマトラ沖地震と溢水勉強会

2004年12月、超巨大地震は起こらないと言われていたスマトラ島沖で、断

16) 柳田邦男「原発事故失敗の本質　圧殺された『警告』」文藝春秋2012年5月号。
17) 国会事故調87頁。

層の長さ1000 km以上の巨大連動地震と津波が発生し、27万人が犠牲となった。インドのマドラス原発では、津波による浸水で非常用海水ポンプが運転不能となる事故が発生している。

この事故を受けて、国と東電らが行ったのが2006年の溢水勉強会である。東電は、福島第一原発5号機について、10 mの津波水位が長時間継続すれば非常用海水ポンプが使用不能となること、14 mであれば建屋の浸水により電源を喪失し、原子炉を安全に停止するための機能が失われることを報告している。

(2)　マイアミ論文

東電が2006年7月に米国で報告した論文では、津波高さが設計上の津波高さを超える可能性が常にあることを認め、その波源についても、明治三陸地震と同様の地震が日本海溝の南方でも発生しうることを前提としている。東電は、1075通りの津波波源について数値解析を行い、今後50年以内に10 mを超える津波が発生する可能性を示唆しているが、それは単なる「仮想」ではなく、福島第一原発5号機の津波評価を行ったものである。

(3)　貞観津波に関する知見

いわゆる貞観津波（869年）は、日本海溝付近の改訂を震源域として発生したと推定される巨大地震に伴い発生した巨大津波である。1990年代以降、貞観津波の知見は飛躍的に進展し、国も委託事業として調査研究を行うほどになった。

1990年、東北電力は、女川原発の津波想定に関して貞観津波の調査結果をまとめた[18]。考古学的所見および堆積学的検討に基づき、津波痕跡高の推定を行った結果、河川から離れた平野部で2.5～3 m、海岸付近では数m上回る津波高に達していた、とする。注目すべきは、東電と同じく原発を保有する東北電力が、女川原発の安全性を確認するために貞観津波の調査を行ったという点である。しかし東電は、自ら率先して調査をすることはなく、「『今後の研究の進展を待ちたい』という他人任せの消極的な姿勢を続けてきた[19]」。

東北大学箕浦幸治教授らの津波堆積物の調査により、貞観津波と同様の津波が過去に繰り返し仙台平野の奥深くまで進入していたことが実証され、その再

18)　阿部壽ほか「仙台平野における貞観11年（869年）三陸津波の痕跡高の推定」1990年。
19)　国会事故調87頁。

来周期は800年から1100年と推定された[20]。869年からすでに1132年が経過した2001年の報告である。

文部科学省は、2005年、「宮城県沖地震における重点的調査観測」の委託研究を実施する。委託を受けたのは東大地震研究所と独立行政法人産業技術総合研究所（以下「産総研」）であった。広範かつ詳細な津波堆積物の調査によって、貞観津波が断層の長さ200 km、幅100 km、すべり量7 mの地震による津波であること、津波の到達範囲は宮城県から福島県の沿岸であること、過去4000年間に450年から800年の間隔で繰り返し発生していることなどが分かった[21]。

2008年には、佐竹健治らによる貞観津波の数値シミュレーションが報告され、東電が福島第一原発について試算を行った。1号機から4号機でO.P.+ 8.7 m、6号機でO.P.+ 9.2 mであったが、不確実性を考慮して2〜3割高くなった場合には、いずれも敷地高さ10 mをはるかに超えることが確実であった。しかし、東電がこの試算結果を保安院に報告したのは、翌2009年のことであり、これに対して何ら対策をとることはなかった。そればかりか東電は、地震本部による「長期評価」の改訂作業について、2011年3月3日の非公式会合で「貞観地震が繰り返して発生しているかのようにも読めるので、表現を工夫していただきたい」などと要望し、評価結果の改変を図っていた[22]。東電は、事故の直前に至るまで、得られた知見と真摯に向き合うことなく、むしろ隠蔽しようとすらしていたのである。

Ⅳ　裁判における東電の主張とその問題点

1　避難者訴訟の場合

東電は、東電のみを被告とする「避難者訴訟」において、訴状に対する認否のほか、責任論に関する反論を一切行わない。

裁判所からこの点を指摘された際、東電の代理人（田中清弁護士）は、原賠法が適用される以上責任論の議論は必要なく、長期化をもたらすから反論しないと述べた。しかし、交通事故の例を挙げるまでもなく、過失の内容や程度は、

20）　箕浦幸治「津波災害は繰り返す」東北大学広報誌『まなびの杜』2001年夏号。
21）　産総研ほか「宮城県沖地震重点的調査観測　平成20年度成果報告書」2010年。
22）　国会事故調461頁。

不法行為における責任論を構成するだけでなく、慰謝料請求における損害論にも影響する。東電の代理人もこれを認めているが[23]、裁判所は、東電が過失論について争わない旨を確認するとともに、その応訴態度を含めて評価すると述べるのみで、訴訟において責任論を取り上げる姿勢を示していない。

2　いわき市民訴訟の場合

(1)　東電の主張の特徴

国とともに東電が被告となっている「いわき市民訴訟」でも、東電は「過失の有無を審理する必要はない」という姿勢であるが、裁判所の指揮によりしぶしぶ過失論についての認否・反論を行っている。

東電の主張の要点は、「津波評価技術」が原子力発電所の設計基準としていかなる津波を想定すべきかという観点で津波評価手法を体系化した唯一の基準である、というものである。そして、今回の事故をもたらした敷地高さを10m以上超えるような津波が発生し、全電源喪失に至る事態を予見することはできなかった、と主張している。

国と東電は、「津波評価技術」を唯一絶対の基準と称賛するとともに、「長期評価」は概括的指摘をするものに過ぎず根拠がなく、また福島原発への津波の影響を評価するための波源モデルが示されていないとして非難する。

(2)　東電の主張の問題点

「津波評価技術」が評価対象の津波を著しく狭く設定し、安全率を考慮しないものであることはすでに述べた。ここで問われるのは、「津波評価技術」と「長期評価」のいずれが学術的に優れているかという問題ではない。「長期評価」は、長期的な観点から地震活動の特徴を把握し明らかにし、地震発生可能性の評価手法の検討と評価を行った。時間的にも歴史記録に限定されずに、より古い時代の地震・津波想定をも考慮し、空間的（領域的）にも日本海溝沿いの「空白域」についても津波地震の発生可能性を排除せず、その可能性をも踏まえた対策を求める立場であり、「報告書」「手引き」の考え方と共通する。「深刻な災害が万が一にも起こらないようにする[24]」という原子炉の安全確保の要請のレベルに照

23)　2014年2月12日の第3回口頭弁論期日において、「不法行為における一般論として、故意又は過失の程度が慰謝料額に影響を及ぼしうることについて、争う考えはない」旨の意見を述べている。

らして、いずれの考え方によって立つべきかが問題である。
「津波評価技術」は、同一の構造を持つ日本海溝沿いであるにもかかわらず、福島県沖においては、「過去数百年の記録によっては津波地震が起きたことが確認できないから今後も津波地震は起きない」という考え方に立つ。なぜそう言い切れるのか、それこそ根拠は示されていない。原子力事業者には、「万が一」の確率で発生する事象に対しても必要な防護措置をとることが求められる。福島県沖の日本海溝沿いで津波地震が発生する可能性が排除されず、むしろ発生しうることを示唆する事実が複数、かつ、継続的に発生していた以上、東電には必要な対策を講じることが求められていたと言うべきである。

V　今後に向けた課題

東電の責任を追及するに当たっては、東電はこれまで、決して慎重な調査研究に基づく津波想定を行い、十分な対策をとってきたわけではないことを肝に銘じなければならない。東電が「予見可能性がなかった」と主張するとき、それは「予見できなかった」のではなく「予見できたかも知れないが敢えてしなかった」というに過ぎない。その根底には、稼働優先、コスト優先の発想があるが、昨今の再稼働をめぐる動きと完全に一致する。
東電は、各地の裁判で同様に予見可能性を否定する主張を繰り返している。これに対して原告側は、書証に基づく主張・反論を続けているが、本稿脱稿時点で、すでに「生業を返せ！地域を返せ！福島原発訴訟」（福島地裁）が津波の予見可能性に関する専門家を含めて証人尋問を実施しているほか、他の裁判でも徐々に立証段階に移行し、裁判所の判断が示される日も近づいているといえる。引き続き各弁護団における研究と主張上の工夫が求められるとともに、立証段階を控え、弁護団を超えた情報交換や協力体制もますます重要であると考える。

（やまぞえ・たく　弁護士・福島原発被害弁護団）

24）伊方原発最高裁判決の判示に現れる文言である。

2　国の法的責任
――1　原発事故・原子力安全規制と国家賠償責任

下山憲治

はじめに

福島第一原発事故に起因する放射線の作用等による原子力損害に関し、原子力損害の賠償に関する法律（以下「原賠法」）に基づき、東京電力は賠償の支払いを継続している。他方また、同事故における地震動そのものの影響が未解明な中ではあるが、津波対策などに関する各種技術基準を改正するなどして規制監督権限を適時かつ適切に行使しなかったことを理由に国の国家賠償責任を問う訴訟も各地で提起されている。この責任に関する基礎的考察がここでの目的である。まず、国による原発推進政策と設置許可等いわゆる「作為起因性の不作為」という観点を確認する。そして、国家賠償法（以下「国賠法」）との関係について原賠法の立法過程[1)]も分析し、責任集中などの制度趣旨およびその射程の明確化と共に、原子力安全規制の特色を踏まえた規制権限不行使の違法性判断のあり方、知見の程度と結果回避手段などについて考察を加える。また、原子炉等規制法（以下「炉規法」）において2012年法律47号による改正前にシビアアクシデント（以下「SA」）対策に関する規制権限があったかどうか等も論点となり得よう。ただ、SA対策と設計基準事象対策は、相互関連性と連続性を有する

1)　小柳春一郎「我妻榮博士の災害法制論――原子力損害の賠償に関する法律」法律時報85巻3号（2013年）101頁以下。なお、以下の論述は、拙稿「原子力損害と規制権限不行使の国家賠償責任」法律時報86巻2号（2014年）62頁以下と「原子力安全規制と国家賠償責任」法律時報86巻10号（2014年）113頁以下を加除のうえ、再構成したものである。

側面もあるように思われる。[2] この対策区分に有用性があるとしても、それに拘泥せず、ここでは、国賠責任を論じる上で重要となる被害発生を防止・軽減できる手立ての適時・適切な選択という視角から検討したい。

I 原発推進政策と原子力法の展開

1 原発推進と安全規制

原子力法制形成期、1955年の原子力基本法では民主・自主・公開の原子力利用三原則が採用される一方、現行原子力基本法2条に規定する「安全の確保」という文言は明定されてはいなかった。[3] また、当時、原発の潜在的危険性は認識されていたものの、エネルギー需要拡大への対応を重視した「開発促進への強い傾向」があった。[4] 1957年の炉規法制定時、管轄問題も絡んでか、原子炉は電気事業法（以下「電事法」）上の電気工作物の一構成要素であって、それのみを炉規法で規制するのは、電気事業・電気工作物全体の整合性を図る見地から好ましくなく、二重規制回避のため、設計・工事方法の認可から性能・施設検査について炉規法による規制が適用除外とされ、電事法による規制対象とされた。[5] それゆえ、この適用除外は、電事法による原発規制について原子力基本法の趣旨等の排除を意味するものではない。

福島第一原発は、1966年に1号機の設置が許可され、1971年に運転が開始されてから、計6基の原子炉を有する大規模なものとなった。しかし、1960年代以降、公害や原発の安全問題などを機に原発立地の選定が困難化していった。他方、第一次オイルショックを受け、エネルギーの安定供給政策や省エネ政策等の推進を目的に通産省に資源エネルギー庁が設置される（1973年）と共に、補助金交付による電源開発促進と運転円滑化を図るため、電源三法が制定された（1974年）。また、国内外での原発トラブルや原子力船「むつ」の放射線漏れ事故などにより、原子力安全体制・行政に対する国民の不信が顕著となったため、

---

2) 原子力安全委員会決定「発電用軽水型原子炉施設におけるシビアアクシデント対策について」（2011年10月20日安委決8号）および水野義之「原発安全基準の考え方――物理学の立場から」斎藤浩編『原発の安全と行政・司法・学界の責任』（法律文化社、2013年）87頁以下。

3) 詳細は、保木本一郎『原子力と法』（日本評論社、1988年）163頁以下参照。

4) 下山俊次「原子力」山本草二他著『未来社会と法』（筑摩書房、1976年）499頁。

5) 第84回国会参議院科学技術振興対策特別委員会会議録第15号（1978年6月2日）11頁。

原子力基本法等が改正され、規制行政の一貫化のほか、国民の健康・安全確保のため原子力安全委員会が設置された（1978年）。その際、「原子力安全委員会の権威と権限をより高めること等」により「原子力の開発利用における一層の安全の確保」を図る趣旨で、原子力基本法2条に「安全の確保を旨として」との文言を挿入する修正提案が衆議院自民党により行われ、成立に到った。[6)]

2　原子力事故と推進強化

その後、原発の設置・運転に関わって、国内では行政訴訟および民事差止訴訟の提起などが相次いだ。この間、1979年の米国・スリーマイル島原発事故（TMI事故）および1986年の旧ソ連・チェルノブイリ原発事故が経験された。また、1999年JCOウラン加工施設臨界事故の初期対応で生じた多くの課題の解決を目指して、保安対策などが規制強化された。同時に、原子力災害対策特別措置法が制定され、原子力災害は放射線を五感で感じることのできない特殊性や専門的知見と設備等を要するなど他の一般災害とは異なるため、同法に基づき「国が一歩前に出た対応」をとるとされた。[7)] 同時期、前記JCO事故を受け、原発立地の更なる困難化等に対処するため、原子力発電施設等立地地域の振興に関する特別措置法も議員立法として制定された。[8)] また、エネルギー安定供給の確保・環境への適合・市場原理の活用を基本原則に施策を推進するため、エネルギー政策基本法も制定された。そして、同法に基づくエネルギー基本計画では、安全確保を大前提に原発を「今後とも基幹電源」として推進する（2003年）、「原子力立国」の実現に向けた具体的な政策の立案を行う（2007年）、基幹エネルギーである原子力について「新増設の推進、設備利用率の向上等により、積極的な利用拡大を図る」ため、「『まずは国が第一歩を踏み出す』姿勢で取り組む」（2010年）と表現された。国による積極的推進姿勢が明確に表されている。

3　原子力開発促進政策と規制権限不行使の違法

最高裁によれば、「国又は公共団体の公務員による規制権限の不行使は、その権限を定めた法令の趣旨、目的や、その権限の性質等に照らし、具体的事情の

---

6)　第84回国会衆議院科学技術振興対策特別委員会議録第9号（1978年4月19日）26頁。
7)　原子力防災法令研究会編『原子力災害対策特別措置法解説』（大成出版社、2000年）22頁。
8)　第150回国会衆議院商工委員会議録第8号（2000年11月28日）1頁。

下において、その不行使が許容される限度を逸脱して著しく合理性を欠くと認められるときは、その不行使により被害を受けた者との関係において、国家賠償法1条1項の適用上違法となる[9]」。この判断要素としては、おおむね規制監督権限の存在を前提に、①危険の存在、②その予見可能性、③結果回避可能性、④権限行使の必要性（ないし補充性・期待可能性）にまとめられる[10]。

近年の規制権限不行使をめぐる裁判例には、アスベスト製品の弊害に対する規制が「工業技術の発展及び産業社会の発展を著しく阻害」する点を重視し[11]、また、他の便益享受者の利益を有力な考慮事項として挙げ[12]、規制権限不行使の違法判断基準の厳格化・高度化を導くものがみられる。また、実務の中にも、「規制権限の不行使の問題は、被害回復の側面で国の後見的役割を重視して被害者救済の視点に力点を置くと、事前規制型社会への回帰と大きな政府を求める方向につながりやすい。それが現時点における国民意識や財政事情から妥当なのか否かといった大きな問題が背景にあることにも留意する必要がある」と指摘するものがある[13]。

このような発想では、国賠訴訟において、三極関係のうち規制権限を有する国と被害者たる原告との関係において重要な被害者の生命・健康等の法益保護が軽視ないし無視されるおそれがある。福島第一原発事故前の「安全の確保を旨」とする原子力法制も、地域住民を保護するため原子炉等による災害の防止を目的とした。それゆえ、筑豊じん肺訴訟最高裁判決[14]および泉南アスベスト訴訟最高裁判決[15]で示された、規制基準の設定改廃を含む規制監督権限につき、生命、身体に対する危害防止と健康確保等を主目的に、できる限り速やかに、技術の進歩や最新の科学的知見等に適合したものに改正すべく、適時にかつ適切に行使されるべきであるとの基本的な判断枠組みは原子力安全規制においても妥当する。また、経済産業政策との関わりで前掲のアスベストに関する下級審裁判例に対し、「調和条項の復古」などの批判があること[16]に加え、泉南アスベス

9) 筑豊じん肺訴訟・最判 2004・4・27 民集 58 巻 4 号 1032 頁。
10) たとえば、西埜章『国家賠償法コンメンタール（第2版）』（勁草書房、2014年）255 頁以下。
11) 大阪高判 2011・8・25 判時 2135 号 60 頁。
12) 横浜地判 2012・5・25 訟月 59 巻 5 号 1157 頁。
13) 二子石亮・鈴木和孝「規制権限不行使をめぐる国家賠償法上の諸問題について——その2」判例タイムズ 1359 号（2012 年）4 頁（21 頁）。
14) 最三小判 2000・4・27 民集 58 巻 4 号 1032 頁。
15) 最一小判 2014・10・9 判時 2241 号 3 頁および同判時 2241 号 13 頁。

ト訴訟最高裁判決が前述のような傾向を否定したことも重要である。2012年改正前の環境基本法13条が適用除外を定めていても、いわゆる公害国会で調和条項を削除した趣旨は、同法に規定する基本理念や責務などを通じてその当時から原子力法の領域においても妥当していた[17]。

さらに、原子力に関わる従来の裁判例では、事故・災害発生のおそれが全くない「絶対的安全性」（いわゆるゼロリスク）は想定できず、社会通念上無視しうる程度に小さく、この残存リスクが容認できると考えられる場合には、一応安全とみなして原発を利用する「相対的安全性」論が採用されてきた[18]。これは原子力に限らず、現代科学・技術と社会との関わりの中にある根本問題であって、ここで詳細に論じることはできない[19]。ただ、少なくとも、当時、社会通念上無視しうる程度に小さいとの評価が正当といえたか、福島第一原発事故に到る事実関係を踏まえ、その評価を再検証する必要がある。なお、前述のとおり経済産業の発展を理由に国民の生命等の保護水準が低く抑えられたり、軽視されてはならないことは、かつての原発訴訟においても判示されてきたところである[20]。

国による原子力の開発・利用、そして、原発立地・建設の積極的推進は「国策民営」と評され、国のエネルギー政策の中に位置づけられるから、前記事項は、もともと大きな危険性を内包する原発の設置許可等を前提とする規制監督権限の不行使に起因する事故被害の国賠責任を考える上で重要な事情であって、注意義務・予見義務も高度化されると考えられる。また、原子力安全規制・監督担当機関と原発事業者間の継続的関与・関係は「虜」関係であると厳しい評価が下されている[21]。これら規制監督の不全はその違法性評価の際に考慮されるべきである。そして、原発の安全確保、原発事故や放射性物質による被害の回避は、原発事業者はもちろん、原子力安全規制の趣旨と原子力利用・推進政策から、国の責任も重大である。前記④に関わる国の補充的・第二次的責任論は

16）　吉村良一「泉南アスベスト国賠訴訟控訴審判決の問題点」法律時報83巻12号（2011年）65頁以下。

17）　環境省総合環境政策局総務課編著『環境基本法の解説〔改訂版〕』（ぎょうせい、2002年）174頁以下。

18）　たとえば、高橋利文「判解」『平成4年度最高裁判所判例解説民事篇』399頁（417頁）。

19）　拙著『リスク行政の法的構造』（敬文堂、2007年）1頁以下。

20）　たとえば、名古屋高裁金沢支判2009・3・18判時2045号3頁。

21）　東京電力福島原子力発電所事故調査委員会『国会事故調報告書』（徳間書店、2012年）464頁以下。

今回の事故に関して責任成立とは関係がなく、仮にあったとしてもそれは大きく後退する。

Ⅱ 原賠責任と国賠責任

1 原賠法の制定経緯

1950年代後半、原子力開発・利用政策を推し進める中で、日米原子力協定に基づく細目協定および日英原子力協定の締結に当たり、当該各国から核燃料等の引渡し後その瑕疵を原因とした損害に対する免責が求められた[22)]。これを機に原賠法制度の具体的検討が進められたのは、日本原子力発電東海発電所設置計画と1950年代末の原発の安全性をめぐる議論が焦点化した時期であった[23)]。原子力委員会は、1958年に「原子力災害補償についての基本方針」を決定し、「国家補償」が「国の援助」に変更された点等を除き、原子力災害補償専門部会答申（1959年）の基本線に沿った原賠法が1962年に施行された。他方、炉規法では、原賠法6条違反が各種許可の取消事由等とされた。その結果、安全の確保を旨として原子力を利用する現在の原子力法制のもと、炉規法が事前の安全規制を形作る一方、原賠法はその潜在的危険の顕在化による損害発生後の金銭的補塡・負担調整機能を担うもので、原子力法制の全体構造の中で両法制度は相互に関連性を有する。

2 原賠法の趣旨・目的と基本構造

前掲専門部会答申（1959年）では、無過失責任・責任集中・「国家補償」という基本構造が示されていた。その趣旨は、原子力事業は学術・産業に対する「大きな利益」がある一方、万一の事故による損害は測り知れず、科学的未知も少なくないため、政府がその育成を政策決定した以上、「万全の措置を講じて損害の発生を防止するに努める」と同時に、「万一事故を生じた場合には、原子力事業者に重い責任を負わせて被害者に十分な補償をえさせて、いやしくも泣き

22） 科学技術庁原子力局監修『原子力損害賠償制度〔改訂版〕』（通商産業研究社、1991年）22頁以下参照（以下「1991年版」）。なお、以下では、同編同書初版である1962年版およびその原型と思われる同『原子力災害補償制度について』（1961年）（以下「1961年版」）も参照した。

23） 吉岡斉『新版原子力の社会史』（朝日新聞出版、2011年）108頁以下参照。

寝入りにさせることのないようにするとともに、原子力事業者の賠償責任が事業経営の上に過当な負担となりその発展を不可能にすることのないように」することにある[24]。そして、現在の原賠法制度は、被害者保護のため原子力事業者に無過失・無限責任等を課す一方で、被害者保護と原子力事業者の経営安定のため、損害賠償措置を義務づけると共に、損害賠償措置を超える場合には、必要に応じて政府が原子力事業者を「援助」する仕組みが採用された[25]。

なお、原賠法16条に定める国の援助措置は、「経済法的・政策的な意味」で市民法秩序を修正するものと理解されている[26]。また、現在、「国の援助」を具体化する原子力損害賠償支援機構法があり、それは国がこれまで「原子力政策を推進してきたことに伴う社会的な責任」を全うするものである（同法2条）。この援助措置の性格などからすれば、除染措置等も含め、それを講じたからといって、国の安全規制の過誤・不作為等による国賠責任が減免されるわけではない。

原賠法の目的として挙げられている「被害者の保護」と「原子力事業の健全な発達」は同列関係にあるとされる[27]。ただ、被害者保護が十分でなければ「原子力産業は立地問題で先ず行きづまり、周辺住民との間の紛争も絶えず、安定して成長しない」との理由からこの文言が取り入れられた[28]。そして、原賠法制度は、「原子力開発利用を円滑に推進させる上に不可欠の条件」と位置づけられた[29]。他方、国会審議段階では、被害者保護が第一に掲げられ、それが主眼にある旨[30]、また、その後の同法改正の提案理由でも、原子力の開発利用を進めるに当たって、安全規制と原賠制度の両方を一体として原子力に対する国民の不安感を除去することがその趣旨であると説明されてきた[31]点も、同法を解釈する上で重要となる。

24）　この点は、第38回国会衆議院科学技術振興対策特別委員会議録9号（1961年4月12日）8頁の池田正之輔科学技術庁長官答弁にもみられる。

25）　1991年版103頁参照。

26）　金沢良雄「個人の損害賠償責任に対する国家の補完的作用」川島武宜編集代表『損害賠償責任の研究　中』（有斐閣、1958年）773頁（802頁以下）。

27）　1991年版38頁。

28）「座談会　原子力災害補償をめぐって」ジュリスト236号（1961年）11頁（13頁以下）参照。

29）　原子力委員会編『原子力白書第4回』（通商産業研究社、1961年）24頁。

30）　第38回国会衆議院科学技術振興対策特別委員会議録17号（1961年5月11日）6頁。

31）　たとえば、第87回国会衆議院科学技術振興対策特別委員会議録4号（1979年3月14日）1頁。

3 国の免責・責任制限論と憲法17条

国賠法5条にいう他法律の「特別の定」の具体例として、原賠法規定が挙げられることがある[32]。また、原子力損害の賠償責任について責任集中制度から被害者との関係で国は直接国賠責任を負わないとも主張される[33]。ただ、従来から、国・公共団体の不法行為責任をまったく否定する法規定は、憲法17条に反し違憲で無効とするのが一般的見解である[34]。そのため、原賠法が「民法」か「特別法」かの議論（国賠法4・5条）はある[35]が、いずれにしても、原子力損害に対する国の免責・責任制限の可否について憲法17条との整合的な解釈が必要となる。そこで、郵便法違憲訴訟最高裁大法廷判決[36]を確認しておきたい。同判決では、国賠責任を減免する法規定の合憲性審査について、加害「行為の態様、これによって侵害される法的利益の種類及び侵害の程度、免責又は責任制限の範囲及び程度等に応じ、当該規定の目的の正当性並びにその目的達成の手段として免責又は責任制限を認めることの合理性及び必要性を総合的に考慮して判断」されると判示した。さらに、原賠法との関わりで、国は、(i)原子力事業者、(ii)「第三者」たる原子力損害原因者、そして、(iii)原子力関係法に基づく災害対策や安全規制等の主体となる場合があるから、一応区分して検討を進めたい。

まず、(i)原子力事業者たる国が原賠責任を負う場合として、原賠法制定当時、国立の研究機関・大学の実験炉等から生じた原子力損害が想起されており[37]、この意味では原賠法3条1項等が国賠法5条の「特別の定」に当たることになる。ただし、この場合、原賠法23条により損害賠償措置の義務づけと国の援助の規定は適用されず、原賠法において国を保護する趣旨は見いだせない。

一方、原賠法制定時の専門部会議事録を見る限り[38]私人間の責任に着目した議論が多く、前記(iii)の国賠責任との関連を意識したものは見当たらない。なお、

32） 古崎慶長『国家賠償法の諸問題』（有斐閣、1991年）300頁。
33） たとえば、1991年版59頁。
34） たとえば、西埜章『国家賠償法コンメンタール（第二版）』（勁草書房、2014年）1199頁以下参照。
35） 早川和宏「原子力損害と国家賠償」大宮ローレビュー9号（2013年）61頁（65頁以下）。
36） 最大判2002・9・11民集56巻7号1439頁。
37） たとえば、1991年版52頁および119頁。
38） 小柳春一郎「原子力災害補償専門部会（昭和33年）と『原子力損害の賠償に関する法律』(1)～(6)」独協法学89号（2012年）198頁、90号（2013年）229頁、91号（2013年）468頁、92号（2013年）232頁、93号（2014年）167頁、94号（2014年）202頁以下が詳しい。なお、同議事録は、東京大学法学部附属近代日本法政資料センター原資料部編『我妻栄関係文書目録』（近代立法過程研究会収集文書：No. 99）〔13〕原子力①-4.災害補償関係で掲載され、筆者も現物を同原資料部で閲覧した。

当時、原子力委員会等に提出され、原賠法立案時にも参照されたと推測される日本原子力産業会議・原子力補償問題特別委員会『原子力補償問題研究中間報告書』（1958年6月）があった。同報告書は、原賠制度の基本枠組みを初期段階で示したものである。その25頁以下では、違法な許認可による原子力損害に対する国賠請求は「国の直接の損害賠償責任」の問題であって、前述の「国家補償」の問題とは「一応、別個の問題」と指摘されていた。この指摘がどの程度原賠法の構想に影響を及ぼしたかは、調査した限り資料からは明確にはならなかったが、少なくとも、このような把握が当時存在していたことに注目しておきたい。

4　責任集中・求償権制限の趣旨

安全規制等の主体たる国が責任集中により、原子力損害の責を免れるとする場合の論拠は、原賠法4条1項で包括的に原子力事業者以外の者を免責していること、また、当時の所管行政機関の解説書における次の記述に求められよう。すなわち、「原子力損害の発生につき原因を与えている他の者が民法又はその他の法律（国家賠償法、自動車損害賠償保障法等）に基づいて責任を有する場合においては、これらの者もまた（無過失責任ではないにしても）賠償責任を有するものとみなされる余地がある。そこで本項において、とくにその他の者は一切責任を有しない旨を明白にした[39]」。しかし、原賠法4条の責任集中制度の元々の趣旨は資材・役務提供者を免責することにあって、国賠責任の否定ではないことや憲法適合的解釈から国賠責任を免ずるものではないとの主張が多数である[40]。そのうえ、適時かつ適切な基準設定・改定とそれに基づく規制監督権限の行使や原子力災害対策における情報提供、避難指示等の不全を理由とした国賠責任成立の可能性も指摘されている[41]。

ここでは、責任集中と求償権制限の相互関連[42]を意識すると共に、立法過程を

39）　1962年版47頁および1991年版59頁。

40）　大塚直「福島第一原発事故による損害賠償と賠償支援機構法――不法行為法学の観点から」ジュリスト1433号（2011年）39頁（40頁）、小島延夫「福島第一原子力発電所事故による被害とその法律問題」法律時報83巻9・10号（2011年）55頁（65頁）、高橋康文『解説原子力損害賠償支援機構法――原子力損害賠償制度と政府の援助の枠組み』（商事法務、2012年）29頁および豊永晋輔『原子力損害賠償法』（信山社、2014年）380頁以下参照。また、第180会国会参議院東日本大震災復興特別委員会会議録4号（2012年3月27日）16頁における近藤正春内閣法制局第一部長答弁も参照。

踏まえ、(ii)「第三者」の場合を含めて検討を進める。

原賠法3条1項および4条によれば、原子力損害が運搬中のミスや原子炉等設備の欠陥によるものであっても、被害を受けた第三者との関係において、その依頼主である原子力事業者が無過失責任を負う。1961年制定時の原賠法5条では、原子力損害が第三者の故意・過失（ただし、資材供給・役務提供者またはその従業員の場合には故意）によるとき、当該原子力事業者は求償権を有する旨定められていた。1971年改正では、但書と「過失」の削除により第三者に対する求償は故意の場合に限定された。

この責任集中・求償権制限制度の趣旨は、(ア)賠償責任者を特定することで被害者にとって責任関係を明確化すること、(イ)原子炉の運転等に関わる資材や役務の供給者等を免責することでその供給の円滑化を図り、原子力産業の保護育成に資すること、そして、(ウ)多数の関係者による責任保険の累積などの防止が挙げられた[43]。

5　求償権制限における想定例

1961年制定時の原賠法5条1項にいう「第三者」のうち契約関係者以外の「純粋の第三者」の例として、研究炉を使用する部外の研究者や大学の実験炉を使用する学生が挙げられていた[44]。また、輸送時の事故[45]のほか、「観念的」な主要想定例として航空機の墜落等があった。当時、茨城県東海村での原子力施設建設予定地が米軍水戸対地射爆撃場に隣接したため、国会審議で取りあげられ、米軍機の墜落事故や誤爆による原子力損害は「米軍及び国に対して当然求償することができる」と答弁され[46]、自衛隊機の場合も、念頭に置かれていたと推測できる[47]。ただし、1968年より、自衛隊機による原子力施設上空の飛行を避ける

41)　礒野弥生「原子力事故と国の責任――国の賠償責任について若干の考察」環境と公害41巻2号（2011年）36頁（39頁以下）、人見剛「福島第一原子力発電所事故の損害賠償」法学セミナー683号（2011年）20頁（23頁以下）および卯辰昇「原子力損害賠償法における責任集中原則と国家補償」損害保険研究74巻1号（2012年）111頁（134頁以下）参照。

42)　この点は、我妻栄関係文書：第12回原子力災害補償専門部会議事録（1959年7月14日）第14回委員会資料12号16頁における我妻栄部会長の発言である「責任集中の実質的な意味は求償権の問題」とするとらえ方にも見られる。

43)　立法過程に専門部会委員として関与した竹内昭夫『手形・保険法の理論』（有斐閣、1990年）348頁および星野英一『民法論集第3巻』（有斐閣、1972年）406頁以下参照。

44)　1962年版49頁。

45)　たとえば、加舎章「原子力災害補償の方向」時の法令337号（1959年）1頁（5頁以下）。

よう指示が出されたようである。[48]

ところで、1971年原賠法改正にあたって、「純粋の一般第三者」として、核燃料物質等を運搬中の船舶・トラックが一般の船舶・自動車と衝突した場合も考えられた。[49] そして、求償権制限改正の趣旨は、核燃料物質等の運搬が頻繁となったため、原発周辺で自家用車がたまたま衝突し、原子力損害が発生した場合に巨額の求償を受けるのは酷であること、原子力事業者も保険会社と求償権不行使特約を締結すると共に、賠償措置額を超える場合には国の援助があり一般第三者に求償してもほとんど実質的意味がないためである。[50]

併せて、1971年原賠法改正時に重要な役割を果たした研究者による次の指摘も見逃せない。すなわち、1961年制定当初、原賠法5条で「過失」が規定されたのは、過失主義の例外は最少限度に止めたいという伝統的な考えのほか、被害者保護と原子力事業・関連事業の育成の観点からは、過失により原子力損害を惹起した第三者を保護する必要はなく、たとえば航空機の場合のように「反対に原子炉等の近くにいる者は一層の注意を払うべきである」との理由からであった。[51] しかし、1971年改正では、当時、他国の原子力船の寄航・航行や原子力船「むつ」の建造が問題となった時期であり、当初の原賠法では在来船舶保有者などが「将来求償される危険に備えて、責任保険に加入することを望んだり、また原子力船の就航に反対するに至るであろう。……偶然原子力損害を被った第三者（公衆）の保護に限定する必然性はなく、併せて、広く原子力事業（原子力船）の近くにいる者にも迷惑を及ぼさないという目的をも含ませるべきだ」[52]とされた。

以上から、当初の原賠法立法過程では、責任集中・求償権制限については、

---

46)　前掲注30）10頁。なお、原子力艦船の事故を例にした責任について第145回国会衆議院科学技術委員会議録5号（1999年3月16日）8頁以下も参照。

47)　間接的にではあるが、たとえば、第38回国会衆議院科学技術振興対策特別委員会議録14号（1961年4月26日）16頁以下参照。

48)　第65回国会衆議院科学技術振興対策特別委員会議録5号（1971年3月10日）25頁参照。

49)　原子力損害賠償制度検討専門部会答申（1970年11月30日）および中尾舜一「原子力損害賠償関係二法の改正」時の法令771号（1971年）1頁（8頁）参照。

50)　以上につき1991年版66頁以下も参照。

51)　星野英一「日本の原子力損害賠償制度」金沢良雄編『日独比較原子力法——第1回日独原子力法シンポジウム』（第一法規、1980年）88頁（92頁）。

52)　星野・前掲注43）429頁。なお、1969年9月に科学技術庁原子力局長に提出された「原子力損害賠償制度検討会報告書」39頁に同様の記載がある。

契約関係にある私人間のほか、航空機事故などが主に想定されていた。また、1971年改正時、一般第三者として原子力施設の「近くにいる者」に対する求償権制限を強化することで、原子力施設の立地等に対する抵抗を軽減し、原子力開発利用を促進する意図の存在も推測される[53]。そのため、「第三者」たる国の国賠責任の「免除」を制度趣旨に照らし正当化・合理化することは、困難であろう。また、立法過程を見ても、安全規制等の主体たる国を「免責」対象として念頭に置いていたとはいえず、憲法17条に適合する解釈をすれば、原賠法の趣旨や免責等の不必要性などに照らすと、安全規制等の主体たる国が責任集中により国賠責任を免れることはできないと解すべきである[54]。

Ⅲ 原子力安全規制の特質

1 最新の科学・技術水準への順応と基準等改正義務

アスベスト裁判例の中には、権限行使の名宛人（被規制者）に対し謙抑的に行使されるべき刑事制裁を伴う警察的規制監督の性格、すなわち、二極関係を重視し、具体的危険の存在や予見可能性等に関わる専門的知見の確定性と安価で有効性の確認された回避手段を必要とするものがみられた。この点に関連して、たとえば、2012年改正前炉規法における設置許可基準としての「災害の防止上支障がない」（24条1項4号）やそれ以降の建設・運転段階における規制基準である「人体に危害を及ぼし、又は物件に損傷を与えない」（電事法39条2項1号）という安全水準に関わって簡単に検討を加えておきたい。

「安全の確保を旨」とする原子力基本法のもと、たとえば、原子炉設置許可が争われた伊方原発訴訟で最高裁[55]は、さまざまな問題もあるが、原子炉による災害には「周辺住民等の生命、身体に重大な危害を及ぼし、周辺の環境を放射能によって汚染するなど、深刻な災害を引き起こすおそれがあることにかんがみ、右災害が万が一にも起こらないようにする」ため審査制度がある旨判示された。また、「多方面にわたる極めて高度な最新の科学的、専門技術的知見に基づいて

53） 自治体の国賠責任も要検討となろうが、本稿の目的と紙幅の制約上言及しない。

54） 同旨、原田大樹「行政法学から見た原子力損害賠償」法学論叢173巻1号（2013年）1頁（13頁）および前掲注41）の文献も参照。

55） 最一小判1992・10・29民集46巻7号1174頁。

される必要がある上、科学技術は不断に進歩、発展」しており「最新の科学技術水準への即応性」が求められた。この判示の基本的内容は、建設・運転等他の段階の安全規制にも妥当する。また、後者の判示部分は、単に「技術水準」のみではなく、「科学技術水準」を指摘している点が重要である。つまり、単なる技術的不能は対策回避の合理的根拠にはならず、科学的に予測・予想される事態にも何らかの対応をしなければならないことを意味するのである。

地震・津波対策を始めとする科学的不確実性のある専門分野が関わるこの領域では、専門的知見の向上・変化によって、当初の規制基準や規制監督の実施内容が事後的に不十分または誤りとなることがある。そして、福島第一原発事故では、貞観地震に関する地震学等の知見に進展があったにもかかわらず、行政機関・原子力事業者による対応の先送りや無視が事故要因のひとつとして指摘されている[56)]。

最新の科学・技術水準である専門的知見をもとに原発の安全規制が構成されることから生じる変動性・動態性は、原子力事業者の法的安定性と対立しうる。しかし、そもそも原子力安全規制については、伝統的な警察規制の発想の下、過去・現在の事実関係の解明を前提とした確定的な意思決定たる行政行為とその効力論とは別個の把握が必要である。つまり、一般経験則に基づく事実の確定と短期予測を行い、比例原則による厳格な制約の下で行使される警察法理論の基本的発想がそのまま妥当するわけではない。前述のとおり、原子力開発促進は当初から確定的な科学・技術の知見に基づいているわけではなく、規制基準設定と個別の規制監督権限行使には、その時々の知見水準に適合・順応するよう暫定性と変動性が不可避に随伴する。加えて、科学・技術は一般に試行錯誤により進展するが、社会実践としての原子力利用ではその試行錯誤も大幅に制限ないし禁止される。その結果、一定の科学的裏づけのある疑いや仮説段階など比較的早期の科学的知見であっても、想定される被害の性質、内容および程度に応じて、調査研究から制約度合いの強い措置までのうち適切なものを選択し講じることが原子力法において要請されるのであって、国はそのような対応について責任と義務を負っている。

56）　東京電力福島原子力発電所事故調査委員会『国会事故調報告書』（徳間書店、2012年）81頁以下。

2 新たな義務付けの必要性・相当性

そこで、既存原子力施設に対する新たな義務付け（いわゆるバックフィット）が論点となる[57]。原発は、規制根拠となる法令は異なるが、設置許可・工事計画認可・保安規定認可・定期検査など設置・建設・運転という段階的・連続的かつ継続的な規制監督関係[58]の下にあり、旧炉規法の下での原子力安全委員会による安全審査指針類と整合性を保つべき設置許可審査基準のほか、「実用発電用原子炉の設置、運転に関する規則」（以下「実用炉規則」）や電事法39条1項に基づく発電用原子力設備に関する技術基準を定める省令（以下「技術基準省令」）など、経産大臣によって重要な安全規制基準が定められていた。これら基準内容は、特に原発は重大かつ広域的な影響を与える危険性を孕んだ施設であるため、時間の経過や科学・技術水準の進展・変化によって、安全性・安全水準の確保に疑いが生じるなどの場合には、規律対象や義務内容が動態的に変動せざるをえない。そして、その変化によって生じる必要かつ相応の負担は原子力事業者に帰属するものといえる[59]。

前述した伊方原発訴訟最高裁判決で示された内容と前記旧炉規法および電事法の各規定の定め方や規制基準の設定趣旨からすると、旧炉規法等の下でも、科学的不確実性を前提とした必要性・相当性という比例原則による制約を受けつつ、既存原発に対する新たな義務付けは可能であったといえる。そして、生命・身体や健康などに対する重大かつ多数の被害が想定される原子力安全規制の場合には、事業者に対するこのような相当の「法的不安定性」は許容される。

3 科学的不確実性と予見可能性

原子力安全委員会はかつての対応について、「特に重要な点は、わが国において外的事象とりわけ地震、津波によるリスクが重要であることが指摘ないし示唆されていたにも関わらず、実際の対策に十全に反映されなかったことである。

57) たとえば、高木光『行政訴訟論』（有斐閣、2005年）377頁、川合敏樹「原子力発電所の安全規制の在り方に関するノート」國學院法學47巻3号（2009年）133頁以下参照および高橋滋「福島原発事故と原子力安全規制法制の課題」高木光他編『行政法学の未来に向けて』（有斐閣、2012年）395頁（405頁以下）。

58) 許認可の相互関係について、児玉勝臣「原子炉安全と法的規制（その6）」電力新報19巻6号（1973年）81頁以下。

59) 山本隆司「取消訴訟の審理・判決の対象――違法判断の基準時を中心に（2・完）」法曹時報66巻6号（2014年）1315（1351）頁も参照。

アクシデントマネージメントの整備については、全ての原子炉施設において実施されるまでに延べ10年を費やし、その基本的内容は、平成6年時点における内的事象についての確率論的安全評価で摘出された対策にとどまり、見直されることがなかった。さらに、アクシデントマネージメントのための設備や手順が現実の状況において有効でない場合があることが的確に把握されなかった[60]」と述べている。

科学的不確実性があるときに安全規制上の決定を行う場合、次の二つの典型的な意思決定のあり方がある。すなわち、「疑わしきは自由のために」・「実証なければ危険なし」との発想から個別具体的危険・予見可能性を前提に規制権限の行使を謙抑的・抑制的にとらえる未然防止という判断方針と、「疑わしきは安全のために」・「実証なければ安全なし」との発想から、安全性に対する合理的疑いを基に、不確実性の解消に向けた調査研究の推進のほか、強弱さまざまな制約・規制をも許容しうる事前警戒・予防という判断方針である。原子力施設の場合、予想される被害の程度・規模、影響の大きさなどを踏まえ、「安全の確保」を旨とする原子力法の趣旨にかんがみ、たとえば専門家間で対立する見解のそれぞれに相応の科学的信頼性・妥当性が認められる場合には、予防・事前警戒に軸足をおいて、「発生しえない」とはいえない被害・損害は適切に考慮され、対応されなければならない[61]。

4　省令制定・改正権限と予見の対象・程度

原発に対する規制権限は旧炉規法と旧電事法でそれぞれ別々に規定されていたが、安全の確保を旨とする原子力基本法の趣旨にのっとって、各種許認可のほか、定期検査や各種適合命令などの個別の規制監督権限が一体的に整合性をもって行使されなければならない。その判断基準・準則が、実用炉規則や技術基準省令等のほか、原子力安全委員会による安全審査指針類である。これら基準設定に当たって、法律を誠実に執行する義務を負う行政機関は、前述のような委任の範囲内でその趣旨に従い、また、裁量権の逸脱・濫用がないように、その時々の科学・技術水準に適合した内容を定める義務がある。

60)　原子力委員会決定・前掲注2）参照。
61)　拙稿「原子力利用リスクの順応的管理と法的制御」大塚直責任編集『環境法研究』1号（2014年）59（67）頁以下。

これに関連して注目されるのは、前掲筑豊じん肺訴訟および泉南アスベスト訴訟最高裁判決である。同判決では、鉱山保安法または旧労働基準法・労働安全衛生法に基づく各種規則制定改正権限では、労働者の労働環境の整備、その生命、身体に対する危害防止、健康確保を主要な目的として、多岐にわたる専門的、技術的事項ではあるが、できる限り速やかに、技術の進歩や最新の医学的知見等に適合したものに改正すべく、適時にかつ適切に行使されるべきであることが判示された。これら判決では、基本的枠組みとして、規制基準の改定とそれに基づく規制監督権限の行使双方を段階的に構成された一連のものととらえた上で、一体的に把握して違法判断が行われていることに着目する必要がある。そのため、これら判決では、個別具体的危険をその予見対象とはしていない点も注目される。

規制権限不行使における予見可能性・予見義務は、結果回避・軽減手段を講じうる程度に具体的なものが必要となる。基準設定のあり方が争点の一つになる場合、それ自体は抽象的規範・基準定立行為であって、切迫した具体的危険を前提とする伝統的な警察規制における個別的措置ではないから、予見対象も自ら、個別具体的な事態（たとえば東北地方太平洋沖地震とそれに伴って発生した津波）である必要はなく、相応の抽象的・定型的危険性とならざるをえない。しかも、たとえば各種調査や貞観地震などの地震・津波に関する科学的知見の変化（特に新たな知見の獲得）に応じて、原子力施設で確保すべき安全水準の達成に疑いが生じたときは、それに対応する調査・研究のほか、必要に応じて、その対応措置を基準に組み込まなければならない。そこでは、たとえば比較的簡易・迅速な保安措置・設備から大規模な施設・設備対策など実効的と考えられるものの中から、必要性・相当性が認められるものを知見の信頼性や予想される被害などを勘案して決定していくことになる。

Ⅳ　原子力安全規制とシビアアクシデント

1　「災害」概念とSA対策

最後に、旧炉規法等によるSA対策権限の存否について検討しておきたい。SA（現行法では重大事故）とは、「設計基準事象を大幅に超える事象であって、安全設計の評価上想定された手段では適切な炉心の冷却又は反応速度の制御ができない状態になり、その結果、炉心の重大な損傷に至る事象」とされた[62]。SA対策は、TMI事故後に注目されたもので炉規法制定時にそのような整理はなく、また、その後、事業者の自主的取組み事項と位置づけられたが、2012年炉規法改正によって明定された。すなわち、現行炉規法では、重大な事故による放射性物質の放出など原子炉による災害防止が明示され（1条）、設置許可申請時に重大事故対策に必要な施設・体制整備の記載が求められること（43条の3の5第2項10号）、同許可基準で重大事故対策が運転に関する技術的能力として例示されたこと（43条の3の6第1項3号）、保安措置について重大事故対策が括弧書きで明定された（43条の3の22第1項）ものの、各種許認可要件たる「災害の防止」との文言そのものに修正はない。一方で、それを具体化する原子力規制委員会規則等では重大事故対策が規定されている。そこで、SA対策について、施設・設備面のみではなく、運転の技術的能力と関連する保安措置などを含め、その体制や計画、訓練などハードおよびソフトの両面を射程に入れて検討する必要があろう。

「災害」防止との文言は、制定時から旧炉規法で、目的規定（1条）のほか、原子炉設置許可基準（24条1項4号）、保安規定の認可基準（37条2項）、保安規定の変更命令発出要件（同条3項）、また、危険時の措置（64条1項）に見られた。立案担当者によれば、「原子炉の運転にともなう放射線障害その他の災害の危険度が大きいため[63]」、「従業者および一般公衆に危害を及ぼすことを未然に防止し、あわせて事業施設の保全を図るためには、事前に万全の措置を講じるとともに、災害を最小限度にくいとめる措置を用意[64]」するものである。「災害の防止」と抽象的文言を用いたのは、「画一的な基準というよりは、もう少しケース、ケースによって判断のできるような深みを持った取締りの仕方をしたい」ためとされた[65]。

この「災害」は、原子炉に起因する放射線障害を含む人的物的被害を意味し、

62）　原子力ハンドブック編集委員会『原子力ハンドブック』（オーム社、2007年）1159頁。

63）　工事計画に関する部分であるが、原子力局「核原料物質、核燃料物質及び原子炉の規制に関する法律解説」原子力委員会月報2巻7号（1957年）27頁（31頁）。なお、西脇由弘「『災害の防止』の歴史的考察と法の在るべき姿」日本原子力学会誌53巻2号（2011年）112頁以下も参照。

64）　原子力局「核原料物質、核燃料物質及び原子炉の規制に関する法律案の概要について」原子力委員会月報第2巻第5号（1957年）37頁（39頁）。

65）　第26回国会衆議院科学技術振興対策特別委員会議録第36号（1957年5月8日）7頁。

また、その防止は、その過程である事象や事故などその程度・規模の大小を問わず、従業員および一般公衆に対する危害、とりわけ、周辺の公衆に(著しい)放射線障害・災害を与えないこと[66]を射程に入れているといえよう。それゆえ、SA という整理・分類が炉規法制定当初はなかったとしても、前掲伊方原発訴訟最高裁判決にも見られるように、その後の科学・技術の進展に合わせて、「災害の防止」のため必要な場合にはSA 対策を規制の仕組みに取り入れ、適時かつ適切に具体的な規制基準の設定・修正とその実施を旧炉規法・電事法は許容し、かつ、本来、それを主務大臣に義務付けていたものと理解すべきである。

2 自主的取組みと法的規制措置

原子力安全委員会は、TMI 事故後SA 対策について、共通問題懇談会報告[67]を受け、SA は「工学的には現実に起こるとは考えられないほど発生の可能性は十分小さ」く、「原子炉施設のリスクは十分低くなっている」ため、SA マネジメントは、そのさらなる低減化であって、原子炉設置者の自主的取組み事項とした[68]。それを受け、資源エネルギー庁は、規制措置としてではなく、SA 発生可能性をさらに低減する技術的知見に依拠する知識ベースの措置としてアクシデントマネジメントを位置づけた上で[69]、アクシデントマネジメントの整備に当たって安全審査指針類との整合性・関連性を含め、改めて許認可等が必要となる場合があり得ること等を指摘した[70]。なお、福島第一原発事故前では、SA 対策を法令により規制することは、「従来の判断レベルを大幅に超える事象に対して、『災害の防止上支障のないもの』か否かを判断することとなり、既に許認可を受けた原子炉(既存炉)の安全性の優劣に疑義が生じ、基本設計の妥当性が争われる行政訴訟上の問題が生じる可能性がある」などとしつつ、既設炉について保安規定にSA 対策を盛り込むことの可否などが検討されていた[71]。

66) 原子力委員会「原子炉立地審査指針及びその適用に関する判断のめやすについて」(1964 年 5 月 27 日)。

67) 共通問題懇談会「シビアアクシデント対策としてのアクシデントマネージメントに関する検討報告書——格納容器対策を中心として」(1992 年 3 月)。

68) 原子力安全委員会決定(1992 年 5 月 28 日)「発電用軽水型原子炉施設におけるシビアアクシデント対策としてのアクシデントマネージメントについて」(1997 年 10 月 20 日一部改正)。

69) 資源エネルギー庁「アクシデントマネジメントの今後の進め方について」(1992 年 7 月)。

70) 資源エネルギー庁「軽水型原子力発電所におけるアクシデントマネジメントの整備について　検討報告書」(1994 年 10 月)。

行政活動を規律する法令は、本来、明確に規定されるべきではあるが、原子力利用について科学・技術の進展に適時かつ適切に対応させつつ「安全の確保」を図るため、不確定概念による抽象的要件の設定もやむを得ない面がある。それゆえ、電事法39条1項・2項に定める「人に危害を及ぼし、又は物件に損傷を与えないようにする」ための技術基準省令や旧炉規法の「災害の防止」に関わる各種安全規制基準の設定にあたっては、SA対策の必要性が科学的に認識され、自主的取組みでは不適切・不充分であると認められる場合、知見の進展に適合し、安全水準を確保するため、その規制上の仕組みを省令や行政基準の改定などによって導入すべきこととなる。

3　福島原発事故後の実務対応

2011年3月30日、原子力安全・保安院は、原発事業者に対し、津波による全電源と冷却機能喪失などに対応すべく、「規制上の要求」として全交流電源・海水冷却機能・使用済み燃料貯蔵プール冷却機能をすべて喪失しても炉心損傷などを防止し、放射性物質の放出を抑制しつつ冷却機能を回復することを求めた[72]。具体的には、実用炉規則11条の3を新設し（2011年経済産業省令11号）、旧炉規法35条1項の保安措置として「電源機能等喪失時における原子炉施設の保全のための活動を行う体制の整備」を規定し、必要な計画策定、要員配置および資機材の備え付けなどの義務付け（この内容は現行実用炉規則85・86条に定めるSA対策と概ね同一である）、また、この体制整備を保安規定で定めること（前掲省令11号の16条1項18号等）とし、既に保安規定認可を受けている者は「平成23年4月28日までに……保安規定の変更の認可を申請しなければならない[73]」とされた（同省令附則2条）。そして、同年5月6日に一部事業者を除き、保安規定の変更認可がなされた。また、技術基準省令の「解釈」の一部改正（同省令16条6号や33条2項に関する部分[74]）に対応することが求められた。なお、同年10月

71）　原子力安全・保安院と原子力安全基盤機構が設置したシビアアクシデント対応検討会事務局「我が国のシビアアクシデント対応の規制上の取扱いについて――シビアアクシデント対応検討会（NISA、JNES）の中間とりまとめ」（2010年4月）参照。

72）　経済産業大臣「平成23年福島第一・第二原子力発電所事故を踏まえた他の発電所の緊急安全対策の実施について（指示）」（平成23・03・28原第7号）参照。

73）　原子力安全・保安院「非常用発電設備の保安規定上の取扱いについて（指示）」（2011年4月9日）も併せて参照されたい。

7日、津波による損傷防止や前述の緊急安全対策として指示した設備対策の省令上の位置付けを明確にするため、技術基準省令（2011年経済産業省令第53号）およびその解釈[75]が一部改正された。

このように実務上、根拠となる基準の性質に相違はあるものの、2012年炉規法改正前に福島第一原発事故対応として既存原発に対する新たな義務付けは実施されていた。旧炉規法および電事法の解釈上も運用上も、SA対策および既存原発に対する新たな義務付けも制度上可能であったと考えられる。また、以上の点は、2012年炉規法改正で、重大事故関連事項が例示や括弧書きで規定されたこと等とも整合するといえる。

おわりに

ここでは、原賠法の趣旨から原子力安全規制の主体たる国が責任集中により「免責」されることはないと結論付けた。国策民営といわれるように国が原子力開発促進を強力に推し進めたことと同時に、潜在的危険性の大きさを踏まえれば、原発の安全確保に向けた強い法的制御が必要であって、その実効的遂行に国は重大な責任を負っている。

原発のような巨大技術システムには、最善の努力を尽くしても、未知・不確実性は残存することが多く、その利用に当たって現有する知見を駆使しあらゆる可能性を考慮する義務は、事業者のみではなく、規制監督に当たる国も負う。しかも、国は原子力利用＝原発を積極的に推進する一方で、規制監督権限を独占していること、また、放射線は五感で感じられず、その影響等に対する専門的知見と制御・抑止能力が偏在しているため、個人による回避等は極めて困難であること、したがって国家による積極的介入が不可避である。そして、原子力法の趣旨からすれば、国民・住民の生命・身体や平穏な生活を保持するため、国は適時かつ適切な基準設定と規制監督権限を行使すべき安全確保義務を負うというべきである。

74）　原子力安全・保安院「発電用原子力設備に関する技術基準を定める省令の解釈について」平成23・03・23原院第4号、また、原子力安全基盤機構「発電用原子力設備に関する技術基準を定める省令の解釈に対する解説」（2011年4月12日版）も併せて参照。

75）　原子力安全・保安院「発電用原子力設備に関する技術基準を定める省令の解釈について」平成23・09・09原院第2号。

最後に、国賠責任を問うことの意義について確認しておきたい。福島第一原発事故により生じたおよび生じている被害の実態を明らかにすると共に、原賠法等においてどこまで賠償されるか、また、されるべきかの問題は、損害論等に関わって本書別稿で論じられる。その点を別にすれば、その意義は、事故前の原子力安全規制の実態を明らかにし、その責任の存否を確定することに加え、今後の規制のあり方を検討する機会ないしその責務を国に課すことのほか、被害者・避難者（区域内外を問わず）の実質的救済、生活再建・復興に向けた各種政策形成への大きな契機ないしその一歩になるものと思われる。

（しもやま・けんじ　名古屋大学教授）

2　国の法的責任
——2　国の責任をめぐる裁判上の争点

中野直樹

Ⅰ　国の責任構成と争点

1　国の責任を問う裁判

現在、全国の地方裁判所で、福島第一原発事故の被害者が裁判に立ち上がっている。その多くは東京電力とともに国を被告としている。裁判により、国に対する請求の趣旨および責任原因の組立て方、力点のおき方に差異があるが、主要な部分は共通している。筆者は、「生業を返せ、地域を返せ！」福島原発訴訟（以下「生業裁判」という）の原告弁護団で国の責任を担当しており、以下の論述は生業裁判を前提に行う。

生業裁判では、原告は、国家賠償法1条1項の国の責任と東京電力の民法709条過失責任を正面に据えた主張をしている。裁判所も「過失」判断を審理の中心の一つとすると明言し、2015年1月から、原告申請の専門家証人の尋問が始まった。

2　原告が主張する「経済産業大臣の規制権限不行使」の構成

(1)　判断枠組み

筑豊じん肺訴訟最判[1)]の国の規制権限不行使の違法性の判断枠組みと考慮事項に立脚して、2002年、遅くとも2006年までに、経済産業大臣（以下「経産大臣」

1)　最判2004〔平成16〕・4・27民集58巻4号1032頁。

という）が、電気事業法（以下「電事法」という）39条に基づく技術基準省令62号（以下「省令」という）改正を行い、同法40条に基づき、東京電力に対し、福島第一原子力発電所に関する下記措置内容の適合命令を発するべきであったのに、これを怠ったことは著しく合理性を欠く。

(2)　講ずるべき措置

①設計基準事象として全交流電源の喪失等を回避するための適切な防護措置

(i)原子炉による災害防止のための最後の砦となる非常用電源設備の機能喪失を防止するための重要な安全規制である省令33条4項の趣旨からすれば、経産大臣は、同項の「独立性」の共通要因に、津波による浸水などの外部事象を加える省令改正を行い、東京電力に対し、非常用電源設備およびその附属設備を分散配置する、系統の一部でも水密化するなどし、共通要因たる津波の浸水に対して「独立性」を確保するための適切な措置。

(ii)海水を使用して原子炉を冷却する設備についてもポンプの水密化等の適切な防護措置。

②シビアアクシデントに至らないための対策として長時間の全交流電源喪失等を回避する措置

(i)原子炉は大量の水の循環により冷却し続けなければ必然的に炉心損傷にいたるのであるから、万が一、設計基準事象として想定した交流電源を供給する設備の防護が破壊されて交流電源を供給する設備が全て機能喪失してしまった場合でも、直ちにその機能を復旧できるよう、移動式電源車の配備などその機能を代替する設備の確保等をする適切な措置。

(ii)また、万が一、海水を使用して原子炉を冷却する全ての設備の防護が破壊された場合にも、直ちにその機能を復旧できるよう、その機能を代替する設備の確保等をする適切な措置。

3　裁判上の争点

(1)　事実問題

2006年までの時点で、福島第一原子力発電所の敷地高さであるO.P.＋10メートルを超える津波によって全交流電源喪失に至ることについて予見可能性があったか否かが最大の争点である。加えて、適時にかつ適切な権限行使の怠りが著しく不合理という判断枠組みとの関係では、運転開始をした原子力発電所の安全確保のために規制行政庁がとってきた措置に実効性があったのかどうかも考慮事項にかかわってくる事実問題である。

(2) 法律問題

法律上の争点は、① 2006 年までの時点で、津波から非常用電源設備および最終ヒートシンクの機能喪失を防護するために、経産大臣が電事法 39 条に基づく省令制定権限および同法 40 条に基づく監督権限行使としての適合命令を発する権限を行使して適切な措置をとることが、法律の委任の範囲内かどうか、さらに、②万が一、津波により非常用電源設備ないし最終ヒートシンクが全部機能喪失した場合でも原子炉による災害を防止するために代替設備の確保を事業者に規制する権限行使をすることが委任の範囲内かどうか、である。

Ⅱ 事実問題に関する国の主張に対する批判

1 津波到来の予見可能性について

裁判において最も重要な争点となっている。東京電力は、過失に関する主張をしないとの頑迷な態度であったが、福島地方裁判所は、「被告東京電力の過失が争点であると考えており、それを前提に審理を進めているものである。」と表明した。

津波の予見可能性については別稿があるのでそこに譲るが、国は、津波の予見可能性がなかったことを最大の理由として国賠法上の責任を否定する訴訟態度である。

2 国が講じてきた行政上の措置の実効性の有無について

(1) 国の主張

後の法律上の争点で検討するとおり、国は、本件事故前の法制度のもとでは、経産大臣にはシビアアクシデント（以下「SA」という）対策を法規制する権限がなかったという前提に立ったうえで、国は、SA 対策を事業者の自主的取り組みとして位置づけた後も、事業者に対し、行政指導により、SA 対策の整備を求め、十分に低いと考えられたリスクを更に低減するよう努めていた、と主張している。国の主張は、国は無策だったわけではなく、実際に行政上の措置を講じてきたのであるから、このことを考慮すれば、原告の主張する省令改正を行わなかったとしても、著しく合理性を欠くとは認められない、とするものである。

(2) 国の主張に対する反論

(a) 考慮事項となるのは講じた措置の実効性

経産大臣が実際に講じた措置の具体的内容が規制権限不行使の違法性判断に当たって考慮事項の一つになることは否定しない。しかし、この具体的内容を考慮するに当たっては、国のとった措置の実効性、すなわち、当該措置の内容やその手法が万が一にも原子炉による災害を防止するために十分な規制効果を上げ得るものであるか、また、実際に十分な規制効果を上げたかも考慮されなければならない[2]。

以下、国の講じてきた措置に実効性があったかについて検証する。

(b) 安全思想と安全規制の前進における日米の大きな差

1979年スリーマイル島原発、1986年チェルノブイリ原発の2つの原子力発電所の重大事故を経験し、その教訓から、欧米では1980年代から1990年代にSA対策が研究・規制措置化された。米国では、原子力規制委員会（NRC）が、事業者に対し、1991年より外部事象を含めた確率論的安全評価の実施を要求し、地震、内部火災、強風・トルネード、外部洪水、輸送および付近施設での事故という外部事象について評価手法を開発して評価を行い、1996年にはこの評価を完了した。

国は、SA対策の必要性を十分に認識しながら、1992年に、これを法規制化せず、事業者の自主的取組みとすることを決めた。そして本件事故までこれを見直すことがなかった。その結果、我が国では、1990年代に国がとった措置の実効性の乏しさから、2000年代になっても、いまだ外部事象の確率論的安全評価の方法論の研究段階、手順書の整備開始段階という極めて遅れた状態であった。

2）参照　泉南アスベスト二陣大阪高判（公刊物不登載）。

(c) なぜこのような違いがでたのか

我が国の行政指導方式のSA対策の制度設計にかかわった近藤駿介元原子力安全委員会委員長は、行政指導方式が失敗したことを認めている[3]。

米国のNRCは、スリーマイル島原発事故の反省に立って、抜本的な組織改革がなされ、推進行政と事業者からの独立性が徹底された。NRC検査官による検査業務を義務化するとともに、事業者の違反に対して刑事罰を科すことにし、逮捕権をもつ捜査局がNRC内に設置された。米国においては、既設炉のSA対策自体を法規制しなかったものの、監督行政庁であるNRCが、監督権限を背景に、先導して新しい知見に基づく安全目標を定め、安全評価手法を開発・整備し、明確な期限を定めて対策の実行を事業者に対して求め、実施させ、報告結果の評価をすることにより、10年以内に、外部事象についても個別プラントの安全評価を完了した。

我が国の現実は、国としての安全目標や期限などのスケジュールを決めることもしなかった。国が行っていたことは、1994年時の知見に基づき内部事象に限定してなされた行政指導に基づき、これが行われたかを確認することだけであった。

(d) 2002年には行政指導方式の破綻が明白に

近藤氏の当初の構想は、国と事業者が最新の知見を共有しながら原子力発電所の安全性を強化することを電気事業者の誠実性・自発性に依拠しながら進めようとしたものであった。ところが、2000年7月に、東京電力が、福島第一原発、福島第二原発および柏崎刈羽原発の計13基において、1980年代から1990年代にかけて、燃料体を囲む炉心隔壁（シュラウド）のひび割れ等を隠すため自主点検記録を改ざんしていたことが発覚した。およそ行政指導という手法で実効性あるSA対策を進める基礎がなかったことが明白になった。

我が国において、法規制という規制方式を採用しなかったために、一方で規制行政庁である経済産業省は、自らの責任と組織的体制にSA対策を位置づけることなく、全く事業者任せとした。他方で、電気事業者は、対策の怠慢が何の不利益もないことから、安全よりも経済的利益の追求を優先し、規律面での破綻まできたしていたのである。

---

3) 政府事故調公開聴取結果書（平成24年6月8日付）。

Ⅲ　法律上の争点に関する国の主張に対する批判

1　総論――国の規制権限不行使の違法性の判断枠組みと考慮事項

(1)　国の主張

国は、規制権限不行使の違法性を判断した4つの最高裁判決[4]を同列に並べて、規制権限不行使の違法性の有無は、当該権限を定めた法令の趣旨・目的やその権限の性質等に照らして、規制権限不行使が問題とされる当時の一切の事情を考慮して判断すべきであること、現代の科学技術を結集した原子力発電施設という性質上、技術基準適合命令の要件である「人体に危害を及ぼし、又は物件に損傷を与え」るか否かの判断は、高度の専門技術的判断を要すること、省令等の制定内容が公益的、専門的および技術的な事項にわたること等を強調して、行政庁の合理的な裁量は広く、「著しく合理性を欠くと認められる場合」は限定して解釈されるべきである、と主張する。

(2)　国の主張に対する反論

国の主張は、裁判所に対し、行政庁の第一次的判断を尊重しろと司法消極主義を押しつけようとするものである。この総論において裁判所がどのような立場にたつかが、国の責任を認めさせるうえできわめて大事である。

私たちは、上記4つの最判について、各事案に適用される「法の趣旨・目的、権限の性質」、各事案で最高裁が考慮した事情を相互比較・分析し、国の責任を肯定した筑豊じん肺最判、関西水俣病最判においては、最高裁は、規制をなすか否かの判断、いつ規制を行うかの判断を含め、行政庁の裁量を問題としていない、と考える。

泉南アスベスト一陣大阪高裁判決[5]が、行政庁の広範な裁量を認めて規制権限不行使の違法性を否定したクロロキン薬害訴訟最判に依拠し、「規制権限を行使すべき時期や態様等について、労働大臣の高度に専門的かつ裁量的判断に委

---

4)　①宅建業者訴訟最判（1989〔平成元〕・11・24民集43巻10号1169頁）、②クロロキン薬害訴訟最判（1995〔平成7〕・6・23民集49巻1600頁）、③筑豊じん肺訴訟最判（前掲注1））、④水俣病関西訴訟最判（2004〔平成16〕・10・15民集58巻7号1802頁）。

5)　大阪高判2011〔平成23〕・8・25判時2135号60頁。

ねられている」と判示し、行政庁の広範な裁量を認め、国の規制権限不行使の違法性を否定した。これは、判断枠組みにおいて、生命・健康よりも産業・経済的自由を優先する価値の選択を行って、原告の請求を全面棄却したものである。

これに対し、最高裁[6]は、この判断枠組み自体を上告理由として受理し、筑豊じん肺訴訟最判の判断枠組みと考慮事項に基づいて判断し、行政庁の裁量を問題とせず、一陣大阪高裁判決を破棄した。最高裁は、判示部分の先例判例からクロロキン薬害最判を除外したことが注目される。

(3) 原子力の安全規制の分野も筑豊じん肺訴訟最判の判断枠組みが妥当する

原子力行政分野における原子力基本法、原子炉等規制法、電事法等の法令も、原子炉による災害から、国民の生命・健康、生存権の基盤である財産・環境に対する安全を確保することに主要な目的があること、他方で規制される法益が事業者の物的・経済的利益に過ぎないことから、万が一にも災害が起こらないようにするために、最新の科学技術水準への即応性の観点から適時かつ適切に規制権原を行使することが求められているのである。

2 各論

国は、総論において、行政庁の幅広い裁量を強調する一方で、各論においては、権限がなかったとの主張を繰り返す。以下、論点ごとに国の主張を批判する。

(1) 「段階的規制論」をめぐって

原子力分野の法律は、原子力発電所の設置、工事、運転、廃炉等それぞれの段階毎に、経産大臣による安全規制を求めている。国は、これを段階的規制と呼んで、設置の段階で、経産大臣が原子炉等規制法に基づく許可を出しているので、後の段階である運転段階においては、経産大臣には、電事法に基づきこの基本設計ないし基本的設計方針に関わる事項について規制をする権限が授権されていないという。国は、基本的設計方針という法律にないあいまいな概念

---

6) 最判 2014〔平成 26〕・10・9 判時 2241 号 3 頁。

を介在させ、原告が主張する津波対策は基本設計ないし基本的設計方針に関わることであるので、既に設置許可を受けて稼働している原子力発電所に、これを義務づける権限がなかった、と主張する。

国の主張によれば、過去の設置許可の時点における科学技術的知見に基づいてつくられた安全基準によって一旦設置許可がなされた後は、その後の年月の経過のなかで科学技術的知見が発展して、設置許可時点における基本設計に係る事項に関する安全基準が、災害防止上不十分あるいは不適切なものであることが客観的に明らかになっても、経産大臣はその是正をすることができず、傍観しているしかなくなる。国は、このような場合は、原子炉設置業者に対して、原子炉設置変更許可を申請するよう行政指導により促すしかないのだという。

法律が段階ごとの多重の規制要件を定めたのは、原子炉による災害の防止をするという法の趣旨からである。これを理由に、規制権限を否定しようとする国の主張は逆さまである。設置段階で不足していた科学技術的知見が、工事認可段階、運転段階で取得できた場合には、当然、経産大臣は、審査基準・認可基準に反映させるべきであるし、技術基準にも反映させるべきである。規制の根拠となる電事法39条および40条は、国がいうような権限の範囲の限定をしていない。現に、経産大臣は、2011年3月30日、省令の16条（循環設備等）、25条（燃料貯蔵設備）、33条（保安電源設備）の「解釈を改正する」という手法[7]で、16条には、「4　第6号に規定する『除去された熱を最終的な熱の逃がし場へ輸送することができる設備』が津波により全て機能喪失した場合にあっては、予備電動機の配備等により機動的な除熱機能の復旧対策が講じられるよう設備すること。」を追加し、33条には、「2　第2項に規定する『内燃機関を原動力とする発電装置又はこれと同等以上の機能を有する非常用予備動力装置』が津波により全て機能を喪失した場合にあっては、原子炉の冷却維持に係る計測装置等に必要な電源容量が移動式発電装置等から給電可能なように、同発電装置から受電盤等接続箇所までの電源ケーブルの配備等により機動的な復旧対策が講じられるよう設備すること。」を追加し、事業者に義務づけた。さらに経産大臣は、同年10月7日には、省令4条を改正し、5条の2を追加し、津波によって全交流電源設備等が機能喪失したとしても直ちに機能を復旧するための移動式電源

7)　平成23年3月23日原院第4号　発電用原子力設備に関する技術基準を定める省令の解釈についての一部改正について（通知）。

車の配備などの適切な措置をとることを電気事業者に義務づけた[8]。これは、「原子炉による災害を防止する」という電事法の趣旨・目的に基づいて、経産大臣に付与された権限としてとった措置である。

(2) 省令33条4項に基づく規制の射程

(a) 2006年1月1日施行の省令33条4項

経産大臣は2005年7月1日省令を改正し33条4項を追加した。同項は、「非常用電源設備及びその附属設備は、多重性又は多様性、及び独立性を有し、その系統を構成する機械器具の単一故障が発生した場合であっても、運転時の異常な過渡変化時又は一次冷却材喪失等の事故時において工学的安全施設等の設備がその機能を確保するために十分な容量を有するものでなければならない。」と定める。この「多様性」とは、同一の機能を有する異なる性質の系統または機器が二つ以上あることをいい、「独立性」とは、二つ以上の系統または機器が設計上考慮する環境条件および運転状況において、共通要因または従属要因によって、同時にその機能が喪失しないことをいう。

国は、この33条4項は、内部事象（ただし内部溢水を除く）のみを対象とし、津波に対しては「多様性」も「独立性」も規制要件ではないと主張する。

(b) 省令に「多様性、独立性」が明記されるまでに蓄積された知見

外部電源が失われた場合の炉心の冷却のための命綱ともいうべき非常用ディーゼル発電機・配電盤等に関し、1990年に改訂された安全設計審査指針において、万が一の原子炉による災害を防止するために、「非常用所内電源系」については、「多重性又は多様性及び独立性」を備えるべきことが規定された（指針48.3項）。経産大臣は、電事法39条に基づき、この指針を省令33条4項で規制要件化したことになる。これは、原子炉による災害を防止するという法の趣旨・目的に基づくものであり、経産大臣は、この改正にあたっては、「最新の科

---

8) 第5条の2（津波による損傷の防止）

1 原子炉施設並びに一次冷却材又は二次冷却材により駆動される蒸気タービン及びその附属設備が想定される津波により原子炉の安全性を損なうおそれがある場合は、防護措置、基礎地盤の改良その他の適切な措置を講じなければならない。

2 津波によって交流電源を供給する全ての設備、海水を使用して原子炉を冷却する全ての設備及び使用済燃料貯蔵物を冷却する全ての設備の機能が喪失した場合においても直ちにその機能を復旧できるよう、その機能を代替する設備の確保その他の適切な措置を講じなければならない。

学技術水準への即応性の観点[9]」から、事故から得られた教訓、自然科学の進展等を含む最新の科学技術的知見を考慮しなければならないというべきである。

ところで、本件事故当時の福島第一原子力発電所長であった吉田昌郎氏に対して実施された政府事故調査委員会によるヒヤリング記録[10]のなかで、1991年に福島第一原子力発電所１号機で発生した、海水系配管からの海水漏れでタービン建屋地下に配置されていた非常用ディーゼル発電機が水没し機能喪失した事故のことが取り上げられている。吉田氏は、この事故を「日本のトラブルの１、２位を争う危険なトラブルだと思う」と指摘している。これは、技術者として、外部電源の喪失と非常用電源設備の被水による機能喪失が同時発生したときには、原子炉の冷却機能の喪失から炉心損傷に至り得る重大な事故であることを十分に認識していたからである。内部溢水は、配管の設置場所、配管の損傷場所によって水の漏えいと浸水の場所と浸水の経路が様々になる。建屋の下部から、あるいは途中の壁から、あるいは上部からと、あらゆる方向から水を被ることの可能性を想定して非常用電源設備を水による機能喪失から防護する措置をとらなければならない。津波が到来したときに、原子炉施設の様々な隙間を通じて非常用電源設備が設置されている場所に海水が浸水する可能性があるという点では、内部溢水と本質的な違いはない。吉田所長も、両者は共通する問題であるとの認識を表明している。

また、東京電力2013年３月29日付け「福島原子力事故の総括および原子力改革プラン」13〜14頁に指摘されているが、1999年、非常用ディーゼル発電機が洪水による被水によって機能喪失になったルブレイエ原発事故（仏国）を始めとして国外の事故から全交流電源喪失の危険性、非常用電源設備および最終ヒートシンクを洪水や津波から防護する必要性を警告する教訓を得ていた。

したがって、経産大臣は、非常用電源設備の「多様性、独立性」を規制要件とした省令改正を行うに際し、1991年溢水事故等から教訓となった知見、すなわち、非常用電源設備が原子炉施設の敷地・建屋内に溢れた水を被ると機能喪失に陥る現実的な危険性があるので、この溢水から非常用電源設備を防護することも考慮事項とした上で防護措置の規制をすべきであった。そして、「内部溢水」対策と共通する「津波」からの被水に対する「独立性」を確保すること

9)　伊方原発訴訟最判（1992〔平成4〕・10・29民集46巻7号1174頁）。
10)　平成23年8月16日聴取結果書。

も規制要件とすべきであった。

福島第一原子力発電所では、1991年溢水事故の2年後に、1つの原子炉に2台の専用の水冷式非常用ディーゼル発電機を設置する措置がとられることになった。ところが、2台の非常用ディーゼル発電機が同じタービン建屋地下1階に設置されていたこと、非常用高圧電源盤も地下1階に設置されていたことがそのまま放置され、国もそのことについて何の指導もしなかった。そのため津波という共通原因によって、全部の機能が失われてしまう状態のまま、本件事故を迎えたのである。

(3) 事業者に全交流電源喪失等からSAに至らないための対策を講じさせる権限の有無

国が1992年時点でSA対策を法規制化しないとの方針をとり、その後見直しをしなかったために、SA対策という用語が法律上の定義なく使用されてきていた。国は、SA対策は、平成24年改正原子炉等規制法43条の3の6第1項3号の制定により初めて法規制の対象とすることができるようになったのだと主張する。同規定は「その者に重大事故（発電用原子炉の炉心の著しい損傷その他の原子力規制委員会規則で定める重大な事故をいう。第四十三条の三の二十二第一項及び第四十三条の三の二十九第二項第二号において同じ。）の発生及び拡大の防止に必要な措置を実施するために必要な技術的能力その他の発電用原子炉の運転を適確に遂行するに足りる技術的能力があること。」と定める。国の主張は、従前の条項に追加された下線部分の「重大事故の発生及び拡大の防止に必要な措置」がSA対策を指すというものである。

下線部分の文言は「その他の」と続き例示に過ぎないのだから、この改正により創設されたものではなく、もともと経産大臣の権限の範囲内にあったと解釈することも十分に可能である。

Iの2の(2)で紹介したとおり、生業裁判では、原告は、全交流電源喪失等を回避するための措置として、設計基準事象対策（①）とSA対策（②）とを分けて主張している。この点、筆者は以下のように考えるに至っている。すなわち、設計基準事象対策も、SA対策も、「原子炉による災害の防止」という法の趣旨・目的において本質的に異なるところはなく、多重防護のための措置として連続しているところがある。この点で、国の主張も、Ⅲの2の(1)で指摘した省令5条の2について、「津波の侵入等によって施設の安全機能が重大な影響を受けるおそれがないものとするという基本設計ないし基本的設計方針が示した津波に対する事故防止策をより一層確実に実現するための詳細設計上の要求を具体的に規定したもの」であり、「シビアアクシデントに至るおそれのある事象に拡大することを防止することを求めたものであ」ると説明している。国の主張は、津波対策をとる権原がなかったと独自の法解釈をしつつ、遅れてとった津波対策をこの線引き解釈に無理矢理整合させようとするもので不当である。しかし、SA対策一般の権原論はさておき、少なくとも原告が主張している②の長時間の全交流電源喪失等を回避するための措置は、まさに国がいうところの「SAに至るおそれのある事象に拡大することを防止する」ための具体的な措置であると解することができ、これは電事法に基づく権限行使の範囲内にあるとの解釈をすることができるのである。

（なかの・なおき　弁護士・
「生業を返せ、地域を返せ！」福島原発事故被害弁護団）

1　福島原発賠償に関する中間指針等を踏まえた損害賠償法理の構築

潮見佳男

I　はじめに

1　本稿の目的

本稿は、福島原発賠償に関する中間指針等（以下「中間指針等」という）に示された内容が不法行為損害賠償の理論に対しいかなる意味を持つのかを検討するものである。

中間指針等は、当事者による自主的解決を支援するためのガイドラインとして策定されたものである。それゆえに、不法行為損害賠償に関する実体ルールとの間にずれがあることを過度に否定的に評価してはならない。また、損害賠償に関する実体ルールを適用して裁判により問題を解決する際には、中間指針等で示された内容に縛られるべきものでもない。

他方で、中間指針等は、自主的解決支援のためのガイドラインであるとはいえ、不法行為損害賠償の理論と実務の到達点を参照しつつ、一定の実体ルールを基礎に据えている。この意味では、指針の背後に損害賠償に関する実体ルールの創造を見て取ることもできる。

その意味で、不法行為法学にとっては、損害賠償に関する現下の実体ルールと中間指針等で示された内容から浮かび上がる実体ルールの関連を明らかにすることとともに、両者の実体ルールを比較するなかで、不法行為損害賠償に関する新たなパラダイムを構築する手がかりを見出すことが求められる。

2　中間指針の特徴

上記の問題意識のもとで中間指針等をみたとき、そこには次の特徴がある。

第一に、中間指針等には、自主的解決支援のためのガイドラインという性格その他の理由から、賠償に限定をかけたと思われる箇所が少なくない。この傾向がみられる場面では、損害賠償に関する実体ルールによればどのような処理が認められるべきかを明らかにする必要がある。

第二に、中間指針等には、実務において妥当しているものと考えられている既存の損害論を措定し、それを原発賠償にも活用していく傾向がみられる。ここでは、学説・実務で広く受け入れられている手堅い手法を基礎に据えるのが好ましいとの判断が働いているものと思われる。

このような姿勢自体は直ちに批判されるものではないが、従前の理論と実務において定型的に想定されていなかった原発被害に対して、従前の枠組みを基礎に据えて処理をするのが適切であったのか、このような思考方法を採ることによって抜け落ちた点はないのかを検証する必要がある。さらに、原子力損害賠償に関する実体ルールとして何がふさわしいのかも検討する必要がある。

第三に、中間指針等には、損害賠償に関する従前の実体ルールを超えた考え方を基礎に据えている箇所もある。ここでは、中間指針等で示された内容を損害賠償に関するルールとして一般化することが適切か否かを検討することが有益である。

II　中間指針等の持つ抑制的側面

1　因果関係の相当性判断における政策的要素の考慮

中間指針等で損害賠償に関する実体ルールに対する抑制的な面があらわれている第一は、中間指針等が相当因果関係論を展開するにあたり、相当性の判断にかなりの程度で政策的要素を採り入れているのではないかという点である。

損害が核分裂の作用・放射線の作用・毒性的作用により生じた場合に、責任主体（東京電力）側の行為態様面での帰責性が問題とならず、かつ、予防原則の視点を考慮に入れた際に被害者側に責任限定要因がないにもかかわらず、損害賠償額が莫大なものとなることを回避しようとするときに、相当性の判断のもとで、責任主体にとっての責任負担の軽減、さらには税負担や電気料金の負担をする市民にとっての責任負担の軽減の観点から、一定の減額がされる可能性がある。

とりわけ、公共政策の問題として原発賠償を考える場合には、エネルギー政策や社会保障政策等、政策体系全体のなかでどのように位置づけるかを含めて考えなければならない[1)]との問題意識から、自主的解決支援のためのガイドラインを立て、その枠組みのもとで相当因果関係の問題を扱ったならば、個々の被害者の被った権利・法益侵害の塡補という面での損害賠償とは異質な目的、とりわけ、原発事故の社会的費用の最小化に出た損害論がまかり通ることになる。

同様のことは、一定の政策的判断により賠償範囲を相当期間内のものに限るかどうかという点にも認めることができる。そこでは、たとえば、地元の復興のスピードを加速させるために、避難の費用相当額の損害を相当期間内に限るのが適切ではないのか、労働へのインセンティブ・労働意欲の喪失に対処するために、営業損害・就労損害を相当期間に限るのが適切ではないのかといった観点からの立論がされている[2)]。

中間指針等で示された内容(の一部)がこのような視点を基礎に据えることによってはじめて正当化できるものであったとしたならば、これを損害賠償に関する実体ルールへと転ずる際には、公共政策的観点から出た要因を後者にそのまま持ちこむことの当否を問題とする必要がある。

もとより、損害賠償に関する実体ルールを離れた政策的判断は、被害者救済の方向からおこなうことも可能である。この方向からの指摘は、風評被害による損害の賠償に関する次の見解に現れている。すなわち、「指針が、被害者の早期救済という目的のもとに策定される以上、今後発表される指針においては、これまでの風評損害の立証の困難性、のみならず原賠法が無限責任であることにも配慮して、原則として相当因果関係が認められる類型をさらに整理した上で、立証の負担を軽減するとともに、一般の不法行為の場合より広く因果関係を認めることが望まれる。……指針の策定が被害者の早期救済を目的とするものである以上、本件事故後に一定の収入の減少(損害)が認められれば、相当因

1) 第1回原子力損害賠償シンポジウム(2014年2月9日〔執筆時点では未公表、その後別冊NBL150号(2015年)に掲載〕)における渡辺智之発言の含意するところである。

2) 大塚直「福島第一原子力発電所事故による損害賠償」高橋滋・大塚直編『震災・原発事故と環境法』(民事法研究会、2013年)99頁。

果関係を認め、むしろ、他の原因の存在およびその寄与度は、抗弁事由として加害者側に立証させるといった、立証の観点に踏み込んだ指針を策定すべきでではないか」とする見解である[3)]。

2　国家補償の代替的措置としての側面

第二は、中間指針等で示された内容のなかには、責任主体が東京電力でありながら、国家補償の代替的措置としての意味を盛り込まれ、損害賠償が認められる局面や賠償額を制限する方向で作用しているものがあるのではないかという点である。

中間指針等では、たとえば、避難の費用相当額の賠償につき、政府指示による避難の場合と自主的避難の場合とで類型を分け、かつ、「賠償すべき損害額については、自主的避難が、避難指示等により余儀なくされた避難とは異なることから、これに係る損害について避難指示等の場合と同じ扱いとすることは、必ずしも公平かつ合理的ではない[4)]」とされている。中間指針等は、この区別を危険の切迫性による違いとして正当化しているが、政府指示の有無が危険の切迫性にとって絶対のものとはいえないし、予防原則を被害者救済の法理として用いる中間指針等の基本的視座と上記説明との間には矛盾がある。むしろ、この背後には、政府が市民の行動の自由を制約したことに対する国家補償の要素を見て取ることができる。

中間指針等における除染費用（移行抑制対策費用も同じ）の賠償ルールも同様である。すなわち、私人がおこなった除染の費用は「自治体の除染計画が策定された後に、その除染計画の内容に沿った除染を個人が自治体と連携することなく行った場合は、原則として『必要かつ合理的な範囲』の除染（第二次指針第4の指針Ⅰ）に当たらないことになろう[5)]」との指摘に明確に示されているように、中間指針等は、除染は本来自治体がおこなうべきものであり、個人や自治会が市民としておこなった場合には、自治体に代替して当該措置を講じた場合を除き、賠償の対象としない――相当因果関係にある損害としては評価しない

---

3)　山上芳和・藤井圭子・笹岡優隆・本多諭「原発事故と風評損害――被害者早期救済の観点から」NBL957号（2011年）31頁。
4)　第一次追補の第2のⅢの備考2。
5)　中島肇『原発賠償　中間指針の考え方』（商事法務、2013年）39頁。

――との立場を基礎に据えているようである。ひるがえって、従前の損害賠償理論のもとでは、除染計画その他の自治体行政における市民の代替的役割という要素は、相当性判断において考慮されない。それゆえに、ここには、汚染対処特別措置法の枠組みに影響された賠償ルールの縮減という特徴を見出すことができる。この汚染対処特別措置法の枠組みは、国の財政支援・予算措置と結びつけられた補償のスキームである。

このように、中間指針等では、責任主体が東京電力でありながら、政府指示や国の財政支援・予算措置と結びつけられた国家補償的な要素を含む相当因果関係理論が用いられている。自主的紛争解決指針を離れ、このような考え方を損害賠償に関する実体ルールとして展開することは説明がつくものではない。

3　精神的損害の算定にあたっての謙抑的姿勢

第三は、生命・身体的損害を伴わない精神的損害の算定方法に関するものである。中間指針等の策定に関与した関係者の理解によれば、生命・身体的損害を伴わない精神的損害の賠償について、中間指針等は、公害賠償方式を採用せず、自動車事故賠償方式（しかも、自賠責保険の傷害慰謝料の基準）を参考にしたようである。その際、自賠責保険の傷害慰謝料の基準が参考とされた理由には、自賠責制度のもとでの傷害慰謝料は「主観的・個別的事情を捨象した客観的な性質の強いもの（加害者の非難性を抜きにしたもの）」であって、生命・身体的損害を伴わない精神的損害（生活の阻害に伴う精神的苦痛）に対する慰謝料の基準として適しているとの理解があるようである[6]。その背景には、加害者の非難性を含めた主観的・個別的事情を慰謝料で考慮することは裁判官の裁量にゆだねられているものであって、裁判外での自主的な紛争解決規範の画一的な内容に盛り込むことには適さないとの理解がある。

自賠責保険の傷害慰謝料の基準を参考とした理由が上記の点にあるのだとすれば、同じ事件が裁判に持ち込まれた場合には、責任主体（東京電力）の非難性を含めた主観的・個別的事情が斟酌されて慰謝料額が算定されるべきであるということを、中間指針等が示していることにもなる。その結果、この部分に限れば、裁判による処理のほうが、賠償額が増加する点に留意すべきである。

6）　中島・前掲書50頁。

Ⅲ　従前の損害賠償の枠組みへの依拠と乖離

1　中間指針等の基礎――差額説＋相当因果関係論

中間指針等は、差額説を基礎に据えたうえで、福島原発事故と相当因果関係にある損害が賠償されるとの枠組みを採用している。そして、差額計算に際して、具体的損害計算（具体的被害者ごとの損害把握と損害額の算定）の手法と個別損害項目積み上げ方式の手法を基礎に据えている。これらの算定方法は、現在の実務と多数の学説により差額説と結びつけられ、語られてきたものである。

ここには、既存の損害論を原発賠償にできるだけ活用していく姿勢がみられる。このうち、相当因果関係については、Ⅰで指摘した点のほか、予防原則等に関連する点はⅣに回し、以下では、差額説およびこれと結びつけられた損害算定方法に関して中間指針等が示した内容をとりあげる。

2　個別損害項目積み上げ方式の活用とその問題点――「包括的生活利益」の観点からの損害把握へ

個別損害項目積み上げ方式に依拠した損害の算定は、包括慰謝料概念に依拠した包括請求方式と比較したときに、攻撃防御面で反論可能性の高い観点から損害を基礎づけることができるというメリットがある。それとともに、公害薬害における包括請求方式での認容金額が頭打ちになりうる傾向があるなかで、個々の項目の積み上げによる賠償金額の上昇という点で賠償額を大きくする方向に進むというメリットもある。

他方で、従前の理論と実務において定型的に想定されていなかった被害類型に対し、交通事故における人損・物損の事例や、個々の動産・不動産に対する侵害による物損の事例を対象として構築されてきた個別損害積み上げ方式をそのままの形で採用することは、次の二つの点で問題があり、中間指針等で示された内容を損害賠償に関する実体ルール、とりわけ、裁判規範として妥当させることに対する疑義を生じさせる。

第一に、包括請求方式の優位性が説かれる際に説かれる点であるが、従前の定型的被害類型を想定して立てられた個別の損害項目では、今回の原発事故のような非定型の被害において被害者に生じた差を的確に表現することができず、既存の損害項目とこれに対応する金額を積み上げただけでは、差額を十分に捕捉することができない。特に、福島原発事故においては、個人にあっては当地での生活の総体[7)]が破壊され、また、事業者にあっては無形のものを含めた事業活動の利益が全体として破壊されているところ、従前の方式のもとでの個別損害項目をいくら積み上げたとしても、被害者の権利・法益に対する侵害の結果として被害者に生じた生活の総体や事業活動の総体の差を反映させるのには限界がある。もちろん、個々の損害項目における評価に際して生活の総体や事業活動の総体の差を考慮した新たな視点を採り入れることにより、部分的な対応は可能であろう（後述する居住確保損害の例）。しかし、福島原発事故の特質を踏まえたとき、基礎に据えられるべきは、従前の損害把握の枠組みとは本質的に異なる視点、すなわち、包括的生活利益[8)]としての損害の把握である。生活の総体や事業活動の総体の差を考慮した個々の損害項目の評価も、このような基本的な視座があってこそ、より的確に根拠づけることができるものである[9)]。

このことは、さらに、①生活の総体や事業活動の総体を破壊する権利・法益侵害が生じた事件類型においては、差額説にいう差をとる際には、人身とか物といった個々の侵害客体の価値のみに捕われた損害把握をしてはならないし、②被害者が生活・事業の面で個々の客体を用いてどのような人格の展開をし、その結果を享受することができたであろうかという点（幸福追求権〔人格権〕が具体化したものとしての自己決定権に基礎づけられる）を考慮に入れた評価をしなければならないとの問題提起につながっていく。

3 個々の損害項目における金銭評価の新機軸

(1) 緒論

第二に、従前の被害類型を想定して立てられた個別の損害項目と同じ名目の

7) 「生活の総体」は、地域社会（コミュニティ）における生活を享受するという要素も含むものである（以下も同じ）。この点において、交通事故により一家の支柱となる者が死亡し、生活が破綻に瀕する場面とは異質な要素がある。

8) 淡路剛久「『包括的生活利益としての平穏生活権』の侵害と損害」法律時報86巻4号（2014年）97頁〔本書第1章1〕。

9) 損害の包括的把握と「包括的損害計算」との異同を含め、潮見佳男「人身侵害における損害概念と算定原理――『包括請求方式』の理論的再検討(1)(2)完」民商法雑誌103巻4号509頁、5号709頁（1991年）。ここにいう包括的生活利益は、「身体や健康に直結した平穏生活権」・「生存条件にかかわる平穏生活権」という意味で捉えられたときの「平穏生活権」よりも広範なものである。

損害項目を、福島原発事故のような非定型の被害において用いたときには、生活の総体・事業活動の総体を破壊する権利・法益侵害であるという要素が反映されずに金銭評価がされるおそれがある。中間指針等でも、このことを踏まえ、避難に関係する精神的損害の算定と、居住用不動産の価値の算定の場面で一定の配慮をしている。

(2)　避難に関係する精神的損害——平穏生活権の侵害を理由とする精神的損害

避難に関係する精神的損害の算定については、中間指針等の説明を受けて既にあらわれた論稿のなかでは、ここでの精神的損害は、行動の自由が制約されることによる「人格権ないし人格的利益（平穏な生活を送る人格的利益）」または「平穏生活権」の侵害を理由とするものであるとの位置づけがされている[10)]。この見解は、ここでの精神的損害が交通事故における人身侵害を理由とする慰謝料とは権利・法益面で異質なものであることを的確に把握したものであり、従前の人身侵害に対する慰謝料の算定方式を福島原発事故では用いず、むしろ、平穏生活権としての人格権に対する侵害という権利・法益面での特徴を反映した損害額の算定方式を用いるべきことを提唱したものである[11)]。

このような観点からみれば、中間指針等は、その想定する精神的損害の性質の内訳として、従前の慰謝料賠償論から離れ、①平穏な日常生活の喪失、②自宅に帰れない苦痛、③避難生活の不便さ、④先の見通しがつかない不安という四要素を見出し、これらの要素が避難の長期化に伴い変動する——①③は緩和され、②④は増大する——という観点から精神的損害の額を算定する枠組みを示していることになる[12)]。この枠組みの内容をなす四要素は、(i)平穏な日常生活を継続的に奪われているという面（①③）と、(ii)現在および将来において平穏な日常生活を回復することができないという面（②④）に対応するものであり、平穏生活権侵害を理由とする精神的損害の賠償にあたり、これまで明確にされてこなかった観点を示すものとして、その余の平穏生活権侵害事例においても参照する価値が高い。

---

10)　中島・前掲注5）書46頁。これに対して、大塚・前掲注2）論文87頁は、もっぱら、避難対象地区の近くの住居に居住し続けているが、恐怖や不安を感じている者（滞在者）の損害を、「平穏生活権」の問題として捉えている。

11)　紛争解決センターの総括基準が用いる「日常生活阻害慰謝料」という表現が、的を射ている。

12)　中島・前掲注5）書52頁。

他面において、中間指針等は、ここでの精神的損害の賠償を、日常生活において個々の被害者の行動の自由が制約されることによる精神的苦痛として捉えているようである[13]。しかしながら、(ア)平穏生活権とは、単に個々の被害者の日常生活における行動の自由のみを意味するものではない。日常生活における人格の自由な展開とそこにより得られる利益の享受をも、権利の内容とするものである。(イ)しかも、人々が社会のなかで行動し、利益を享受するとの観点からみたとき、日常生活から得られる利益には、被害者が属していた地域社会（コミュニティー）で行動し、そこでの生活から得られる利益を享受することができるということも含まれる。

したがって、上記四要素（または(i)(ii)の二側面）に依拠して精神的損害を算定するにあたっても、(ア)個々の被害者の行動の自由の制約に視点を限定しない姿勢と、(イ)地域社会における生活から得られる利益を享受することを含めて平穏生活の内実を捉える姿勢が強く求められる。

(3) 居住用不動産における財物価値の喪失・減少――住宅確保損害のスキーム

居住用不動産における財物価値の喪失・減少による損害の算定に関して、当初の指針は「民法では金銭賠償の原則（同法722条1項による民法417条準用）から、原則として非金銭的救済である原状回復の請求はできず、原状回復費用も、もとの財物の価値（価格）を超えては認められない[14]」との理解から出発し、①「本件事故発生時点における財物の価値に相当する額」を基準とする立場――事故時の時価と事故後の時価との差額分を損害とする立場――を原則に据えていた[15]。そのうえで、修理・除染等に要する費用については、必要かつ合理的な範囲で上記の減価損害に加算するという方法を採用していた。

その後、第二次追補の際に、発想の転換への示唆につながる視点が示された。すなわち、そこでは、「『本件事故発生直前の価値』は、例えば居住用の建物にあっては同等の建物を取得できるような価格とすることに配慮する等、個別具体的な事情に応じて合理的に評価するものとする[16]」との備考欄の記載が追加さ

13) 指針第3-6 Ⅰ。
14) 中島・前掲注5) 書34頁。
15) 指針第3-10 Ⅰ・Ⅱ。
16) 第二次追補第2・4備考3。

れた。ここには、当該財物の価値の減価という観点からではなく、居住用建物の再取得費用（市場での再取得費用）という観点から損害を捉える構想へとつながる方向を見て取ることができる。また、第二次追補の際には、減価分を評価する際に、「一定の期間使用ができないこと[17]」も踏まえて判断すべきであるとの備考欄の記載も追加された[18]。

第二次追補の方向を貫いたときには、〔同種同等物の再取得価格〕－〔事故時の当該財物の価値〕（一定の期間使用ができないことによる価値の低下も考慮したもの）＝〔財物価値の喪失・減少による損害〕という公式が浮かび上がる。これは、「住宅確保損害[19]」の賠償スキームに近い。とはいえ、第二次追補は、この考え方を正面から採用したものではない。あくまでも伝統的な考え方に依拠し、当該財物の減価をどのように算定するかという枠組み、すなわち、〔事故前の当該財物の価値〕－〔事故後の当該財物の価値〕＝〔財物価値の喪失・減少による損害〕という公式を維持したうえで、上記の補正をするにとどまっている。ここでの損害を減価損害から再取得費用損害（住宅確保損害）へと転換したのではない。

むしろ、不動産の再取得価値を重視する方向への転換は、第四次追補において前面に出てくることとなった[20]。

> Ⅰ）　前記１のⅠ）①の賠償の対象者で従前の住居が持ち家であった者が、移住又は長期避難（以下「移住等」という。）のために負担した以下の費用は賠償すべき損害と認められる。
>
> ①住宅（建物で居住部分に限る。）取得のために実際に発生した費用（ただし、③に掲げる費用を除く。以下同じ。）と本件事故時に所有し居住していた住宅の事故前価値（第二次追補第２の４の財物価値をいう。以下同じ。）との差額であって、事故前価値と当該住宅の新築時点相当の価値との差額の75％を超えない額
>
> ②宅地（居住部分に限る。以下同じ。）取得のために実際に発生した費用（ただし、③に掲げる費用を除く。）と事故時に所有していた宅地の事故前価値（第二次追補第２の４の財物価値をいう。以下同じ。）との差額。ただし、所有していた宅

17）　第二次追補第２・４備考２。

18）　第二次追補第２・４備考１は財物の価値がゼロとなった（全損）と評価することのできる場面を拡張しているが、理論的に特段の新しい視点を示したというものではない。

19）　大塚・前掲注２）論文98頁は、交換価値を市場価値として捉える場合、避難者が同種同程度の物を市場で購入する（再取得する）ことができるよう配慮する必要があるという。

20）　第四次追補第２の２Ⅰ～Ⅲ。

地面積が400㎡以上の場合には当該宅地の400㎡相当分の価値を所有していた宅地の事故前価値とし、取得した宅地面積が福島県都市部の平均宅地面積以上である場合には福島県都市部の平均宅地面積（ただし、所有していた宅地面積がこれより小さい場合は所有していた宅地面積）を取得した宅地面積とし、取得した宅地価格が高額な場合には福島県都市部の平均宅地面積（ただし、所有していた宅地面積がこれより小さい場合は所有していた宅地面積）に福島県都市部の平均宅地単価を乗じた額を取得した宅地価格として算定する。

③①及び②に伴う登記費用、消費税等の諸費用

Ⅱ）前記１のⅠ）①の賠償の対象者以外で避難指示区域内の従前の住居が持ち家であった者で、移住等をすることが合理的であると認められる者が、移住等のために負担したⅠ）①及びⅠ）③の費用並びにⅠ）②の金額の75％に相当する費用は、賠償すべき損害と認められる。

Ⅲ）Ⅰ）又はⅡ）以外で従前の住居が持ち家だった者が、避難指示が解除された後に帰還するために負担した以下の費用は賠償すべき損害と認められる。

①事故前に居住していた住宅の必要かつ合理的な修繕又は建替え（以下「修繕等」という。）のために実際に発生した費用（ただし、③に掲げる費用を除く。）と当該住宅の事故前価値との差額であって、事故前価値と当該住宅の新築時点相当の価値との差額の75％を超えない額

②必要かつ合理的な建替えのために要した当該住居の解体費用

③①及び②に伴う登記費用、消費税等の諸費用

とはいえ、第四次追補にあっても、一定の上限率・上限値を存置しているため、住宅確保損害としての枠組みへの完全な転換が図られているとまではいえない[21]。

福島原発事故のようなケースで、居住用不動産における財物価値の喪失・減少による損害を減価損害の考え方によって評価するのは、次の点で問題がある。

第一に、権利・法益が帰属する権利主体には、権利の客体をどのように管理・処分するかにつき、自由に決定して行動することが保障されている。このことを視野に入れたとき、権利主体が当該客体を用いてみずからの行動を展開することにより得ることが許容された財産的利益の実現・回復もされてはじめて、

21）居住用借家の場合（第四次追補第２の２Ⅳ）には、居住利益に関する損害が問題となるわけであるから、新たな居住用建物の借入れに係る増加コスト（調達コスト）が賠償の対象となり、減価損害の枠組みがそもそも妥当しないのは当然のことである。

当該権利・法益の有する価値が実現・回復されたということができる[22]。

第二に、そのうえで、権利・法益侵害により被害者に生じた損害を包括的生活利益の観点から捉えたとき、居住用不動産の場合には、被害者がその不動産を用いて日常生活を送っていたのと等しい状態が金銭的に回復されることが求められる。したがって、交通事故における物損の事例で妥当している〔事故前の当該財物の交換価値〕−〔事故後の当該財物の交換価値〕＝〔財物価値の喪失・減少による損害〕という公式をこの種の事案に用いるのは、適切とはいいがたい。

まして、居住用不動産には平穏生活に結びつけられる人格的価値が内包されていると考えるのであれば、ここでの財物価値の喪失・減少による損害は、①事故前におけるのと同種同等の生活状態（生活利益）を確保するための財物の再取得価値から、事故後の当該財物の交換価値（一定の期間使用ができないことによる価値の低下も考慮したもの）を控除したものか、または、②事故前におけるのと同種同等の生活状態を確保するために財物に投下し、または投下することを要する費用（再取得費用を含みうる）であるかのいずれかになろう[23]。

(4)　修理・除染等に要する費用：生活利益の回復費用（原状回復費用）の賠償

中間指針等では、財物価値の喪失・減少による損害を当該財物についての減価損害と捉えていることから、減価損害を上限とせずに修理・除染等に要する費用（以下では「除染費用」に代表させる）の賠償を認めていること[24]が、中間指針等における損害賠償基準の特徴の一つとして強調されているほか、除染費用相当額の賠償が減価損害の額を超えて理論的に認められるのかという点が問題とされている。

この問題を扱う論者からは、上記の中間指針等が「個人の賠償額に公共的な性質の法益分を加算する」との考え方に立脚し、「不特定多数の者に生じる被害」としての「環境損害」を不動産の減価を算定する際に加算的に考慮したとの位置づけがされることがある[25]。論者によれば、除染費用相当額の賠償にあた

---

22)　このことは、「包括的生活利益」が問題とならない損害賠償一般において妥当する。潮見佳男「不法行為法における財産的損害の『理論』――実損主義・差額説・具体的損害計算」法曹時報63巻1号（2011年）1頁。

23)　この問題に特化した細密な検討は、窪田充見「原子力発電所の事故と居住目的の不動産に生じた損害」法律時報86巻9号（2014年）110頁〔本書第3章3〕に委ねる。

24)　指針第3-10 Ⅱ、第二次追補第4。

っては、「個人の財物価値を個別に金銭評価する伝統的な考え方」から、「地域に存在する各財物の価値を集合的・不可分的に侵害する放射性物質の侵害態様の特殊性から、個別の財物価値にプラスアルファの費用を加算しなければ、個々の財物の価値的な原状回復ができないという考え方」への転換をみてとることができることになる[26)]。

減価損害額を超えた除染費用等の賠償を肯定するために「公共的な性質の法益」を観念することに対しては、「公共的な性質の法益」を「個人の損害（額）」に帰することが正当化されるのはなぜかが問われることになる。むしろ、個人に帰属する財貨にはその財貨および帰属主体が「公共」（今回の原発事故についていえば、環境、ひいては地域社会〔コミュニティ〕）との関係で有する価値も含まれており、権利・法益侵害により被害者に生じた損害が「包括的生活利益」の観点から捉えられるべき事件類型にあっては、「公共」との関係で当該財貨および財貨の帰属主体に結びつけられた利益（＝事故前の生活環境を享受する利益）の回復がされてはじめて、「個人の損害」の塡補がされるとみれば足りる（生活利益の回復費用〔原状回復費用〕としての除染費用）。

このようにみれば、今回の原発事故のような事案において財物損害を捉える際には、①財物価値の喪失・減少による損害では減価額が賠償額の上限を画するというドグマ[27)]を基礎に据えてはならず、②事故前の生活環境を回復するために個人が支出した除染費用は、「不特定多数の者に生じる被害」の回復に資するものであるか否かを問わず、また、被害者のした除染等の行為が自治体がおこなうべき行為の代替的性格を有していたか否かを問わず、除染等の行為がおよそ生活利益の回復にとって合理的な内容のものであれば賠償の対象とすべきである。

Ⅳ　従前の不法行為損害賠償の枠組みを超えた視点

1　緒論

中間指針等では、原子力損害の特性を踏まえ、従前の学説・実務が不法行為

25)　中島・前掲注5）書31頁・36頁。
26)　中島・前掲注5）書36頁。
27)　指針第3-10備考4を参照。

損害賠償における実体ルールとしてきたものを超えたルールを採用している箇所がある。ここでは、従前の実体ルールを超えたもの（従前の実体ルールをはみだしたもの）として中間指針等で示されているものが、不法行為損害賠償における実体ルールとして一般化可能か否かを検証してみることが有益である。このことは、典型的には、相当因果関係判断における予防原則の取り込み、風評被害の賠償スキームおよび間接被害者の損害の賠償スキームでみられる。

2　予防原則の考え方の採り入れ

中間指針等が、相当因果関係の判断基準を定めるに際して、予防原則（precautionary principle）の考え方を採り入れていることが強調されている。予防原則とは、科学的に因果関係を証明することができなくても、人の健康や環境に対する深刻で不可逆的な被害が発生するおそれがある場合には、規制当局が予防的な措置をとることが正当化されるとの考え方（規制当局による事前の予防的規制を正当化する〔または義務づける〕際の根拠となる原理）を指すが[28]、中間指針等は、この考え方を、（「予防原則」という表現こそ用いていないものの）原発事故による損害賠償における被害者保護の場面に採り入れ、人の健康や環境に対する重大で不可逆的な被害が発生するおそれがある場合には、人の健康や環境に対する被害が発生することについて科学的確実性ないし科学的に明確な知見が欠けていたとしても、被害発生を未然に防止するために原発事故後にとった市民の行動は合理的なものと評価されるとの考え方へと展開している[29]。この意味での予防原則は、具体的には、予防的避難に要した費用の賠償の正当化[30]、風評被害による営業損害の賠償の正当化、修理・除染等に要する費用の賠償の正当化において活用されている。

中間指針等が、裁判規範として妥当しているものが適用されたならば請求が認められる可能性を残しつつ、自主的解決支援のためのガイドラインという性

28）　植田和弘「欧州の化学物質管理法における予防原則の具体化」植田和弘・大塚直監修『環境リスク管理と予防原則』（有斐閣、2010年）5頁など。もっとも、予防原則については、定義面、目的・効果面につき、論者により、様々な見方が示されている。最大公約数的には、①深刻かつ不可逆的な被害を発生させる危険であって、②その発生・程度に科学的不確実性を伴うときには、③予防の観点からの措置（未然防止措置）を講じることができる（／講じなければならない）ということが、予防原則の基本要素ということができる。

29）　中島・前掲注5）書15頁・25頁・72頁など。

30）　卯辰昇「原子力技術に対する予防原則の適用」植田・大塚編・前掲注28）書64頁。

格その他の理由、たとえば、中間指針等で保障するのは裁判規範のもとでも賠償が確実に認められるものに限る（最低限の基準）という理由から、損害賠償に限定を付する立場を基礎に据えているのだとすれば、損害賠償の判断基準を立てる際に、科学的確実性を要求せず、予防原則の考え方を採り入れることによって上記の立場を修正し、科学的に明確な知見が確立されていないものであっても、人の生命・健康や環境に対する重大で不可逆的な被害が発生するおそれがあれば事故と損害との間の因果関係を否定しないという手法は、この種の指針としては一歩前進と評価することのできるものである[31]。

人々の生命・健康や、将来の世代の生命・健康にも関連する環境に対し深刻かつ不可逆的な被害（取り返しのつかない破壊）を生じさせるリスクについては、人々の生命・健康という法益に対する深刻かつ不可逆的侵害というリスクの重大性にかんがみ、人々のとったリスク回避行動に対して科学的不確実性を理由にその合理性を否定し、原子力の利用者（原子力事業者など）の経済的自由権を保護するのは、権利・法益面での均衡を失すると考えられるからである[32]。また、本稿の主題からは外れるが、原子力の利用者（原子力事業者など）に対して原子力損害について厳格責任を課す立法をすることも、同様の観点から正当化される[33]（深刻かつ不可逆的な被害の重大性を前に、責任設定面では、もはや原子力事業者の経済的自由権との間で、科学的不確実性を考慮に入れた衡量の余地すらないといえる）。

ひるがえって、不法行為損害賠償における実体ルールとしてみたとき、予防原則を踏まえた理論枠組みは、既に過失判断における事前思慮義務（調査研究義務その他の予見義務）の基礎に据えられているし、そもそも、因果関係判断に当たっては、一点の疑義もない科学的証明までは求められていないから、予防原則の考え方を因果関係の判断に採り入れること自体は、特異なことではない。

31） もとより、この場合において、科学的知見を考慮した合理性（科学的に合理的な不安・恐怖。科学的合理性）が認められることを要求するか、それとも、「社会的合理性」（通常人・一般人を基準としたときに合理的と考えられる不安・恐怖）があれば足りるかについては、見解が分かれるところである。前者を説くのは、大塚直「環境訴訟における保護法益の主観性と公共性・序説」法律時報82巻11号（2010年）118頁、後者を説くのは、吉村良一「福島第一原発事故被害賠償をめぐる法的課題」法律時報86巻2号（2014年）55頁、同「原子力損害賠償紛争審査会『中間指針』の性格」法律時報86巻5号（2014年）139頁。

32） 予防原則のもとでの衡量の視点については、大塚直「予防原則の法学的・経済学的検討」植田・大塚編・前掲注28）書306頁以下。

33） 卯辰・前掲注30）論文57頁。

むしろ、予防原則と結びつけられる合理性の判断において科学的合理性が求められる（社会的合理性では足りない）との立場に依拠し、科学的合理性の基準を不法行為損害賠償における裁判規範としての因果関係判断に持ち込む場合は、因果関係が認められる余地が今よりも狭くなるのではないかとの懸念が頭をかすめる。因果関係に関する現在の理論と実務は、通常人・一般人を基準としたときに合理的と考えられるものが何かを基準にして、因果関係の存否を判断しているようにも思われるからである。

とはいえ、原因と結果との連結に際しての規範的評価の際に、なにがしかの専門的知見に基づく科学的合理性が最低限の要請として評価の基礎に据えられているのか否かは、従前の民法理論において十分な検討がされていない[34)]。その意味では、中間指針等をめぐって現在おこなわれている議論は、不法行為法の一般理論を再検討するうえでも重要な意義をもつものである[35)]。

3　風評被害による損害

風評被害による損害について、中間指針等は、原発事故による放射線による被害に関する情報の収集・分析・判断と結びついた市場での行動のリスクを誰が負担すべきかという観点から問題を捉え、原発事故による放射性物質による汚染の危険性を回避する消費者または取引先の心理と、平均人・一般人を基準とした合理性判断を基準に、その賠償の可否を判断している[36)]。立案者側の見方によれば、中間指針等で示された内容は、風評被害に関する先例から導きうる法理である[37)]。

しかも、中間指針等において風評被害の被害者として想定されているのは、

---

34)　大塚・前掲注31）論文が科学的合理性を支持するのは、予防原則の考え方が、科学的不確実性の確証とそれに基づくリスク管理の前提として、リスクの科学的調査・研究ならびにリスク評価と判定のプロセスを設定しているところを意識してのものと思われる。予防原則とリスク分析枠組みの関係については、大塚・前掲注32）論文109頁。

35)　事実的因果関係（条件関係）を判断するにあたって「危険の現実化」を考慮する際に、科学的合理性がどこまで求められるか、あるいは、そもそも科学的合理性を考慮の外に置くべきかという問題である。事実的因果関係判断における「危険の現実化」のもつ意味については、潮見佳男『不法行為法Ⅰ（第2版）』（信山社、2009年）362頁。

36)　指針第7-1 Ⅱ。

37)　大塚・前掲注2）論文79頁。反対は、森嶋昭夫「原子力事故の被害者救済――損害賠償と補償(3)」時の法令1888号（2011年）36頁。

主として、営業活動をおこなう事業者である[38]。その意味では、中間指針等にいう風評被害による損害の賠償問題とは、営業利益侵害を理由とする損害の賠償問題の一種として位置づけられるものである。

ところで、不法行為損害賠償の一般理論としてみた場合に、営業利益の侵害を理由とする損害賠償を考える際には、次の観点からの調整が不可欠である。すなわち、①一方で、「営業の自由」・「営業権」は憲法により保障された基本権であり、その権利・法益としての地位は不法行為法においても営業の主体（事業者）に保障されるべきである。②しかしながら、他方で、営業活動（事業活動）を通じて得られる利益は、営業の主体（事業者）に対して当然に保障されるわけではない。営業の主体（事業者）は、当該営業（事業）に係るリスクをも引き受けた上で営業活動（事業活動）を展開しなければならない。そして、営業活動（事業活動）に係るリスクのなかには、他者によるみずからの営業活動（事業活動）への侵襲のリスクも含まれる。③さらに、原子力損害賠償のように、危険責任の原理に基づき責任主体に賠償負担を課す場面では、危険責任を課した法律（原賠法）がどこまでの「危険」を対象として責任主体（東京電力）に負担を課すことを企図していたのか（原賠法の規範目的）を視野に入れておく必要がある。

このような問題意識のもとで、風評被害による損害を責任主体（東京電力）に帰することが正当化されるかどうかを考えたとき、次のように捉えてはどうか[39]。

第一に、当該営業（事業）に結びつけられた通常のリスク（営業〔事業〕に伴う一般的危険）は、事前に予見することができ、リスク回避措置（事前のリスク分散措置）を講じることができるものであるから、一般的には、営業の主体（事業）が負担すべきである。

第二に、風評その他の当該営業に対する市場参加者（「消費者又は取引先」[40]）の評判による営業利益（事業活動による利益）の減少は、一般的には、営業（事業）に伴う通常のリスク（一般的危険）というべきものであり、営業の主体（事業者）が負担すべきである。

38）　指針第7-1 Ⅳ参照。

39）　理論的には、営業権・営業利益のもつ権利面での特徴として、権利・利益の内包と外延が他者（行為者）の侵襲との相関的考慮において決定されるということがある（人格権・人格的利益も同じ）。行為に対する無価値評価と、権利・法益としての要保護性とが一体的に判断されるわけである。

40）　指針第7-1 Ⅰ。

第三に、これに対して、事前に予見してリスク回避措置（事前のリスク分散措置）を講じることを営業の主体（事業者）に期待することのできないリスク（「特異な危険」）については、営業（事業）に係るリスクの引受けという観点から営業の主体（事業者）の負担を正当化することはできない。この場合において、危険責任の法理が妥当する局面では、「特異な危険」を惹起した者の責任負担の可能性を検討することが求められる。

第四に、今回の原発事故では、風評被害による損害として、科学的に明確でない放射性物質による汚染の危険に由来する市場参加者の回避行動（「市場の拒絶反応」）が問題となっているのであって、これは、営業の主体（事業者）にとっては「特異な危険」に当たるものであるといえる[41)]。

第五に、今回の原発事故における風評被害による損害について、これを責任主体（東京電力）に帰責することができるかどうか。今回の原発事故後には、社会において、情報格差に起因する回避行動、情報の不確かさに起因する回避行動、情報に対する誤った意味の付与に起因する回避行動などがみられた（一般市民のみならず、事業者、さらには、マスコミ等の情報発信者にもみられる）。これらは、「未知のリスク」に関する情報の科学的不確実性に由来する行動[42)]である。中間指針等は、ここで、予防原則に依拠して、「必ずしも科学的に明確でない放射性物質による汚染の危険を回避するための市場に拒絶反応によるもの[43)]」のうち、市場参加者の合理的な予防行動と評価できるものについては、責任主体（東京電力）がリスク負担をすべきであるとの立場を採用している（なお、ここでの合理性は、「社会的合理性」の意味で捉えられているものと目される）。

このような中間指針等の考え方は、①営業の主体（事業者）にとって営業上の「特異な危険」による損害であり、かつ、②その「特異な危険」が――予防原則

41）「事故の実態について一般消費者が十分に理解するのに必要な相当の期間が経過した」時（東京地判平成18・2・27判タ1207号116頁。JCO臨界事故の新聞報道等により、消費者が茨城産の納豆商品を買い控えた結果として損害が生じたとして、納豆製造販売業者が原子力事業会社に損害賠償を求めた事案である）や、「正確な情報が提供され、かつ、これが一般国民に周知されるために必要な合理的かつ相当の時間が経過した時」（原子力損害調査研究会『㈱ジェー・シー・オー東海事業所核燃料加工施設臨界事故に係る原子力損害調査研究報告書』〔2000年〕）には、科学的合理性の観点のみならず、社会的合理性の観点からも、もはや「特異の危険」とはいえなくなり、その時点以降の風評については、営業（事業）に伴う一般的危険として営業の主体（事業者）が負担すべきものとなろう。もとより、この時期がいつの時点かについて、一般準則を立てるのには無理がある。

42）中島・前掲注5）書72頁の表現に依拠する。

43）指針第7-1備考1。

の観点から——社会的にみて合理的と評価される市場参加者の回避行動（「市場の拒絶反応」）によるものであり、しかも、③この回避行動と原発事故との間の因果関係は——予防原則の観点から——肯定することができることを理由に、風評被害による損害の賠償を責任主体（東京電力）に課すことを正当化しているものである。この考え方は、不法行為損害賠償における実体ルールとしても、危険責任の原理が支配する領域に妥当する考え方として受け入れられるべき素地を有しているものと思われる[44]。

4　間接被害者の損害

間接被害者の損害について、立案者側の眼からは、中間指針等は、不法行為損害賠償法において現在妥当している法理とは異質な考え方に立って、被害者の救済を図っているとの姿勢を打ち出していると考えているようである。そこでは、わが国では間接被害者の損害は原則として賠償されないという一般法理が確立しているとの前提で立論がされているようにもみえる。

そのうえで、中間指針等は、間接被害者の損害が問題となる場面のうち、企業損害が問題となる場合について、現在の判例法理を踏まえ、「第一次被害者との取引に代替性がない」場合には賠償可能性を肯定するとの立場を採用している。企業損害に関する判例が採用しているのが「経済的一体性」の観点から賠償可能性を判断するというものであるとの認識のもと、この発展形態として「代替性」（取引代替性）の基準を捉えているようである。企業損害の賠償基準を広げることにより、間接被害者の損害についてその賠償を否定する従前の民法法理とは異質の判断基準を採用したとの理解に出ているようである。

中間指針等が対照する現在の民法法理について、中間指針等の基礎にある立案者側の理解が適切か否か（わが国では間接被害者の損害は原則として賠償されないという一般法理が確立しているとの前提で立論がされているのか、ドイツ法と同様の枠組みを採用したならば間接被害者の損害は原則として賠償されないという帰結に至るのか、中間指針等の基礎にある考え方は「間接被害者の損害」という問題の立て方自体と矛

44）　東日本大震災の発生に起因する「消費マインドの落ち込み」に代表されるような他原因の介在による営業利益の喪失の処理については、有価証券報告書の虚偽記載を理由とする損害賠償において虚偽記載と相当因果関係のある損害額をどのように捉えるのが適切であるかを扱った裁判例の枠組みが参考になる。最判平成 23・9・13 民集 65 巻 6 号 2511 頁（西武鉄道事件）、最判平成 24・3・13 判タ 1369 号 128 頁（ライブドア事件）ほか。

盾するのではないか等）については、ここでは触れないで措く[45]。このことを別としても、企業損害を扱った中間指針等の考え方には、不法行為損害賠償の実体ルールとしての企業損害論に対する多くの問題提起が含まれていて、その一般化の可能性は十分に検討するに値する。特に興味を引くのは、以下の点である。

第一に、中間指針等も、現在の民法法理と同じく、企業は企業活動に伴うリスクをみずから負担すべきであることを原則としている。このことは、一般論としては正しい。風評被害による営業損害について触れたのと同様、事前のリスク回避措置をとることは、第一義的には企業に求められているところだからである。

第二に、多くの民法学説が企業損害として判例を参照する際に用いる枠組みは、オーナー型個人企業の場合には家計と企業の未分離のゆえに、間接被害者としての企業の固有損害（企業損害）も賠償を認めるべきであるというものである[46]。このような議論の組み立て方それ自体が多くの問題を抱えていることは、今回の原発事故をめぐる中間指針等の内容から明らかになったものといえる（今回鮮明になったような、より重要な企業損害類型に対応できるだけの理論を、これまでの不法行為法学の「通説」は形成してこなかった）。そして、中間指針等が、オーナー型個人企業の損害に関する判例法理から直接被害者と間接被害者（当該企業）との「経済的一体性」という要素を企業損害の賠償可能性を肯定するために導き出し、さらに、これを「代替性」へと広げた点は、企業損害の賠償ルールとして、民事実体ルールとしても妥当性を有するものを提示したものということができ[47]、このこと自体が、今後の民法理論を展開する上での有意な問題提起をしたものとして、高く評価すべきものである。

第三に、法律構成としてみたとき、「代替性」を重視すればするほど、ここで

45）　中間指針等が審議されている際に基礎に据えられた間接被害者の損害賠償に関する民法理論なるものが、誤解に出たものではないのかという点については、潮見佳男「中島肇著『原発賠償　中間指針の考え方』を読んで」NBL1009号（2013年）40頁で触れたので繰り返さない。

46）　最判昭和43・11・15民集22巻12号2614頁（有限会社形式をとっていた薬局の個人経営者である薬剤師が商店街でスクーターに衝突され負傷した事故）。

47）　ただし、「代替性」（取引代替性）の基準を判例法理から演繹することができるかどうか――したがって、中間指針等の考え方が判例法理と整合的であるといえるかどうか――は、また別の問題である。上記最高裁昭和43年判決のなかの、「代替性がなく、かつ会社と経済的一体関係がある」という字句表現を形式的に取り出して、これが判例法理であるとすることは、当該判決の事案とかけ離れた法理をそこに読み込むこととなり、必ずしも適切な判決理解とはいえないというのが、著者の見方である。

の問題は「間接被害」というよりは、「直接被害」という観点から捉えられるべきものではないかとの疑問がわく。要するに、ここで重要なのは、「直接被害者－間接被害者」という枠組みではなくて、(i)企業活動に伴うリスクを企業みずからが負担すべきか、(ii)企業活動に係るリスクのなかには、他者による企業活動への侵襲のリスクも含まれるが、このリスクをどこまで営業に伴う通常のリスク（一般的危険）と評価すべきか、あるいは、「特異な危険」と評価すべきかにある。このようにみれば、「間接被害者」たる企業の損害といわれているものについては、上述した風評被害による営業損害の賠償と基本的な枠組みは違わないのではないか。要するに、ここでの企業損害の賠償可能性を考える際に、①直接被害者の存在をことさらに力説する意味がないし（「間接被害者」構成の不毛）、②企業損害の賠償可能性を判断する基準として、「取引代替性の不存在」は有意な基準ではあるが、唯一の基準ではないのではないか――風評被害による営業損害の場合との平仄が取れているのか――を検証してみる必要がありそうである（「経済的一体性」についても然り[48]）。その他、「取引代替性の欠如」が終わりを迎えるのは――その結果として、企業損害の賠償が認められなくなるのは――いつの時期かという問題もある（代替取引の獲得その他の損害軽減義務にかかわる問題である）。

第四に、福島原発事故における企業損害の問題、すなわち、企業活動に伴うリスクを営業に伴う通常のリスク（一般的危険）と評価すべきか、それとも、「特異な危険」と評価すべきかについては、**3**で風評被害において述べたのと同様の観点および理由から「特異な危険」と評価することのできるものであり、また、責任主体（東京電力）に帰責することが正当化できるものであると考える。

V　おわりに

福島原発事故をめぐる損害賠償の問題が不法行為損害賠償の理論に対しいかなる意味を持つのかは、本稿でとりあげた中間指針等の外での問題でも、今後検討を深めなければならないものが数多く存在している。本稿（法律時報86巻

---

48)　中間指針等が基礎に据えた観点は、間接被害者としての企業の損害の賠償を正当化するために用いられてきた「経済的一体性」の意味、正確にいえば、「経済的一体性」のある損害がなにゆえに賠償されるべきかの理解を深める上で、民法法理としても重要な意義を有する。

11号・12号）連載中の2014年8月26日に出された原発事故避難中に自殺した者に対し慰謝料ほか約4900万円の支払いを命じた福島地裁判決は、その典型例の一つである。加害事故を契機とする被害者の自殺の法的処理に関しては、交通事故損害賠償の領域で多くの理論的蓄積があるが、上記判決は、事故と自殺に関する従前の民法法理がいかに極小化された事件類型のみを扱ってきたのかを端的に示すとともに、この判決で語られている内容を不法行為の一般法理として展開する可能性を探求する必要性を感じさせるものである。

また、本稿では直接触れることができなかったが、中間指針等では、多数被害者の救済を平準化する必要から、損害計算にあたって、いわゆる具体的損害計算（個々の具体的被害者を基準とした損害〔額〕の算定）方式を離れ、抽象的損害計算（類型的標準人を基準とした損害〔額〕の算定）方式を基礎に据えている面が少なくない。抽象的損害計算方式は、個々の具体的被害者にとっての損害の立証が不可能または困難な場合であっても、このことを理由として賠償請求を否定するのではなく、当該権利・法益に客観的・類型的に結びつけられた価値を賠償として被害者に与えることで、権利・法益の最低保障を実現するという機能（権利追求機能といわれるものである）を有している[49)]。この権利追求機能の観点から、中間指針等で基準とされた方式に基づく損害（額）の捉え方を批判的に検証することも必要である（そして、この場合には、福島原発事故の特性に照らせば、権利追求機能と結びつけた抽象的損害計算にあたって、本稿で触れた「包括的生活利益」の価値を実現するとの視点を入れることが肝要である）。

これらの問題は本稿で扱ったテーマの射程を超えるものであるが、本稿と同様のモチーフのもとで検討を加える必要性を強く指摘して、本稿の結びとする。

（しおみ・よしお　京都大学教授）

49）損害賠償請求権は本来の権利・法益の価値代替物としての性質を有するものであり、被害者の権利・法益の有する価値の実現・回復という観点から損害の規範的評価がされるべきである。これが、損害賠償請求権の権利追求機能といわれるものである。そして、抽象的損害計算には「通常の価値」・「共通の価値」が結びつけられていることからすれば、具体的被害者に結びつけられた独自の価値が立証できない場合であっても、この「通常の価値」・「共通の価値」の実現・回復をおこなうことが、国家による権利・法益の保障をもたらすことになる。潮見・前掲注22）論文29頁・37頁。

2　避難者に対する慰謝料

吉村良一

I　はじめに

福島第一原発事故において避難を強いられた住民は、多様かつ深刻な被害を被っている。避難はそれまで平穏な生活を営んできた環境や人間関係からの切断を意味し、避難行動は、様々の精神的・肉体的ストレス[1]を生み出す。また、当然のことながら、避難費用が発生し、避難先での生活にともなう被害や避難後の生活再建のための負担なども重大である。将来に対する不安も深刻であり、それは避難期間の長期化にともない増大する。このような避難者に対し、原子力損害賠償紛争審査会（原賠審）は、後に詳述するように、避難慰謝料として、一人あたり月10万円という指針を出している。本稿は、この原賠審の避難慰謝料指針の問題点を検討するものであるが、その検討に入る前に、原賠審とその指針の持つ性格や限界等を、その審議経過をも踏まえて、やや一般的に見ておきたい。

周知のように、原賠審は、福島原発事故賠償にかかわる「中間指針」（2011. 8. 5）、「追補」（2011. 12. 6）、「第二次追補」（2013. 3. 10）、「第三次追補」（2012. 1. 30）、「第四次追補」（2013. 12. 26）を出している。原賠審が比較的早期に指針を示したことは、本件被害の救済に一定の道筋を付けたものとして意義を有する。この

1）　特に、高齢者や病弱者にとって避難は苛酷なものであったが、例えば、避難に困難を抱えた「避難弱者」である老人ホーム入居者が避難の中で受けざるを得なかった避難関連死を含む苦難については、相川祐里奈『避難弱者』（東洋経済新報、2013年）参照。

指針は、被害者と東電の直接交渉においても、原子力損害賠償紛争解決センター（以下、原発 ADR）における和解斡旋においても、大きな役割を果たしている。しかし、それは、内容的には様々な問題を孕んでおり、また、策定手続や議論の進め方等にも問題がある。

ところで、原賠審自身は、「中間指針で対象とされなかったものが直ちに賠償の対象とならないというものではなく、個別具体的な事情に応じて相当因果関係のある損害と認められることがあり得る」という点を強調している。しかし、東電は、指針を賠償の上限として、それ以上の賠償に応じない実態があることが指摘されている。例えば、はじめて福島（郡山市）で開催された第21回審査会において、関係市町村の首長が意見を述べているが、その際、指針に載っていないものは賠償できないというのが東電の態度であるという実態が何人もの首長から指摘され、それに対し能見善久原賠審会長は、「個別的に書かれていないものがあっても賠償の対象にならないということを指針は言っているわけではなくて……指針に書かれていないからそれは一切賠償の対象にならないという意味で東電がもし答えているのであれば、それはまず答えの仕方が間違っている」と回答している。さらに、原発 ADR からも、第23回審査会に出席した野山宏室長が、中間指針に具体的に書いていないから賠償の対象にならないという対応を東電がすることの問題性を指摘している。これに対し、審査会において東電は縷々弁解をしているが、実際には改まっていないことは、2013年12月の第四次追補においても、あらためて、「本審査会の指針において示されなかったものが直ちに賠償の対象とならないというものではなく、個別具体的な事情に応じて相当因果関係のある損害と認められるものは、指針で示されていないものも賠償の対象となる。また、本指針で示す損害額の算定方法が他の合理的な算定方法の採用を排除するものではない。東京電力株式会社には、被害者からの賠償請求を真摯に受け止め、本審査会の指針で賠償の対象と明記されていない損害についても個別の事例又は類型毎に、指針の趣旨を踏まえ、かつ、当該損害の内容に応じて、その全部又は一定の範囲を賠償の対象とする等、合理的かつ柔軟な対応と同時に被害者の心情にも配慮した誠実な対応が求められる」（下線、筆者）とされたことからも、窺い知ることができよう。さらに、現在、東電や国の責任を問う損害賠償訴訟が数多く提起されているが、これらの訴訟においても、被告の東電は、この指針による算定を主張している。これらの意味で、この指針が持つ性格や特徴、その限界や問題点等を正確に理解しておくことは重要である。

II 原賠審とその指針の「限界」

1 原賠審の性格

指針について検討する前に、まず、原賠審自身の性格についても見ておく必要がある。原賠審は、原子力損害賠償法（原賠法）18条に基づくものであり、その目的は和解の進行を促進することにあるとされる。注意すべきは、和解は当事者の合意であり、強制力を持った裁判と違い、当事者の一方である東電の意向を無視できないことである。そのため、原賠審としては、東電も納得する（納得せざるを得ない）ものを志向することになってしまっている面がある。第21回審査会において意見を述べた地元市町村長らの中間指針への厳しい批判に対し、能見会長は、「指針というのは、東電を縛るものではなく、これはあくまで東電が自主的にその指針に基づいて賠償するものですから、結局、東電がどうしても嫌だと言われてしまうと動かなくなってしまう。……普通の損害賠償の場合であればどうであるかというのを調べた上で、東電としてもそう反対しにくい賠償というものを決めていくというのが指針の役割である」、「東電が納得してといいますか、合理的に考えれば納得して、賠償を支払うという金額を定めることになりますので、……ただ金額を多くすればいいというものでもない」と述べている。

野山原発ADR室長は、原賠審は「中立の行政機関」として「マクロ的視点に立って、紛争解決の指針を当事者間の交渉の目安として示す」ものである（べきである）とする[2)]。それでは、原賠審は中立の行政機関として設置されているのか。原賠審の「中立性」には、以下のような疑問が呈されている。

まず第一に、裁判で被告になっている国の設置した機関であり、そこには、加害者が救済の範囲を査定するに似た構造があるのではないか。かりに、国の責任は置くとしても、原子力損害賠償・廃炉等支援機構法で国が東電の賠償を支援することになっているので、東電の賠償の拡大は国の負担の増大につなが

2) 野山宏「原子力損害賠償紛争解決センターにおける和解の仲介の実務」判例時報2140号（2012年）4頁。

る。そのため、賠償を「控え目に」するという思慮が働くことはないのか。この点につき、第21回で意見陳述を行った井戸川双葉町長（当時）は「紛争審査会を、中立性を考え、第三者機関に移管していただきたい」と要望し、馬場浪江町長も、中間指針を取りまとめる時に被災者の声を聞かなかった点で「公平性、中立性」に問題があると指摘している。

第二に、委員の構成はどうか。法律研究者として、財団法人電力中央研究所から研究を受託している「日本エネルギー法研究所」の主要メンバー3人が委員となっている問題については、審査会発足直後に問題にされた[3)]。原子力ないし放射線問題の専門家としての委員の人選において公平性という点で問題はないのかという批判もあった。さらに、本件の被害実態や補償実務を熟知した実務家が入っていなかった点に問題はないのか。最後の点につき、日弁連は、2011年4月28日付の会長声明で、「今回の原子力災害の複雑な実情を正確に把握している者を委員に含めること」を要望している。

2　指針の性格

原賠審は、前述したように、この指針は「本件事故による原子力損害の当面の全体像を示すもので」であり、「中間指針で示した損害の範囲に関する考え方が、今後、被害者と東京電力株式会社との間における円滑な話し合いと合意形成に寄与することが望まれるとともに、中間指針に明記されない個別の損害が賠償されないということのないよう留意されることが必要である。東京電力株式会社に対しては、中間指針で明記された損害についてはもちろん、明記されなかった原子力損害も含め、多数の被害者への賠償が可能となるような体制を早急に整えた上で、迅速、公平かつ適正な賠償を行うことを期待する」として、つまり、当面の、その意味で最低限の[4)]ものとして策定されていることを、繰り返し強調している。また、「この中間指針は、本件事故が収束せず被害の拡大が見られる状況下、賠償すべき損害として一定の類型化が可能な損害項目やその

3)　朝日新聞2011年9月23日付朝刊など。同研究所の性格については、斎藤浩「行政法分野の原子力村と原発訴訟判決」同編『原発の安全と行政・司法・学界の責任』（法律文化社、2013年）220頁以下に厳しい批判がある。

4)　第1回審査会で鎌田薫委員が、「だれが見てもこれは賠償しなければいけないというものについて、とりあえず一義的に指針を定め」るべきと主張し、これが議論の基調となっている。この点は、折に触れて能見会長も強調している。

範囲等を示したものであるから、中間指針で対象とされなかったものが直ちに賠償の対象とならないというものではなく、個別具体的な事情に応じて相当因果関係のある損害と認められることがあり得る」とも述べている。さらに、指針は、原賠審の前述のような性格上、和解の指針として、東電も納得する（納得せざるをえない）、その意味で、これは認められることに大方の異論はないという「控え目」なものとして示されていることも重要である[5]。野山原発 ADR 室長は、審査会の指針は「マクロ的な観点からの基本的な考え方」を整理したものであり、具体的な紛争における事情を考慮しておらず、したがって、これは紛争当事者を拘束するものではない、「賠償の対象となるかどうかは原子力損害の賠償に関する法律三条及び関係法令により定まる」のであって、「中間指針等に明記されていないことの一事をもって賠償の対象外とすることは、法律違反の事態を招く」とする[6]が、本指針の性格の理解としては、適切な指摘である。

3　審議の特徴と問題点

原賠審の議事録はすべて公開されているが、それを見るとき、以下のような審議の特徴と問題点が浮かび上がってくる。

(a)　実態を踏まえた議論になっているか。この点では、すでに、多くの論者が批判しており[7]、また、地元市町村長からも、実態把握が不十分なまま指針が作られたことへの不満や批判が異口同音に出されているが、審議経過から見て、これらの批判は当たっている。具体的に審議経過を見るならば、被害実態について、当初は事務局からの報告が中心であり、それ以後も、第一次指針策定までには福島県副知事が意見陳述を行ったのみである。中間指針決定まででも、

---

5)　委員である中島肇弁護士は、その著書『原発賠償　中間指針の考え方』（商事法務、2013 年）「はしがき」で、中間指針は「国家補償」の性質を帯びており、裁判における賠償額が指針よりも少額になることはありうるとするが、これは、本件の損害の範囲についても一般の不法行為に基づく場合と異なって解する理由はないとする指針自身の説明とも異なるものである。

6)　野山・前掲注 2）5 頁以下。

7)　例えば、浦川道太郎「原発事故により避難生活を余儀なくされている者の慰謝料に関する問題点」環境と公害 43 巻 2 号（2013 年）14 頁以下や小島延夫「原子力損害賠償紛争解決センターでの実務と被害救済」環境と公害 43 巻 2 号 19 頁等参照。また、筆者を含む社会科学者約 200 名は、2013 年 10 月に、実態を正確に踏まえた指針の見直しを行うべきとの意見書（法律時報 86 巻 1 号（2014 年）130 頁参照）を原賠審に提出している。

大熊・川内・飯舘村長と茨城・栃木県知事の意見陳述、事業関係諸団体からのヒアリングのみで、地元市町村長からの本格的なヒアリングは2012年1月27日の郡山開催の第21回（そこで厳しい批判がなされたことは前述のとおり）、会として現地視察を行ったのは2013年5月になってからである。被害調査のために専門委員の委嘱が行われ、そこからの報告書も出されているが、その内容は産業・経済損害が中心で、避難者の被害実態に関する各種調査などは（2011年12月21日の第19回における福島大・双葉郡避難者アンケート調査を除いて）活用されていない[8]。

(b)　一方当事者である東電の関係者はしばしば出席して発言しているが（そこでは、東電の実際の賠償での対応が問題にされ批判されているので、東電の出席自体に意味はあると思われるが）、被害者らが直接審査会の場で意見を言う機会は設定されていない（「自主的避難」に関してNGOが陳述した第15回が唯一の例外）。

(c)　本件のような未曾有の被害の賠償を考える場合、被害の特質をどうとらえるかといった被害論、損害総論が重要である。しかし、審査会の議論では、そのような議論がなされていない。むしろ、意識的に避けているのではないかと思われる。

(d)　その上で、議論がないまま交通事故方式が参照されている。中島肇委員は、指針を解説したその著書で審査会の「準備作業」（これは誰がいつ行ったのか？）では公害・薬害方式も検討されたが、的確な先例とはならないとして、「膨大な判例の蓄積があり」「多くの損害項目の中から順次指針を抽出提示していく審査会の方式に適合しやすい」として交通事故方式を参考にした（と思われる）と述べている[9]。が、少なくとも審査会の中で、両者が対比され自覚的に交通事故方式を参考にするという議論がなされたわけではない。そもそも、本件において、交通事故方式には限界がある。なぜなら、交通事故はあくまで個別の事故であること、加害者と被害者に立場の交代可能性があること、保険が普及していることといった、本件事故とはおよそ異なる特質を有するからである。また、交通事故方式においては、個別の損害項目ごとに算定された損害額を積

8)　実態把握（被災者の声を聞くこと）の必要性は、原賠審の初期の段階で、山下俊一委員が繰り返し指摘している（第1回で「避難住民の現状」把握の必要性を指摘し、第3回では、福島県からの説明を受け、「第1回にこの福島県からの状況説明があると、より議論が深まった」のではないかと述べている）が、それに対応する運営とはならなかった。

9)　中島・前掲注5）48頁以下。

み上げるという算定法がとられているが、このような方式で、本件における広範かつ多様な、しかも長期にわたって継続する被害の全体像を的確にとらえることができるのかという疑問もある[10)]。

(e) 議論において、責任論は除外されている。この点、能見会長は、公共用地収用の基準との対比が問題となった際に、損失補償と「東京電力に賠償責任があるという前提のもとで考えたときの損害賠償とはやはり違う問題」としつつも(第9回)、損害評価の場合に帰責性を強調するのは「余り適当ではない」「ここはむしろ淡々と責任がある、原賠法に基づく責任のある加害者が、どれだけの損害を賠償するのか」を考えれば良い(第36回)として、責任に議論が入り込むことを意識的に退けている。しかし、慰謝料額の算定において、加害者の責任の性質や程度が考慮されることは常識であり、その意味で、このような議論の進め方が適切であったのか。

(f) 総じて、「伝統的」な考え方で手堅くまとめようとしている。迅速性の追求という要請から、当初の段階で、上のような議論は避けて、当面の指針を出すということはありうる手法だが、後に到るも、このような総論的議論はなされないままである。そして、暫定的であったはずの指針が固定化され、それを前提にした議論が積み重なっていったというのが印象である。このことの背景には、和解の促進を目的としているので、東電も納得せざるを得ないものという姿勢があるが、同時に、原発事故の特殊性から伝統的な理論では認められない無理な議論をしたとの評価を避けたいとする(法律研究者の)スタンスがあるように思われる。例えば、第24回で能見会長は、「損害賠償として説明できるかということが重要」と述べ、第25回で鎌田薫委員は、「ここでの指針は、損害賠償の一般法理に照らして説明できないことをそのときの勢いでやってしま

10) 日弁連は2011年6月23日の意見書において、「原子力発電所事故による損害は……交通事故による損害とは全く性質を異にする」として、交通事故については自動車等の便益と引換えに社会が「許された危険」を引き受ける関係に立つが、原子力発電所の事故は、原子力発電による便益がどのようなものであったとしても「決してあってはならない危険」であること、原子力発電所事故による被害地域は広範囲にわたり長期間に及ぶことなどから、このような本質的な違いを踏まえた賠償指針の必要性を指摘している。また、潮見佳男「中島肇著『原発賠償 中間指針の考え方』を読んで」NBL1009号(2013年)41頁は、この点につき、「自動車事故賠償方式を基礎に据えた点に対しては、基準の客観性・画一性・普遍性という点では評価できるものの、原発事故の特殊性が個別損害項目の中で十分に汲みつくされているかどうか、自動車事故の場合には表れない特殊の損害項目がないかどうかの検証は、今後も不断に行っていく必要がある(個別算定方式の限界が公害賠償方式を生み出したことを忘れてはならない)」とするが、重要な指摘である。

ったと事後的に評価されるのではやっぱりまずい」「政策的に損害賠償の範囲を決めてしまったというふうに言われるのは、この指針全体の信頼性もゆるがすことになる」と述べ、第37回で能見会長は、住宅確保困難損害について、「やっぱり民法の賠償とは微妙に違うところが本当は出てきているのではないか」「指針で大量の被害者に対して迅速にかつ公平に賠償を進めていくという観点から、ここはちょっと特殊な扱いをしているところもある」として、この点を気にしている。しかし、原発事故と被害の特質を踏まえて伝統的な理論を修正し発展させることは決して批判されることではなく、公害における損害賠償論に代表されるように、このようにして理論は発展してきたのである。また、ここでの問題は、「損害賠償の一般法理」「民法の賠償」とは何かであり、伝統的とされる交通事故賠償論も、昭和40年代の「交通戦争」と呼ばれた事態に直面した理論と実務が伝統的な考え方を修正して確立してきたものである。この点で、大谷禎男委員が、「現行の民商法の体系が想定している、その処理する対象と考えている範囲を超えるものであるということに着目すれば、従前の損害賠償法理というものにそれほど制約される必要はないのではないか」との感想的意見を述べている（第36回）点に共感を覚える。

(g)　暫定的と言いつつ、いったん決めた指針を見直すということをせず、せいぜい、新しい損害項目を立てることにより対応しようとする姿勢に終始しているのではないか。この点では、第17回に「自主的避難者」への賠償の議論の際、中間指針の避難者慰謝料の修正の要否が話題となり、野村豊弘委員が、「若干修正する余地があるのではないかという気が」すると述べている点が注目されるが、同委員自身は、「中間指針を変更するということは考えておりません」とし、高橋滋委員は、この半年の実際の中で新しい考え方が出てきても「それをなし崩し的に取り入れるのは、指針の考え方を崩しかねない」と述べ、この点は深められないままになっている。

以上のような原賠審とその指針の性格ないし限界を見るとき、それが訴訟における賠償範囲と額の算定にとって有する意味は限定的に（最低限の範囲と額の手がかりとなりうるという意味で）捉えるべきであり、本書の第1章で検討した本件被害の特質を踏まえた賠償範囲と額の算定が行われるべきであるが、以下では、避難慰謝料指針に絞って、より具体的な検討を行ってみたい。

Ⅲ　避難慰謝料

1　避難慰謝料指針の決定過程

原賠審は、2011年8月5日の中間指針において、避難にともなう精神的損害賠償の基準として、次のような指針を決めた。

> Ⅰ）本件事故において、避難等対象者が受けた精神的苦痛（「生命・身体的損害」を伴わないものに限る。以下この項において同じ。）のうち、少なくとも以下の精神的苦痛は、賠償すべき損害と認められる。
>
> ①対象区域から実際に避難した上引き続き同区域外滞在を長期間余儀なくされた者（又は余儀なくされている者）及び本件事故発生時には対象区域外に居り、同区域内に住居があるものの引き続き対象区域外滞在を長期間余儀なくされた者（又は余儀なくされている者）が、自宅以外での生活を長期間余儀なくされ、正常な日常生活の維持・継続が長期間にわたり著しく阻害されたために生じた精神的苦痛
>
> ②屋内退避区域の指定が解除されるまでの間、同区域における屋内退避を長期間余儀なくされた者が、行動の自由の制限等を余儀なくされ、正常な日常生活の維持・継続が長期間にわたり著しく阻害されたために生じた精神的苦痛
>
> Ⅱ）Ⅰ）の①及び②に係る「精神的損害」の損害額については、前記2の「避難費用」のうち生活費の増加費用と合算した一定の金額をもって両者の損害額と算定するのが合理的な算定方法と認められる。そして、Ⅰ）の①又は②に該当する者であれば、その年齢や世帯の人数等にかかわらず、避難等対象者個々人が賠償の対象となる。
>
> Ⅲ）Ⅰ）の①の具体的な損害額の算定に当たっては、差し当たって、その算定期間を以下の3段階に分け、それぞれの期間について、以下のとおりとする。
>
> ①本件事故発生から6ヶ月間（第1期）については、一人月額10万円を目安とする。
>
> 但し、この間、避難所・体育館・公民館等（以下「避難所等」という。）における避難生活等を余儀なくされた者については、避難所等において避難生活をした期間は、一人月額12万円を目安とする。
>
> ②第1期終了から6ヶ月間（第2期）については、一人月額5万円を目安とする。

この指針の避難慰謝料（避難者一人あたり月10万円）は、避難にともなう精神的損害に対する慰謝料の指針であるだけではなく、事実上、その他の慰謝料の算定指針にも影響を与えている。審査会は、この額をよりどころとして、他の慰謝料（「自主的避難者」の慰謝料や帰還困難による慰謝料）をも算出しているのである。例えば、第18回では「自主的避難者」の慰謝料が決定されたが、そこで能見会長が提示したのは20〜50万円であり、これは、低減された5万円の10カ月分を上限として提起されている（なお、審査会では、この金額の間で各員が金額を出し合い、その平均的なところで40万円となっている）。長期帰還困難による慰謝料の算定においても、この月10万円が基礎となり、その何年分といった議論がされている。

このような重要な意味を持つ避難慰謝料指針であるが、この指針については、その決定過程に問題がある。避難者の受けた精神的損害の賠償につき、審議経過でまず指摘すべきは、当初は、放射線被曝による健康不安に対する賠償の問題も意識されていたが、その後、福島県の健康調査が行われることから、その結果が出てからあらためて検討することにしてはという事務局提案（第10回）があり、中間指針では消えてしまっていることである。そして、避難者慰謝料は、政府指示により避難を余儀なくされたことによる不自由（日常生活阻害慰謝料）の問題としてとらえられることになったのである。このことが適切であったのか。

また、その額について算定基準が具体的に取り上げられたのは第7回であるが、そこでは、まず大塚直委員が、「例えば交通事故の赤本とか」として交通事故慰謝料基準を参照するという考え方を出している。これに対し、能見会長は「自賠責だとか、あるいは日弁連などでも慰謝料についての一定の基準を示しておりますので、そういうものを参考にしたらどうかというようなことも内々議論をしております」（内々とは誰がいつどこで？）、「交通事故などで入院した場合の慰謝料についての自賠責などの基準がございますので、そんなものを参考にしながら議論するのはどうかと私などは個人的には思っております」という私見が示される（そこでは、いつのまにか大塚のいう赤い本ではなく自賠責基準が参照基準とされている）。その上で、自賠責の慰謝料は身体的障害をともなうものであり、「不自由な生活で避難しているとはいえ、行動自体は一応は自由であるという場合の精神的苦痛とは同じではないので、おそらく自賠責よりは少ない額になるのではないか」「自賠責関係の慰謝料の額も時間とともにだんだん低減（ママ）するという要素がありますので、今回の避難に伴う慰謝料の場合もそういった低減（ママ）の要素を考慮するのか否か、考慮するとすればどういう形で考慮したらいいか」という提起がなされている。ここでは、避難者の被った損害を、交通事故によって入院した者が感じる不自由になぞらえる理解が示されている。また、この慰謝料には、生活費の増加分も含むとされた。この提起に基づいて第8回の資料では自賠責保険における慰謝料月額12万6千円という参考額が示され、審査会では能見会長から月額10万円（避難所等にいた期間は12万円）、第2期については5万円という額が提案され、特に議論もなく決定された。

そこでは避難者の苦難の実態を見すえた議論はなく[11]、また、なぜ交通事故基準を参照するのかが議論されず、さらに、まったく議論がないままに、赤い本や青い本ではなく自賠責基準が参照され（しかも、12万6千円ではなく10万円。避難者の精神的損害が入院患者よりなぜ少ないと言えるのか）、にもかかわらず逓減方式がとられている（一定期間経過後に避難にともなう精神的苦痛が逓減するという根拠がどこにあるのか）。原賠審の審議過程を詳細に分析した浦川道太郎は、この決定について、なぜ自賠責が根拠となるかについて理由が示されていないこと、基準額は自賠責を使用しつつ逓減方式については赤い本を参照していることなどの問題点を指摘している[12]が、適切な指摘である。なお、この指針の第2期以降の5万円への減額については厳しい批判があり、また、それが避難の実態をにもあわないことから、東電は第2期についても10万円を支払うこととし、原発ADRも、今後の見通しが立たないことによる精神的損害に対する慰謝料（「見通し不安の慰謝料」）としてこれを認め、原賠審もこれを追認した（第26回における能見会長発言）。しかし、5万円分を「見通し不安の慰謝料」としたため、後に、帰還困難による慰謝料との関係という問題が発生している。

果たして、このような経過から決められた慰謝料額に確かな根拠があると言

11）　実態を踏まえない議論の問題点はすでに指摘したが、慰謝料について繰り返すならば、この指針決定までの段階で原賠審による現地調査は行われておらず、したがって、原賠審は仮設住宅等での生活を余儀なくされている避難住民の生活がどのようなものかを実地に視察することもなく、避難にともなう精神的損害の基準を決めたのである。この点につき、原発ADR委員である小島延夫は、2013年の段階で、「被害実態調査を真摯に実施すべきであり、また、それを踏まえた、指針の見直しがなされるべきである」と述べている（小島・前掲注7）20頁）。

12）　浦川・前掲注7）14頁以下。

えるのか。その額の妥当性に加えて、被害の実態を見ることなく、十分な議論もなく、避難者の精神的損害を観念的に交通事故による入院生活における不自由になぞらえ、結果として、避難者がかかえる様々な困難を単純化してしまったことが妥当であったのかを、あらためて、問い直す必要がある。

2　避難者の被った精神的損害とは何か

ここであらためて、避難者が被った精神的損害[13]とは何かについて、考えてみたい。

除本理史によれば[14]、避難者の受けた精神的苦痛は、①放射線被曝の健康影響に対する不安、②避難（生活）にともなう精神的苦痛、③将来の見通しに関する不安、④「ふるさとを失った」という喪失感が考えられるが、指針の避難慰謝料は①を含んでいない[15]。また、④についていえば、これは人びとが避難元の地域から切り離されることによって生ずるものであり、③とは別個のものである[16]。そうすると、避難慰謝料（月額一人10万円）の指針は②が中心であり、第2期以降の減額を避ける際に「将来の見通し不安の増大」が言われたことから、

13）なお、指針は、上記の金額には生活費増加分（これは財産的損害である）も含まれているとする。また、中島肇は、中間指針の避難慰謝料につき、「避難者の大多数に共通に発生して金額も比較的少ない、食費、日用品購入のような費用の増加分を、立証の負担軽減を主目的として、精神的損害に合算することとしたのであって」、これらは「『平穏な生活をおくる人格的利益』を被侵害利益とする精神的苦痛を補完する（日常の平穏な生活に近づける）費用という性質を持つことから、これを精神的損害に合算することには合理性がある」と説明している（中島・前掲注5）53頁）。個別的な算定が困難な生活費増加損害を慰謝料に含ませて算定することは、慰謝料の調整的ないし補完的機能からしてありうる方法である。しかし、それを含めて月10万円の基準額が妥当であろうか。早稲田大学のプロジェクトが行った浪江町調査の報告書は、「慰謝料に『生活費増加分も含む』のであれば、現在の慰謝料水準はこれに到底足りていないと言えるのではなかろうか」とする。少なくとも、これを越える生活費の増加がある場合にはそれも賠償の対象となると考えるべきであろう。日本弁護士連合会2011年8月17日意見書は、この点につき、生活費の増加分も含まれているとすればより高い金額が認められるべきとしつつ、「避難者の生活費増加については、すべてが精神的損害と一括されるのではなく、避難に伴い、家族や地域社会が分断されたために一人当たりつき1万円以上増加した携帯電話代や交通費などについては、『高額の生活費の増加』として、精神的損害とは別に賠償されるべき」とするが、別に請求可能な生活費増加損害は、これらの費目にとどまるものではないであろう。

14）除本理史「原子力損害賠償紛争審査会の指針で取り残された被害は何か」経営研究65巻1号（2014年）1頁。

15）原賠審における審議の過程でこの被害の問題が抜け落ちていったことはすでに指摘したが、避難慰謝料が健康不安を含まないことは、例えば、委員である大塚直も、「この精神的損害には、放射性物質の被曝による発病のおそれやその不安に関する損害は基本的には含まれていないと考える」としている（高橋滋・大塚直編『震災・原発事故と環境法』（民事法研究会、2013年）75頁）。

③の一部にも対応するものと考えられる。

それでは、②（と③の一部）に対応するものとして、指針の賠償額基準は合理性を持つのであろうか。この指針が交通事故における入院慰謝料、それも自賠責基準がもとになっていることはよく知られたところである。しかし、そもそも、本件のように、国の指示や原発の爆発、被曝に対する恐怖から10万人を越える避難者が発生した場合に、交通事故の基準を参照することに合理性があったのだろうか。この点の議論が原賠審の公式の議論では欠けていることはすでに指摘した。中島肇委員は、その著書で、指針が自賠責保険の傷害慰謝料の基準を参考にした理由として、それが、裁判例や赤い本と異なり、「基本補償」を目的とする社会保障システムとの混合システムであり、「主観的・個別的事情を捨象した客観的な性質の強いもの」として、「生活の阻害」に伴う精神的苦痛に類似するからだと説明している[17]。しかし、このような説明は審査会の中では語られておらず[18]、また、もしかりに指針の避難者慰謝料が自賠責保険の傷害慰謝料の基準を参考にしたのが中島のような理由からだとすれば、裁判であれ原発ADRであれ、自主交渉であれ、当該避難者の個別事情や賠償義務者の責任の程度や事故後の対応といった個別事情を考慮した増額を積極的に行うべきである[19]。

第二の問題は、避難にともなう精神的被害を「日常生活の阻害」として入院になぞらえたことが適切であったかどうかである。避難や避難所・仮設住宅等で避難者らが被りかつ被っている精神的被害は多様かつ深刻なものである。そのことは、各種調査でも示されているが、例えば、早稲田大学プロジェクトの浪江町調査は、避難にともなう「精神的苦痛は様々な要素が複合しており、個

16) なお、原賠審は第四次追補を定める際に、「長年住み慣れた住居及び地域が見通しのつかない長期間にわたって帰還不能になり、そこでの生活を断念を余儀なくされた精神的苦痛等」を一括賠償するものとして一括払いでの慰謝料の上乗せを決めた。しかし、これは、実態としては、帰還が困難と考えられる地域の避難者に対する避難慰謝料の一括払いであり、「ふるさとを失った」ことによる精神的損害に対する賠償ではない。この点は、本章6で、詳しく論じられる。

17) 中島・前掲注5）50頁以下。

18) 浦川・前掲注7）15頁は、「審査会の議事録に記載がない推測に基づく後付けの説明である」とする。

19) 潮見佳男は、もし中島の説明のように考えるとすれば、「同じ事件が裁判に持ち込まれた場合には、加害者の非難性を含めた主観的・個別的事情が斟酌されて慰謝料額が算定されるべきであるという『指針』を、中間指針等が示していることになる」（その結果、裁判による処理の方が慰謝料が増加することになる）のではないかとする（潮見・前掲注10）41頁。本書105頁も参照）。

別の類型の苦痛にのみ着目しては被害の総体やその大きさは正確には把握できない」、例えば、「仮設住宅での生活」「世帯の分離」「収支の悪化」「住環境の悪化」「健康被害」「高齢者の被害」「子供の被害」等はすべて関連し合っている。「精神的苦痛の中でこれらの各被害項目を相互に切り離し分類することは不可能である」としている（報告書28頁。この調査について詳しくは本書6章2参照）。また、辻内琢也が避難者に対し実施した調査によれば、原発事故避難者には心的外傷後ストレス症状の度合いが高く、6割前後（これは、阪神淡路大震災の被災者よりも、今回の東日本大震災の津波被災者よりもはるかに高い）がPTSDの可能性があるレベルであること、しかも、それが事故後時間が経ってもあまり減少していないことが明らかになっている[20]。さらに、被災後自死した避難者の遺族が東電に対し起こした損害賠償訴訟で福島地裁は2014年8月26日に自死と本件事故の因果関係を肯定し賠償を認める判決を下した（判時2237号78頁）が、判決は、自死にいたる状況について「自らが生まれ育ち、58年間余にわたって居住し、その間、小さいながらも密接な地域住民とのつながりを持ち、そこで家族を形成し、その家族の安住の地となった山木屋の地に居住し続けたいと願い、そこで農作物や花を育て、働き続けることを願っていたP_6〔自死した避難者〕にとって、このような生活の場を自らの意思によらずに突如失い、終期の見えない避難生活を余儀なくされたことによるストレスは、耐え難いものであったことが推認される」として、きわめて強いストレスがかかったことを指摘している。原賠審のいう「日常生活阻害」被害は、一体、このような被害のどの部分をカバーしうるものなのであろうか。これらの精神的被害を、入院にともなう「日常生活阻害」になぞらえたことの限界性はあきらかであろう。

第三に、かりに原賠審が、早期に和解のための最低限の基準として指針を定め、かつ、それを東電（やその背後にいる国）にも納得がいくものとするためにさしあたりの手がかりとして交通事故基準を使わなければならなかったのだとしても、その使い方には問題があり、東電の負担を少なくする方向でのご都合主義的との批判を免れない。この点は、浦川道太郎が的確に問題指摘を行っているが、それによれば[21]、（本件事故による避難生活が交通事故による入院と比較になるか

20)　辻内琢也「深刻さ続く原発被災者の精神的苦痛」『世界』2014年臨時増刊（『イチエフクライシス』）103頁以下。同論文104頁は、精神的苦痛に影響を与える社会的要因として、「生活費の心配」「仕事の喪失」「賠償問題の心配」「近隣関係の希薄化」などを挙げている。

という根本的問題は別にして）自賠責の傷害慰謝料自体に明確な根拠がない（これは、1964年の自賠責支払基準改定の際に1日700円と決められ、その後物価指数変動の中で4200円になったもので、当初の700円という金額の根拠は判明しない）。さらに、審査会は本件避難は入院のように行動の自由が制約されていないとして月12万6千円（4200円×30日）ではなく10万円としたが、自賠責の慰謝料は通院にも適用される（さらに、傷害慰謝料については入院待機期間や自宅療養期間も含まれると解される）。加えて問題なのは、自賠責基準を採用しながら、第2期以降の慰謝料を逓減していることである。自賠責基準は1日4200円に固定されており、逓減方式をとるのは（月額で35万円となる）赤い本の傷害慰謝料であり、「一方において低い慰謝料額であるゆえに逓減方式が採用されていない自賠責基準を金額として採用しながら、他方において1日単価を高くしたゆえに逓減方式を採用している赤い本を減額の根拠とすることは、著しく偏った妥当性に欠ける判断といわざるをえない」。

Ⅳ　おわりに

原賠審が早期に指針、特に、避難に伴う精神的損害の賠償として一人当たり月10万円の指針を出したことは、それが給付されることによって、避難者の生活がかろうじて支えられているという実態からみて、積極的な意義を有することは否定できない（このことは、逆に言えば、この対象外となった政府指示によらない、いわゆる「自主避難者」の苦難がいかに深刻なものであるかを物語っているが、この問題については本章7で検討する）。しかし、その指針が前述したような手続的・内容的な問題点を抱えるものであったこともまた、紛れもない事実である。だとすれば、この指針はあくまで当座の暫定的なもの、最低限の補償ととらえて利用すべきであった。したがって、原賠審としては、その後に明らかとなっていった被害の実態を正確に踏まえて再度基準のあり方を議論すべきであったし、また、これを金科玉条のごとく（あるいは、これを賠償の上限であるかのごとく）扱う東電の姿勢は厳しく批判されるべきである。また、裁判においても、この指針がもつ問題点や限界性を正確に認識した判断が（裁判官に）求められている。

21）　浦川・前掲注7）15頁。

さらに、もしかりに、この指針を一定の場面でおいて参照せざるを得ない場合であっても、これが、すべての避難者に最低限共通する部分の補償であることを踏まえて、個別の事情による増額を柔軟かつ大胆に行うべきである。この点で、原発ADRは、「総括基準」として、要介護状態にあること、身体または精神の障害があること、重度または中程度の持病があること、介護を恒常的に行っていたこと、懐妊中であること、乳幼児の世話を恒常的に行っていたこと、家族の離別・二重生活等が生じたこと、避難所の移動回数が多かったことなどの事情があり、通常の避難者と比べて精神的苦痛が大きい場合に増額することができるとし[22]、実際においてもこれらの事情から増額した事例が報告されている。このこと自体は評価すべきだが、もっと大胆な増額修正を行うべきではないか[23]。

この点から見て、浪江町の集団申立てをめぐるやりとりが参考になるので、最後にそれを見ておきたい。浪江町では避難町民らが原発ADRに慰謝料の増額を申し立てる集団申立てを行ったが、これに対し、原発ADRは、2014年3月20日に申立者全員に月額5万円を加算する和解案を提示した。申立人はこれを受諾することとしたが、東電はこれを拒否した。拒否の理由は、申立てで主張され仲介委員も重視した「帰還の目途も立っていない状況」「今後の生活再建や人生設計の見通しを立てることが困難」で「将来への不安が増幅していること」などは、他の帰還困難区域等の避難者にも共通しており、浪江町の避難者にのみ慰謝料を増額することは公平ではないという点と、「今後の生活再建や人生設計の見通しを立てることが困難」といった事情はすでに原賠審の指針における慰謝料基準においても考慮されているという点である。これに対し、原発ADRは、和解案提示理由補充書において、次のように述べて、増額が根拠のあるものであることを説明している。指針の10万円は、避難生活を送る人に特段の立証を要せずとも賠償される最低限のものであり、個別事情により加算することができるものである（現に、これまでも多数の事案で東電も応じてき

22）　野山宏「原子力損害賠償紛争解決センターにおける和解の仲介の実務4」判例時報2149号（2012年）3頁以下。

23）　原発ADRが指針の修正に慎重にならざるをえないことの理由に、このADRが原賠法に基づいて原賠審のもとに置かれていること、和解の仲介を行う機関であり、その調停案に当事者（東電）に対する拘束力がないといった制度的限界があることが指摘されている（小島・前掲注7）19頁等）。この点については本書第5章で検討される。

た）。仲介委員としては、申立人から提出された主張書面、疎明資料のみならず、二度にわたる口頭審理、浪江町の現地調査等から、「申立人らの長期化する避難生活の状況、及びそのような避難生活を強いられた中での個々の心理状態を理解し、さらに『帰還の目途も立っていない状況』の下で避難生活が長期化することにより、申立人ら各人が『今後の生活再建や人生設計の見通しを立てることが困難』となり、『将来への不安』が『増幅』しているとの確信を得た」。

このやりとりを、これまで検討してきた指針の慰謝料基準の問題点に照らし合わせるなら、どちらの言い分に合理性があるかは、自ずから明らかであろう。原発 ADR には一層の努力を期待するとともに、今後の訴訟において、被害の実態をしっかりと見据え、かつ、指針の限界や問題点を正確に押さえ、安易にそれに依拠しない判断が求められる。

（よしむら・りょういち　立命館大学教授）

3　原子力発電所の事故と居住目的の不動産に生じた損害
——物的損害の損害額算定に関する一考察[1)]

窪田充見

I　はじめに

福島第一原子力発電所の事故（以下、「福島原発事故」）による放射能汚染は、周辺の住民に大きな困難をもたらすことになったが、その中でも、帰還困難区域とされるエリアについては、現時点においても、そこでの生活を回復する見通しが立たない状況にある。このような帰還困難区域に住居としての不動産を有していた住民は、その所有する不動産について、どのような損害賠償を求めることができるのであろうか。

帰還困難区域に所在する不動産についてはさまざまな制度設計が考えられるが[2)]、かりに住民の所有権がそのまま維持されるとしても、実質的に利用できない状況にあり、そうした状況が解消される見込みのない家屋や土地については、いわゆる「全損」と評価することについては、損害賠償法の理論上もそれほど大きな障害はない。もっとも、その場合の全損とされた損害について賠償額はどのように算定されるのだろうか。本稿では、この点に対象を絞って検討を行う。

こうした福島原発事故による帰還困難区域内の居住不動産についての損害賠償額の算定を考える場合、基本的に、ふたつの問題があると考えられる。

1)　本稿は、法律時報86巻9号110頁に掲載した論文に若干の加筆修正を施したものである。

2)　制度設計としては、賠償義務者による買取りも考えられるだろう。その場合、賠償額の問題について本稿で論じた内容は、そのまま買取り価格をめぐる問題にスライドすることになる。

ひとつは、居住用の不動産という物損の損害賠償額算定をめぐる問題である。この問題自体は、福島原発事故に固有のものではなく、一般的な性格を有するものである。もっとも、物的損害についての検討は、基本的な概念を含めて議論が積み重ねられてきた人身損害に比べると、相対的に手薄であった。そして、多くの場合には、実務の蓄積があり、定型的な処理がほぼ完成している中古自動車に関する損害賠償額の評価が、そのひな形として想定されてきたように思われる。もちろん、物損として非常に件数が多く、定型的な処理の必要性も高い自動車が、典型例としての素材として扱われてきたことに、理由がないわけではない。しかし、そのことは、自動車についての物的損害の評価手法が、無条件に、他の物損についても妥当することを意味するものではないだろう。物的損害という点では共通するとしても、むしろ、居住用の不動産と自動車とを対比した場合、以下にみるように、両者には看過できない基本的な性格の相違が見出されるように思われる。居住用不動産と自動車との対比は、その点で、物的損害の賠償額算定について、基本的な問題を投げかけるものである。

もうひとつは、福島原発事故における居住用の不動産の損害の算定が、他の場合とは異なる特殊性を有するかという問題である。避難住民に現に生じている負担について、福島原発事故の特殊性があるとすれば、どのような点についてなのか、また、その特殊性は、ここで取り上げる損害賠償額算定にどのような影響を与えるのかについて、検討を行うことにしたい。

II 物的損害における全損評価と賠償額の関係 ——具体的な検討の前提として

まず、上記の問題を検討するうえで、物的損害についての全損評価と損害賠償額算定について、その基本的枠組みを確認しておく。

1 全損の意味と損害賠償額

全損という言葉は、損害賠償法において厳密に定義され、位置づけられているわけではないが、《対象とされる物が完全に失われた状況》(物理的全損)、または、《その効用を完全に失い本来の機能を果たさない状況》(経済的全損)を指すものと理解してよいだろう。特に後者の意味で、帰還困難区域に所在する居住用不動産については、住民がその所有権をなお維持するとしても、全損として評価することが適切である。

もっとも、このような全損という評価は、対象物について生じている被害の状況を指すものであり、不法行為法上は、権利侵害または損害事実説を前提とする場合の損害としての評価のレベルのものである[3)]。

したがって、全損という認定に続いて、こうした全損を金銭的にどのように評価するのかという問題、すなわち、損害の金銭的評価の問題あるいは損害額算定の問題が扱われることになり、それが実際上は最も重要な問題だということになる。

2　物品が滅失毀損した場合の損害賠償額――損害賠償額算定の位置づけ

物品に全損に相当する被害が生じた場合、その損害賠償額をどのように算定するのかという点については、以下に述べるように、理論的には、いくつかの方法が考えられる。

①交換価値（市場価値）に即した計算方法（交換価値アプローチ）

ひとつの考え方はその対象物が損害を受ける直前に有していた交換価値に着目して計算を行う方法である。すなわち、自動車を例にとれば、新品の状態であれば200万円の価値を有していたが、事故当時はすでに60万円の市場価値しかない中古車の場合には、その交換価値である60万円が損害額となる。

②利用価値に即した計算方法（利用価値アプローチ）

もうひとつの考え方として、その対象物が有していた利用価値に着目して計算を行うことも考えられる。すなわち、その対象物を利用することで、今後、どれだけの利益（あるいは支出の軽減）を実現することができたのかという点から、損害賠償額を算定するというアプローチである。自動車の場合であれば、その自動車を利用することでどのような利益を得ることができたのか、あるいは、公共の交通機関等を利用しないことで、どの程度の支出を節約することができたのかといった観点から、その損害額が算定されることになる。

---

3)　本稿においては、損害概念をめぐる議論には立ち入らない。以下の検討においては、差額説、損害事実説についても言及されるが、そのいずれをとった場合でも、そこで示された問題を検討することは可能であると考えている。

③原状回復に必要な費用に即した計算方法（原状回復費用アプローチ）

さらに、原状回復について必要とされる費用という観点から、損害額を計算するという方法も考えられるだろう。ただし、全損の場合のこのアプローチについては、若干の補足が必要である。中古車の一部が損傷した場合であれば、修理費用の損害賠償が認められ、そこでの修理費用とは、まさしくこうした原状回復費用にほかならない。目的物の一部毀損の場合には、交換価値（の逓減）、利用価値（の喪失や逓減）といった計算方法と並んで、修理費用という原状回復費用の観点からの算定方式が存在し、それが現実に用いられている。それでは、「修理」という概念がそのままでは適合しない全損の場合には、どのように考えるべきなのであろうか。これについては、原状回復という観点から、修理に代わるものとしての「再調達」が考えられるのであり、修理費用に相当するのが、全損における再調達費用であると考えることが可能であろう。

全損という物損についての計算方法は、上記に限定されるわけではなく、経済学的な視点からも、さらにさまざまなバリエーションを考えることは可能だろう。しかし、ここでは、基本的に考えられる上記のモデルに関して、今後の検討でも重要な意味を持つポイントとして、まず、以下のふたつの点を確認しておきたい。

第一に、①交換価値アプローチ、②利用価値アプローチ、あるいは、③原状回復費用アプローチのいずれが適切な損害額算定の手法なのかという問題は、一般的な不法行為法理論、損害賠償法の理論から、自明のものとして、その答えが当然に導かれるものではないということである[4)]。

損害賠償法における損害概念や損害額算定をめぐる問題はきわめて錯綜しているが、そのうちの特殊な理論を採用しなければ、②や③のような方式は導かれないわけではない。現在のいかなる理論を前提としても、②③等、交換価値に即した計算方法以外の方式による計算も排除されているわけではなく、また、これら相互は常に排他的な関係にあるわけでもない。

一般的には、中古自動車の全損事故の場合には、①の交換価値アプローチが一般的なものとされているが、一部損傷の場合には、むしろ③の修理費用が計

4） 窪田充見「損害賠償法の今日的課題——損害概念と損害額算定をめぐる問題を中心に」司法研修所論集120巻（2011年）1頁参照。

算方式としては原則とされるのであり、物的損害については、交換価値アプローチしか論理的な選択肢として存在していないというわけではない。さらに、③によって修理費用の賠償を認めつつ、①によって修理されてもなお完全には回復されない交換価値の逓減について、その賠償を認めるというように、複数の手法を組み合わせて被害者に生じた損害を賠償することも理論的には考えられる。

第二に、上記の点とも重なるが、このいずれのアプローチも、現在の判例実務が維持しているとされている差額説（ないしは差額説的な損害額計算）とは牴触していないという点である。これについては、特に確認が必要であろう。すでに触れたように、不法行為法における損害論は非常に錯綜しており、さまざまな見解が主張されているが、そうした議論状況にもかかわらず、判例や実務は確固として差額説を維持してきたという評価は、現在でも一般的である[5)]。しかし、この問題に関していえば、①②③のいずれのアプローチも、そうした差額による損害理解あるいは差額説的な損害額算定と矛盾しているわけではない。

すなわち、①の交換価値アプローチは、「不法行為がなかったとすればあったであろう状態」（中古の自動車を保有している状態）と現実の状態（その自動車を失った状態）とを対比し、両者の差異（現在における財産状態の差額）を当該中古車の交換価値で計算するものであり、差額説的な観点からの説明が可能である。

しかし、まったく同様に、不法行為がなかったとすれば、その中古車を利用し、そこから利益を得る、あるいは、支出を節約するという状態を観念し、それと車を失ったために、そうした利用ができなくなったという現実の状況を比較するという意味で、②の利用価値アプローチも、差額説の観点からの説明が可能であろう。少し意外な印象を与えるかもしれないが、人身損害における逸失利益の計算とは、不法行為がなかったとすれば得られたであろう収入等と現

---

5)　筆者自身は、本当に、差額説がわが国の不法行為法理論において通説だったのか、また、現在でもそうなのかという点については疑問を有している。差額説が通説だと説明される場合においても、そこでは損害概念の問題だということを十分に意識して差額説がなお通説だとしているのか、損害額の算定手法として差額説的な手法が現在でも用いられているということを指摘するにすぎないのか、混然としているように思われる。また、そうした説明の多くにおいて、もっぱら人身損害における逸失利益（による計算）が想定されているように思われる。差額説の対象が限定的なものであり、また、差額説に対する判例のスタンスも変化してきたのではないかという点については、窪田充見「損害概念の変遷――判例における最近10年間の展開」『交通賠償論の新次元（財団法人日弁連交通事故紛争処理センター設立40周年記念論文集）』（判例タイムズ社、2007年）75頁以下参照。

実の状況とを対比するという意味で、そうしたアプローチにほかならないのである。だからこそ、逸失利益という人身損害の理解に対しては、収入を生み出す機械として人間を理解するものだという批判がなされたのである[6)]。しかし、逸失利益による賠償額算定は現在でも維持されているし、それは、判例が差額説をとっていることについての最も典型的な証左として常に挙げられてきたのである。その点で、②の利用価値アプローチが、差額説と矛盾するものではないことは明らかである。

さらに、③の原状回復費用に即した計算方法も、不法行為によって生じた現実の状況と仮定的な状況とを対比し、そのあるべき仮定的状況に回復をさせるという意味で、差額説的な損害理解と矛盾していない[7)]。物的損害についての修理費用だけではなく、人身損害における治療費等の積極損害は、まさしくこうした原状回復費用の観点から理解されるのである。治療費の場合、差額説との関係が特に意識されることはないが、差額説との関係で矛盾がないものであるからこそ、一般的に承認されてきたのであり、かつ、損害額算定についてのひとつの問題である被害者に不当に過度の利益を与えないという観点からも、むしろ原則として問題のないものであるとして、実際に必要とされた費用が、賠償額算定の基礎とされているのである[8)]。

6) いわゆる西原理論。西原道雄「幼児の死亡・傷害と損害賠償」判例評論75号（判例時報389号）（1964年）11頁、同「損害賠償額の法理」ジュリスト381号（1967年）152頁等。

7) 本文においては、原状回復費用の賠償は差額説と矛盾しないとしたが、これはわが国における損害論の説明で、財産的損害については差額説から出発していることとの関係で、そのように述べたものである。これについて若干の補足が必要であろう。すなわち、わが国における差額説に強い影響を与えたのはドイツ法であるが、ドイツ民法においては、そもそも、原状回復の原則が採用されており（ドイツ民法249条）、そうした原状回復が不可能な場合に、金銭賠償がなされるというしくみが採用されている。その損害賠償において、原状回復をバーチャルに実現するものとして考え出されたのが、差額説であった。その点では、差額説を前提としても、原状回復費用はそれと矛盾しないというより、少なくとも、ドイツ法の枠組みにおいては、原状回復を前提として、差額説はそれと矛盾しない、あるいは、それを次善の手段として実現するものだという位置づけになる。金銭賠償の原則を採用するわが国においては、前提において異なるところはあるが、そこでも損害賠償として実現されるのが原状回復であるという点は共通している。従来の不法行為法の伝統的立場においても原状回復の意義が強調されてきたのは、そのようなコンテクストで理解されるべきものである（加藤一郎「日本不法行為リステイトメント⑧損害賠償の方法」ジュリスト886号〔1987年〕86頁等）。

8) こうした原状回復が損害賠償において特異なものではなく、むしろ原則として位置づけられ得るということについては、物損における対象物の一部損傷の場合において、まず、修理費用が賠償額算定の出発点とされていることからも理解されるだろう。そこでは、③の原状回復に必要とされる費用としての修理費用が賠償額算定の基礎とされているのである。

以上のように、①②③の賠償額算定のアプローチは、現在の損害賠償法の理論において、いずれも一定の権利侵害、損害事実に対する金銭的な評価方法として許容されており、かつ、現在もすでに採用されているのだと理解できるということは、ここでの問題を考えるうえでも出発点となる。

Ⅲ　居住用不動産についての損害賠償額算定
——中古自動車の損害と居住目的の家屋についての損害の対比

以上のとおり、物的損害の賠償額を算定するに際しては複数のアプローチが考えられるのであり、そのいずれかが唯一の答えとして存在しているわけではない。しかし、そのような複数の方法の中、現に、一定のアプローチがもっぱら用いられているということも確かである。特に、中古車の全損事故については、原則として、交換価値アプローチが採用されている。このように交換価値アプローチが物的損害の賠償額算定に関する原則的手法なのだとすれば、帰還困難区域に所在する居住用不動産についても、同様に扱われることになる。

実際、原子力損害賠償紛争審査会（以下、「原賠審」）が当初示した賠償額算定手法は、そうしたものであった。すなわち、同中間指針第二次追補（平成24年3月16日）は、以下のように、帰還困難区域における不動産については全損であると評価するとともに、原発事故発生の直前を基準時とする交換価値アプローチを採用していたのである。

> 原賠審中間指針第二次追補「第2の4　財物価値の喪失又は減少」
> （指針）
> Ⅰ）　帰還困難区域内の不動産に係る財物価値については、本件事故発生直前の価値を基準として本件事故により100パーセント減少（全損）したものと推認することができるものとする。（※傍点筆者）

ここで「本件事故直前の価値を基準」としているのは、まさしく事故時点での交換価値を基準とするアプローチだと理解される。その点で、上記の第二次追補は、複数の損害算定手法の中から、交換価値アプローチを採用したということになる。このことは、その手法が不法行為法の理論上も一定の正当化が可能であるということを意味するのと同時に、他の手法は考えられないのか、また、他の方法ではなく、なぜ交換価値アプローチなのかを問いかけることになる。

もっとも、帰還困難区域における居住用不動産についての賠償額算定について、このような交換価値アプローチが適当ではない、あるいは十分ではないと主張するのであれば、理論的に、複数の損害賠償額算定のアプローチによることも可能であるということを示すだけでは十分ではない。そうした複数の選択肢の中で、少なくとも特定の場面では一般的に用いられている交換価値アプローチが、なぜ、本件のような場合には適さないのかを積極的に説明する必要があるだろう。

以下では、交換価値による計算方法がほぼ確立していると考えられる中古自動車の全損の場合と、帰還困難区域における居住用不動産の場合とを対比しながら、そこではどのような相違があるのかを検討することにしよう。

1　中古自動車の全損における交換価値による賠償額算定の実質的な妥当性

まず自動車の全損についても、理論的にいえば、交換価値アプローチだけではなく、利用価値アプローチや、再調達価格に焦点を当てた原状回復費用アプローチも、当然に排除されているわけではない。しかし、実際には、判例や保険実務において、交換価値アプローチが原則とされていることについては、いくつかの理由があるように思われる。

第一に、自動車の交換価値、すなわち市場価値は、容易に確定できるが、その利用価値を厳密に算定するということは非常に困難である。人身損害の場合であっても、(利用価値アプローチに相当する) 逸失利益の計算については、「控え目な算定」が重要視されるように[9)]、被害者に過剰な利益を与えないという観点からの慎重な計算がなされている。それに照らせば、自動車の利用価値等を計算するということは容易ではなく、実質的にも、そうした方式を積極的に採用する意義は乏しい(現在の逸失利益に関する控え目な算定に照らして、利用価値の計算により認定される額が、交換価値、市場価値を上回るという事態は、特段の事情がない限り、考えにくいように思われる)。また、原状回復に必要な費用という観点からは、

9)　最判昭和39・6・24民集18巻5号874頁。

全損の場合、すでに述べたように再調達費用となるが、市場が確立している中古自動車の場合には、その再調達費用は、原則として、中古車の交換価値、市場価値と一致するのであり、あえて原状回復に即した計算方式を採用しなければならない必要性もない（その点で、交換価値、市場価値の逓減と、原状回復費用としての修理費用とが一致しない中古車の一部損傷の場合とは状況が異なる）。

第二に、自動車の利用期間が、数年からせいぜい10数年程度であり、車を買い換えるということは、一般の自動車の所有者にとっては通常のことだということも指摘できるだろう。すなわち、あと3年は乗れたはずの車について、現時点で買い換えが必要となったというのは、一定の範囲での自己決定の侵害（予想したより早い時点での買い換えが求められた）が認められるとしても、それは深刻なものではない。3年後には、その時点での中古車の交換価値、市場価値を前提として、下取りに出す等して、新規に、新車なり中古車なりを購入するというだけであり、いずれかの時点での当該自動車の交換価値、市場価値を前提とした経済行動をなすことが一般的なのである。その点でも、全損事故時の中古車の交換価値、市場価値を前提として、損害額を算定するということは、一定の合理性を有すると考えられる。

第三に、自動車については、広範な中古市場が存在し、かつ、自動車がきわめて代替性の高い性質を有するという点も、交換価値、市場価値を前提とした計算方法の正当性を補強している。すなわち、自動車については、たとえば、福島県で利用する自動車を、北海道や兵庫県の中古車販売業者を通じて購入するということも可能であり、場所的な制約を受けるものではない。そして、いずれの市場から調達した自動車であっても、代替性という点においては異なるところはないのである。

中古自動車については、さらに、その特殊性を挙げることも可能であろうが、少なくとも、上記の3点に照らしても、一定の特殊性を有する対象物だということは確認されるし、《中古車の全損については、当該車両が事故直前に有していた市場価値、交換価値に基づいて計算される》という一般的な命題も、このような自動車の特殊性をふまえて正当化され、一般的に運用されているのだと理解すべきであろう。

2　居住用家屋の全損被害における自動車との相違

以上、中古自動車の全損に関して述べてきたことは、まさしく居住目的の不動産の全損との相違を浮かび上がらせることになる。すなわち、その基本的な性質として、居住用不動産の場合、上記のような特色を有する中古自動車とは、少なくとも、以下の点で大きく異なると考えられるからである。

①再調達の必要性

まず、自動車の場合、商業目的等の特段の事情がない限り、日常生活におけるその必要性は限定されたものであり、（地域によって事情が異なるとしても）代替的な交通手段もある。その点では、自動車の場合、全損被害が生じた場合、自動車の保有を放棄するという選択も考えられるはずである。このことは、計算方法との関係でいえば、再調達の費用に即した計算方法を採用することに対して消極的に働く（ただし、上述のように、自動車の場合、交換価値による計算方法と、再調達費用に即した計算方法とは基本的に一致するために、この点をめぐる問題は顕在化しない）。他方、居住用不動産については、何らかの形での住居は必要であり、そこでの再調達の必要性は、自動車に比べてはるかに高いものである[10)]。そのため、再調達の費用に即した計算方法は、自動車の場合に比べて、より重要視されるべきものとなる。特に、自動車の場合と異なり、交換価値、市場価値による計算方法と、再調達の費用に即した計算方法が大きく異なるとすれば、その点は、重要な実践的意義を有することになる。

②再調達の困難さ

上記の点とも関連するが、自動車の場合と大きく異なるのが、再調達の困難さである。すでに述べたように、自動車において中古車市場が広く存在し、容易に相当する価値の自動車（代替性の高い中古車）を調達することが可能であるのに対して、不動産については、中古市場自体が、中古自動車に比較すると、

---

10)　居住のための生活空間が必要だという点で、保有しないという選択があり得る自動車の場合とは決定的に異なる。ただし、そのうえで、居住用空間が必要とされるとしても、そのためには不動産を賃借するという選択肢があるのではないかという疑問が提起されるかもしれない。この点については、従前、家屋を所有していた者に対して賃借という選択を強要することができるのかという問題があるほか、将来にわたる賃料の負担（所有していた家屋が利用可能であった期間の賃貸料）を考慮するのであれば、それは再調達価格アプローチによって計算されるものを下回るわけではないということで説明が可能だと思われる。

はるかに限定されている。その点で、「同程度の中古の家屋」を調達するということ自体、非常に困難である。

さらに、居住用家屋の場合、それが生活と密着したものであるために、単に家屋や土地の品質や一般的な利便性だけが同じであるとしても、再調達の対象とはなり得ない場合も少なくない。前述の例で、兵庫県において調達した同程度の中古自動車を購入し、福島県において利用するということは可能であっても、兵庫県における同程度の中古の家屋を調達することは、福島県に居住し、あるいは、地元の職場に勤務する者にとってはまったく意味を有さず、それは、そもそも再調達の対象とはなり得ないものである。

このように居住用家屋は、その代替性の低さ、さらに生活と関連して生ずる限定性によって、二重に、再調達が容易ではないのである。このことは、中古車の場合と異なり、交換価値と再調達価格が一致するという観点からの説明（交換価値の賠償によって、再調達をめぐる問題も解消される）を困難とし、再調達それ自体に焦点を当てた分析を必要とすることを意味している。

③買い換えを前提としない居住用家屋

さらに、自動車の場合、すでに述べたように、期間の長短についてはそれぞれであったとしても、いずれかの時点では、その買い換えが予定されているのが通常だと考えられる。そして、その点が、前述のように、交換価値アプローチによることのひとつの有力な基礎づけとなっている。他方、自らが居住するための家屋については、結果的に、買い換え等の事態が生ずるとしても、一般的に、そうしたことがあらかじめ想定されているわけではない。むしろ、自動車とは異なり、居住用の不動産の購入に際しては、いわゆる「終の棲家」として購入されることの方が多いだろう。すなわち、これを前提とすれば、従前の住宅用不動産が帰還困難区域に所在するために、買い換えを余儀なくされるというのは、単に、予定していたより早い時点でそれを求められるというようなものではなく、まさしく本件事故さえなければ不要であった買い換えを求めることになるという点で、自動車の場合とは決定的に異なる負担を被害者に求めるものなのである[11]。

11）　窪田充見『不法行為法──民法を学ぶ』（有斐閣、2007年）356頁が、「滅失前の交換価値で常に算定するということは、不法行為によって、被害者は、その物の市場における交換を強制されることを意味する」とするのも、この点に関わるものである。

自動車に対比しての居住用家屋の特質は、以上の点に限られるものではなく、さらに、居住用家屋がコミュニティの一部としての意義を有する等、重要な特質が考慮されなければならないと思われるが[12]、少なくとも、上記の点だけでも、交換価値アプローチによる賠償額算定を正当化する前提条件が欠けているということは指摘することができるであろう。

そして、そこで認められる居住用不動産の特殊性は、むしろ原状回復費用アプローチとしての再調達に焦点を当てるべきだという方向を示すのである。原状回復は、不法行為法の基本的理念なのであることに照らしても[13]、このような考え方は、十分に合理性のあるものだと考えられる。

Ⅳ　福島原発事故における特殊性と損害賠償額の算定をめぐる問題
――広域災害によって生じた居住用建物の再取得に伴う困難

以上の検討は、基本的には、居住用不動産一般について妥当するものである。しかし、福島原発事故における帰還困難区域の居住用不動産に関しては、さらに、それにとどまらない特殊性が認められるのではないだろうか。特に、本件事故における被害が非常に広範囲にわたっており、そのこと自体が、原状回復の費用（再取得の費用）を高めることにつながっているという点である。

すなわち、第一に、本件においては、広範囲に居住不可能な状況が生じたために、その周辺地域の適地の不動産価格が上昇していく可能性が高く、また、現に上昇しているという状況があり、福島原発事故以前の交換価値を前提とする賠償額によっては、同程度の不動産を取得するのは困難であるという状況が生じている。

第二に、損害賠償、補償という観点からはより重要な点として、上記の第一の事態が、損害賠償や補償を基礎づける事態それ自体によって、すなわち福島原発の事故によって生じているということである。すなわち、居住用家屋が全損と評価される事態とは無関係な事情によって、たとえば、バブル経済によっ

12)　原発事故によって避難している者の非財産的損害に関わる。もっとも、こうした損害で問題となるのは、帰還困難区域に居住用不動産を所有していたか否かではなく、そこに居住していたかどうかである。なお、こうした非財産的損害については、除本理史・本書第3章6も参照。
13)　前注7）参照。

て不動産価格が上昇したわけではない。原発事故それ自体によって広範囲にわたる地域が居住不可能となったために、それにともなって、その周辺の不動産価格が上昇しているのである。居住用家屋が、勤務先等、生活空間との密接な関わりを有するものである以上、できるだけ近くに住みたいというニーズは当然のものであり、法的にも保護されるべきものである。そうだとすると、居住用不動産について全損と評価される事態をもたらしたことについて責任を負担すべき者は、まさしく、その同一の原因によって生じた不動産価格の上昇についても、そのリスクを負担すべきだと考えられるのではないだろうか。

第三に、やや補足的に、こうした値上がりの有する意味について確認しておく。全損が生じた直前の交換価値や市場価値に即した計算方法に対して、原状回復に必要とされる費用に即した計算方法を採用することに対して消極的な見方のひとつに、被害者に不当な利益を与えることに対する抑制があることが考えられる。しかし、この場合、値上がりは、単に、広範囲にわたる被害をもたらした事故の結果によるものであり、少なくとも、その値上がり部分については、その不動産の有する客観的価値や効用が高まったわけではない。その点で、事故直前に2000万円の評価額だった居住用不動産の所有者が、同程度の不動産を再取得する際に3000万円を要したとしても、そこでの1000万円の差額は、当該不動産の客観的価値や効用によって裏づけられたものではないのである。これをもって、それによる賠償が、賠償権利者に1000万円の不当な利益を与えるといった評価をすべきではないものと思われる。

V　おわりに
――帰還困難区域の居住用不動産の特殊性をふまえた賠償額算定

ごく概略的な検討にとどまるものであるが、以上をふまえて、原発事故による帰還困難区域の居住用不動産についての損害賠償額算定について整理しておくことにしよう。

1　原状回復を目的とする損害賠償の機能と賠償額算定方法の選択

すでに述べたように、再調達費用に即した損害賠償額の算定は、従来判例が採用してきているとされる差額説と矛盾するものではない。むしろ、損害賠償の機能は、発生した損害について原状回復を実現するところにあるのであり、差額説による損害理解、損害額算定は、そうした本来の損害賠償の機能を実現するためのものにすぎない[14)]。「原状回復」という言葉が用いられるのは、通常は、金銭賠償と対比し、具体的な原状回復措置を認めるか否かという文脈においてであるが、そうした問題についてどのように考えるのかということとは別に、損害賠償それ自体が原状回復を基本的な目的とするものであり、損害賠償の基本的な理念として位置づけられるということについては、伝統的な不法行為法理論を含めて、共有されてきたのである[15)]。

他方で、物的損害について典型的な例としてイメージされてきた中古車の全損における交換価値アプローチは、上記の検討にみるように、中古車という属性に照らして正当化されてきたにすぎないのである。

このように、損害賠償の基本的な機能が原状回復にあるということに照らせば、前提がまったく異なる中古車の賠償の方式を援用し、原状回復（再調達）が不可能なまま放置するということは、損害賠償という観点からは正当化されるものではない。従来の判例においても、帰責事由によって責任が基礎づけられるわけではない補償の場合ですら、そうした一定の配慮がなされてきているのであり[16)]、交換価値、市場価値の賠償が原状回復を基礎づけるに足りない本件のような場合には、原則に立ち返って、再調達の費用を出発点とする賠償を考えることが適切あるいは必要だと考えられる。

2　再調達費用に即した具体的な計算方法

もっとも、原状回復費用アプローチを採用するとしても、そこで再調達に必要とされる費用をどのように算定するかという問題は残る。これについては、いくつかの算定方法が考えられる。たとえば、抽象的計算方法と具体的な費用を前提とする具体的計算方法の両方が考えられるであろう。

①抽象的計算方法

賠償額算定の基礎とされるべき再調達価格（相当な再調達価格）を抽象的に計

14)　前注7）参照。
15)　前注7）に挙げた文献のほか、四宮和夫『不法行為』（青林書院、1983年、1985年）478頁。
16)　土地収用補償金に関する最判昭和48・10・18民集27巻9号1210頁等。

算するということは容易ではないが、たとえば、被害者の居住区域に比較的近い居住可能エリアにおいて同程度の不動産を調達するために必要とされる平均的な費用を基礎として計算すること等が考えられる。

②具体的計算方法

他方、実際に再調達にかかった費用を前提として計算するということも考えられる。もっとも、そこで賠償されるのは、あくまで同程度の居住用不動産の再調達価格であって、現実に再調達された不動産が、従前のものより広かったり、高品質であったりした場合にも、それらの全部が賠償額として認められるわけではない。その点では、この具体的計算方法においても、一定の規範的な評価が介入せざるを得ない。

再調達費用が、原状回復費用アプローチの枠組みの中で認められるものであり、人身損害であれば、治療費等の積極損害に相当するものであると理解するならば、②の具体的計算方法が原則となると考えられる。特に、再調達費用の賠償を原則とする考え方が、実際に居住していた地域ないしその近隣に居住するといった必要性をふまえてものであるとすれば、②の具体的計算方法が、この点に関する疑義を生じさせないものといえる（たとえば、原発事故による周辺土地の値上がりを前提に賠償額を算定し、その金額で、事故とは無関係な土地を購入するという場合には、再調達費用の妥当性が問題となる[17]）。

なお、原賠審は、すでに言及した交換価値アプローチを示した中間指針第二次追補における判断に加えて、その後、同四次追補（平成25年12月26日）において「住宅確保に係る損害」に関する指針を示している。

（指針）

Ⅰ）……従前の住居が持ち家であった者が、移住又は長期避難（以下「移住等」

17)　この点については、法律時報86巻9号110頁の拙稿とは若干ニュアンスを変更している。ただし、②のみの可能性を認め、現実に再調達していない以上、その費用を認めないということになると、まずは再調達をする資金を有する被害者についてのみ、その賠償が認められるということになる。②に該当するような不動産を再調達しようとしている場合に、その費用が認められるとするためには、②による賠償が認められるということを確実なものとし（被害者がどのように行動するかを決定する前提となる）、かつ、再調達に先立つ賠償を可能とすることが必要だと思われる。後者の点で、①の可能性は維持しておくべきであろう。それは、人身損害における将来の積極損害（将来の介護費用等）の賠償を現時点で認めるという考え方に相応する。

という。）のために負担した以下の費用は賠償すべき損害と認められる。
①　住宅（建物で居住部分に限る。）取得のために実際に発生した費用（ただし、③に掲げる費用を除く。以下同じ。）と本件事故時に所有し居住していた住宅の事故前価値（第二次追補第２の４の財物価値をいう。以下同じ。）との差額であって、事故前価値と当該住宅の新築時点相当の価値との差額の75％を超えない額
②　宅地（居住部分に限る。以下同じ。）取得のために実際に発生した費用（ただし、③に掲げる費用を除く。）と事故時に所有していた宅地の事故前価値（第二次追補第２の４の財物価値をいう。以下同じ。）との差額。ただし、所有していた宅地面積が400 m^2 以上の場合には当該宅地の400 m^2 相当分の価値を所有していた宅地の事故前価値とし、取得した宅地面積が福島県都市部の平均宅地面積以上である場合には福島県都市部の平均宅地面積（ただし、所有していた宅地面積がこれより小さい場合は所有していた宅地面積）を取得した宅地面積とし、取得した宅地価格が高額な場合には福島県都市部の平均宅地面積（ただし、所有していた宅地面積がこれより小さい場合は所有していた宅地面積）に福島県都市部の平均宅地単価を乗じた額を取得した宅地価格として算定する。

上記の内容は必ずしもわかりやすい内容ではないが（わかりにくい理由については、後述する）、このような第四次追補における「住宅確保に係る損害」に関する指針については、以下のように評価することができるだろう。

第一に、このような第四次追補の指針は、第二次追補の指針とセットになることで、まさしく帰還困難区域の居住用不動産について生じた損害について、原状回復費用アプローチを認め、上記の具体的計算方法を採用するものだと評価することができる。すなわち、第二次追補で、旧不動産の交換価値が賠償の対象とされ、さらに、第四次追補で、それと再調達した不動産との差額を賠償の対象とすることで、結果的に、再調達不動産の価格が賠償の基準とされているのである。また、「事故前価値と当該住宅の新築時点相当の価値との差額の75％を超えない額」等は、上記の具体的計算方法においても考えられる規範的な修正として位置づけることができるだろう。その点では、こうした計算方法は、一定の合理性を有するものであり、少なくとも、居住用不動産の特殊性を考慮していなかった第二次指針の計算方法より合理的なものだと評価することができる。ただし、ここで示された規範的修正が十分に合理的なものであるのかについては、なお議論の余地があるように思われる。

第二に、第二次追補と第四次追補との関係である。第四次追補は、上記のように実質的には具体的計算方法による原状回復費用アプローチを採用したものだと理解されるが、それは第二次追補による賠償額との差額を認めるという形になっているために、必ずしもわかりやすいものではない。しかし、このようなわかりにくさの背景には、第四次追補に示された算定方法は、第二次追補に示された算定方法に置き換わるものではなく、あくまで、第二次追補は維持されるとしたうえで、それを追加、補充するものとして位置づけられているからである。つまり、第二次追補は、不動産一般に関する基準として機能し、第四次追補は、不動産の中でも、居住用不動産に限ってのルールを示したものなのである。その結果、居住用不動産以外については、なお交換価値アプローチが維持されることになる。

筆者自身は、このような判断枠組みは、一定の合理性を有していると考えている。たとえば、純粋に資産としての価値しか有していなかった不動産、あるいは生活基盤としての再調達の必要性が大きくはない不動産（たとえば、別荘としての不動産）が帰還困難区域にあり、それが全損評価を受けたとしても、それについて、事故直前の市場価値によって賠償額を算定するということには、一定の合理性があるものと思われるからである（事故直前に2000万円の市場価値であった資産を、事故によって失ったにすぎない）。

おそらくより難しい問題が生ずるのは、従前の不動産が居住目的ではないが、現実に利用されていた場合、たとえば農業や商業等を営む施設として利用されていた場合であろう。これについては、居住用不動産と何が異なるのか、むしろ原状回復アプローチがなじむのではないかという考え方もあり得るだろう。しかし、他方で、それらについては不動産の賠償としてではなく、事業損害という観点からアプローチすることが適切ではないかとも考えられる。これについては、そうした問題があることを指摘するにとどめ、最終的な判断については留保させて頂きたい。

（くぼた・あつみ　神戸大学教授）

4 福島原発爆発事故による営業損害（間接損害）の賠償について

吉田邦彦

I 本稿の考察の構成・要領

2011年3月の東北大震災（東日本大震災）による福島第一原発の爆発事故で、多くの近隣住民・事業の退避・休業が余儀なくされ、それに関わる取引上の営業損害の賠償請求が問題とされる（実際の提訴事例では、南相馬市・富岡町などにおける病院、特養、グループホーム、老人保健施設との間でシーツ・寝具などに関わるクリーニング契約に関する損害などが問われる）。それとの関係で問題とされるのは、同年8月に原子力損害賠償紛争審査会から出された、「東京電力株式会社福島第一、第二原子力発電所事故による原子力損害の範囲の判定等に関する中間指針」とくに「第8いわゆる間接被害について」に基づく、東電による賠償否定の判断があり、その可否が問われなければならない。

筆者は、かねて債権侵害の一類型として、「間接損害（間接被害者）の賠償」問題の研究をしてきたが[1)]、原発事故損害の処理分析に際しては、第一に、「間接損害」問題については、比較法的にどのように議論が分岐して、わが国はどういう立場をとるのかという点（背景問題）、第二に、従来の「間接損害ないし間接被害者」問題と《原発被害（放射能被害）としての営業損害》（以下、本問題という）は、どのように異なるのか、この点で、前記中間指針（これは営業損害訴訟で裁判

1） 吉田邦彦『債権侵害論再考』（有斐閣、1991年）646頁以下、さらにその後の状況については、同「企業損害（間接損害）」民法判例百選Ⅱ（債権）（6版）（有斐閣、2009年）178-179頁（さらに、同（7版）（有斐閣、2015年）192-193頁）、同『債権総論講義録』（信山社、2012年）96-98頁など参照。

規範となるものではなかろうが、参考資料とはされるであろう）についての評価も併せて論じたい。第三に、それに関連して、中間指針でも十分に扱われていないこととして、本問題の特色との関係で、どのようにアプローチしていくべきかにも考究を進めたい。

Ⅱ　「間接損害」論の比較法的位置づけ

1　本問題は「間接損害」なのか？

本問題は冒頭に述べたように、原発爆発事故による放射能被害で、近隣住民が居住できなくなり、それに伴い生じている取引損害（契約損害）についての賠償請求であり、欧米で「（純粋）経済的損害」（economic loss; primärer Vermögenschaden）と言われるもので[2)]、被害者にしてみれば、必ずしも「間接的」というわけではない（比較法的にそういう捉え方をするのは、基本的に直接被害者に請求権者を絞っているドイツ法である）。しかしこの点を議論してみても、必ずしも、あまり生産的でもなくここでは、ドイツ法的に、放射能被害で退避させられる住民（ないし事業休止させられる企業）と契約を結び、取引上の損害（営業損害）を受ける被害者を「間接被害者」と捉えうるが、だからと言って、それゆえにア・プ

---

2)　この点は、吉田・前掲注1）388頁以下、能見善久「経済的利益の保護と不法行為法（純粋経済損失の問題を中心として）」広中俊雄・星野英一編『民法典の百年Ⅰ（全般的考察）』（有斐閣、1998年）参照。

なお用語の整理をすると、「経済的損害（経済的損失）」概念は、いわゆるアクイリア損害である「物理的損害（physical loss; physical damage）」である人損（人的損害）（Personenschaden）・物損（物的損害）（Sachschaden）と対置して用いられるものである。この点で、「中間指針」は、従来の用法の「物損」「物被害」について、《財物価値の喪失・減少》という言い方をする（「第3・10」参照）（近時、「財物」なる言葉を民法上使い始められたのは、瀬川信久「民法709条（不法行為の一般的成立要件）」星野英一・広中俊雄編『民法典の百年第3巻――個別的観察(2)債権編』（有斐閣、1998年）569頁以下あたりからであろうか）。しかし、広辞苑では、「財物」は、「主に刑法上用いられ、窃盗・強盗・詐欺など財産犯の客体となるもの」とされており、私は近時この用語の多用を見るにつけ、三ヶ月章博士の民事訴訟法の講義（1980年頃）で、民刑事での用語の相違に留意せよとされ、その例として、①「被告」と「被告人」、②「口頭弁論」と「公判」の民刑事の用語の相違とともに、③「財物」は刑事法の概念（そこには「財産上の利益」と区別する刑事法的文脈での限定的意味合いがある）と習ったことを思い出さざるをえない（それゆえに、前掲書でも意識的に財物なる用語は避けていた）。従って、民事法上、従来の「物損」概念との対比で、「財物被害」なる用語を敢えて用いる（従来とは異なる）法技術的意味が積極的に認められない限り（その立証責任は、従来の用法をシフトされようとする側にあろう）、やはり今尚三ヶ月博士のレッスンに従い、この用語を用いることはしないことにする。

リオリに副次的に扱ってよいものではない（中間指針は、避難したものとそうでないものとで、営業損害の賠償で区別するふしもあるが（同「第3の7」参照）、そのような営業損害賠償の区別も一種のドグマである）ことは初めに確認しておきたい。

2　比較法的相違——わが国はフランス式

そしてこの点は、比較法的に分岐していることも拙著に述べたとおりである。すなわち、賠償の認め具合の広狭は、限定的な方から、独・英米・仏と位置づけられて、ドイツ法が「反射損害」と言われるもの（中間指針で、「肩代わり損害」などとして議論されていること。直接被害者の損害に類比できるもの）に原則として賠償を限定し、取引損害は、ドイツ民法826条の故意の良俗違反の規定によるのに対して、最も規定上柔軟なのは、フランス不法行為（フ民法1382条）（過失不法行為の一般規定）であり、基本的に「因果関係」の問題として、間接損害なるがゆえに、責任を排除するという構造を持っていない。この中間として英米法では、物理的損害（例えば、瑕疵ある欠陥住宅の場合）がある場合に、それに付随させて、経済的損害の賠償も認めるという立場である。

こうした比較法的な見取り図の中で、わが国の不法行為法（民法709条）はフランス式なのであり、因果関係問題によるチェックがあるだけで、ドイツのように間接損害ないし経済損失という損害論からア・プリオリに賠償を排除するという構造にはなっていない。民法416条の契約責任に関する「損害賠償の範囲」についての規定が不法行為に類推されるかについては、多くの議論があり、議論は帰一していないが、仮に判例・通説の立場に立ち、民法416条（「相当因果関係」論）の類推適用が認められるとしても、上記の点は同じであり、「因果関係」のレベルで絞り込まれるだけで、経済的損失たる間接損害の賠償を端（はな）から否定するわけではない。

3　わが国の「企業損害」判例

そして、わが国の判例実務における「間接損害」事例は、大半が「企業損害」と言われる事例で、それは交通事故で会社の重要なメンバーが死亡ないし重傷の物理的損害を負い、それに伴ってその者の企業が営業損害（企業損害）の賠償を請求できるかという形で問われ、わが判例（その最上級審レベルでのリーディングケースが、最判昭和43・11・15民集22巻12号2614頁である）は、その「相当因果関係」の基準として、「個人会社」「(その従業員の) 非代替性」「経済的一体性」の要件を課している。しかしともあれ、「間接損害」だから過失不法行為の賠償請求はできないというようなドイツ式の構成をとっておらず、また物理的損害の要件を求めないという意味でイギリス式でもなく、曲がりなりにもフランス式の構成は維持されていると見るべきだろう[3)]。

もっとも学説上は、ドイツ法と日本法との構造の相違を無視したいわゆる《ドイツ法学の学説継受》がこの領域においてなされ (好美教授ら)、夙に有力論者によりその点は批判されて、フランス式の構成によるべきことが説かれている (星野博士など[4)])。ところが裁判実務は、一歩遅れてそのようなドイツ式学説に影響されているふしがあり、批判的に再検討されるべきである[5)]。それはともかく、上記中間指針でも、その判例基準に沿っているという点でフランス式だが (同紛争審査会のメンバーの大塚直教授から、個人的に吉田の説に添った指針にしたと伺ったことがある)、その基準の内実を詰める必要があり、さらに言うと、本問題と昭和43年最判等の「企業損害」事案とはかなり類型的に異なることに留意すべきだろう。

4　営業損害に関する判例実務

さらには、わが国は、一般的不法行為のフランス式の規定の体裁から、営業損害の賠償についても、広く判例実務は肯定していることにも留意されなければいけないだろう (民法709条の「権利侵害」要件 (平成16 (2004) 年の現代語化の改正前の要件) を打ち破った、「大学湯判決」(大判大正14・11・28民集4巻670頁) は湯屋営業の老舗という営業損害の事例だったことを想起されなければいけない (これに対して、従来は、ドイツ法の絶対権侵害の規定 (ド民823条1項) にリンクさせた「営業権」構成に親和的な論者もあったが、これも学説継受である))。そしてその後も、営業損害について積極的に賠償を認める方向で判例実務は定着しているのである (後述参照)。

---

3)　この点で、中島肇『原発賠償中間指針の考え方』(商事法務、2013年) 88頁、91頁は、わが判例は、間接損害の原則否定説という理解を示される (拙著を引きつつ) が、誤解であろう。

4)　星野英一『民法概論Ⅲ』(良書普及会、1978年) 125頁以下、平井宜雄『債権各論Ⅱ不法行為』(弘文堂、1992年) 185-186頁。そして、吉田・前掲注1) 481頁以下、552頁、645頁。内田貴『民法Ⅱ債権各論』(東大出版会、1997年) 434頁も、アプローチ自体はフランス式である。

5)　この点は、とくに前掲注1) 民法判例百選吉田解説参照。

Ⅲ　本問題と企業損害事例との相違
——紛争審査会の中間指針策定過程の批判的考察

1　類型的相違

ところで、本問題と前記交通事故がらみの「企業損害」事例とは、——間接損害として括るとしても——類型的に大きく異なる。つまり、本問題では、退避させせられた住民や企業には、物理的損害はない。ダイレクトに、クリーニング屋などの取引上の営業損害（契約上の経済的損失）が生じていて、いわゆる《純粋経済損失》が正面から問われている（重傷等の人損を負った直接被害者がいるという事例ではないのである）。

どうしても、物理的損害が経済損失の賠償のために原則必要だというイギリス的構成によらねばいけないとするならば、本件家屋などには放射性物質による物理的損害が生じているということもできようが、本件契約的損失は家屋に関するわけでもなく、欠陥住宅に関する売買契約上の経済的損失の賠償事例（これに関しても、近時わが判例は積極的方向に舵を切り、注目されている（例えば、最判平成19・7・6民集61巻5号1769頁、同平成23年7月21日集民237号293頁など））とは違って、やはり類型的相違を意識しなければならない。つまり新たな経済的損害ないし間接損害の営業損害事例で、どのように線を引くかの基準作りという全く新しい問題解決に迫られている。この点で、上記中間指針はどのように基準を出したのであろうか。

2　中間指針での基準の出し方

東電が基にしている紛争審査会の中間指針の「間接被害」の基準（「第8」）の策定は、平成23（2011）年の7月から8月にかけての数次の会合でなされていき（とくに第9回～13回の原子力損害賠償紛争審査会）、結局、8月上旬公表の指針では、①第一次的被害者との「一定の経済的関係」、②第一次的被害者との「取引の非代替性」というところに落ち着いている（①にはあまり基準性はないから、②が基本的基準ということで、販売先〔売却先〕、調達先〔購入元〕の地域的限定ないし一般的限定というようなことになっている）。ところが、その基準策定のアプローチは、関連する「間接被害者」事例の裁判例からの帰納という手法がとられて、当然のことながら、従来から多くある交通事故絡みの企業損害事例の「代替性」「経済的一体性」という基準が浮き出てきて、それをそのまま滑り込ませて、本件の原子力損害による営業損害問題（その意味での企業損害）に平行移動するという方向性が強い（とくに、第9回会合（平成23年7月1日）の大塚直教授の発言。高橋滋教授も、「経済的一体性」「代替性」の議論が使えるとして、賛同する[6]。これに対して、能見善久会長は、交通事故事例と原子力損害事例を区別するが、「代替性」の用語を十分な留保なしに、そのまま用いておられる点では、大差はない[7]）。しかし既にみたように、昭和43年最判事例のような交通事故による人損がらみで、会社幹部被害者と会社との企業内部関係を表現するために案出された「経済的一体性」「非代替性」の基準を、どういう意味合いで、クリーニング契約などの取引関係と類比できるのだろうか。いささか議論の仕方に杜撰な感は否めない。しかもそうして出てきた「非代替性」基準は、東電が今では金科玉条のように持ち出すものであり、本件の如き事件処理の場で大きな法的効果の差異を有する基準を打ち出す研究者の社会的責任として、十分な学理的詰めがなされていないそしりは免れない。

---

6)　第9回審査会（平成23（2011）年7月1日）議事録21頁（大塚発言。間接損害（企業損害）に関する裁判例〔同審査会の資料として配布されている〕の非代替性、経済的一体性の概念に注目するのがよいとする）、23頁（高橋発言。原賠法の解決方法として、経済的一体性の議論や代替性の議論とか使えるが、合理性の範囲を原賠審のバランス感覚で決めていくとする）。なお、こうした中で、野村豊弘委員は、「判例の事案という点から整理をせよ」との要望を出されて（同議事録21頁）、審査会次回以降の事務局ではそのような作業もなされていく。しかし私に言わせれば、事案類型の異なるものの事案整理をしてみても、結局そのプロセス的帰結は、既にある「企業損害」事案に模して原子力事案も処理する方向性が出てくると思われる。

7)　前掲注6）議事録21-23頁参照。能見会長も、「間接損害」という捉え方は支持する如くで、それは「避難指定地区の農家・会社等と製品の仕入れ・販売をする、避難指定地区外（例えば、東京）にあるような会社の損害」だとされる。そして他から仕入れることができるか、また別の製品を仕入れられるかという意味での「代替性」だとする（そして、ブランド価値の高いものだと代替性がないとする）。また原子力損害の場合には、本来別の会社である場合にまで「経済的一体性」という枠を要求するのかと疑問も出されている。しかし能見教授は、結局、企業損害の判例の平行移動という議論を批判し尽くすということはされずに、「判決には〔ここで議論するものと〕近い概念を使っていることがある」とか「間接被害者の問題と違うかもしれないが、それと似たような構造にあ〔り〕、「結局賠償の実質的合理性の問題だ」とかの歩み寄りの発言もされたために、結局中間指針では、企業損害（間接損害）の延長線上で記す路線が採られていると思われる。「代替性」基準を更に詰めて、本件放射能被害に即した定式化——それは本稿に見るどのような継続的取引にかかわる営業損害が賠償されてしかるべきかとの、なされてしかるべき基準作り——は、放棄されて、ラフな基準が示されるにとどまった。〔そしてその実際上の帰結は、非代替的なものはその精密な検討なしにア・プリオリに排除するという東電の責任限定の帰結ももたらしかねないのである。〕

それのみならず、議論の経緯を見ていると、基準作りは原子力損害賠償対策室（その次長の田口康氏）の下で進められていったようであり、第10回会合（同年7月14日）では、取引関係の密接さを示すものとしての「非代替性」「被害回避可能性のなさ」が示されており、前者は同じ言葉を用いながら「概念の機能転換」（丸山眞男博士[8]）がなされているのであり、議論関係者は、その後第10～12回会合でこのことに薄々気づいておられながら、十分にそのことを学理的に詰められた形跡はない。また後者の基準は、民法学上は、加害者の過失（民法709条）のパラフレーズとして、「損害の予見可能性」とペアで用いられるものであり（「結果回避可能性」の用語が定着している）、その意味で、ここで用いるには未熟な概念であり、このように別の意味合いでミスリーディングに用いることは混乱をきたすものであり、審査会メンバーはこの基準の議論はしていない。

なお、この第10回会合で事務方から出されたレジメ[9]では、その他の基準として、「継続的取引関係」の有無も検討に値するとされながら、その後立ち消えになった感がある。しかしこれこそ本稿で詰めてみたい基準である（ところで、その後中間指針について解説書を書かれた中島肇教授の立場は、本稿の立場とも親和的とも見うる[10]）。

3 「非代替性」の実質的含意――損害軽減義務論（？）とその妥当性

それでは、「意味転換」をさせながらの本件での「非代替性」基準（原賠審でも、第11回（平成23（2011）年7月19日）以降はこれを中心に議論される）とは何であろうか。必ずしも明晰ではないが、察するに第一は、本稿で説く関係的・継続的契約で取引特殊的投資がなされていて、それは保護に値するからという論拠（その意味での「非代替性」）ならば、擁護に値するであろう（この点は後述する）。

しかし第二に、近時流行とも言えるくらい議論が多い「損害軽減義務」論[11]の反映としての「非代替性」論があり、その論法は、「契約当事者たるものは、取引主体として、できるだけ損害を軽減すべきであり、代替できる取引ならば、それによりカバーすべきであり、従って、その種の取引損害は、本件不法行為

8) 丸山眞男『日本の思想』（岩波新書）（岩波書店、1961年）16-17頁参照。

9) 第10回審査会（平成23（2011）年7月14日）の配布資料の5-1の「いわゆる間接被害について」と題するレジメ。その2頁の最後のところで、〔中間指針で採られた観点のほかに〕「次のような観点による分類も考えられるのではないか」として、「第一次被害者と間接被害者との間に継続的な取引関係があったか否か」という観点が記されている。

法上の保護にならない」という運びになるのである。第11回の会合で、能見教授が、「期間が長くなると代替性（非代替性の趣旨か？）が弱くなる」とされて[12]、第12回（同年7月29日）の会合で大塚教授が重要な指摘だとして強く共鳴されているが[13]、それが、「期間が長くなるほど、損害軽減義務の要請が強くなる」という趣旨だとすると、同義務論が通奏低音として、明示的ではないが伏在して

10）　原賠審のメンバーの中島肇教授は、中間指針の立案の審議過程では、それほど間接侵害について議論をリードされた風ではないので（目につくのは、第12回会合（同年7月29日）での、非代替的取引について、「事前のリスク分散がおよそ不可能な場合」という絞り方について、少し絞り過ぎだという指摘くらいであろうか）、いささか後知恵風であるが、その後中間指針の立場についての解説書を書かれていて、間接被害についても論述されている（中島肇・前掲注3）77頁以下）ので、それを瞥見しておこう。すなわち、企業損害の判例を滑り込ませるという問題は、他の審査委員と同様だが、ここでの損害賠償（相当因果関係）の基準は「取引の代替性のなさ」だということは明言されていて（79頁以下）、《一次被害者と二次被害者との間に、リスク分散が困難な程度に、「強い結びつき」がある場合に、相当因果関係を認める余地がある》とされ、中間指針では、「経済的一体関係」を要件としないことを確認される（97頁）。そして交通事故の場合とは異なり、《（放射能被害の）危険の専門技術性ゆえに、被害者はリスク回避措置をとることができない》ので、「予測可能性が広いというべきである」とされていて（91頁）、注目に値するであろう。同時に、こうした基準は、諸外国の事例（企業損害ではない）とも照らし合わせて、比較法的に整合性もあるとされていている（109頁）。この叙述を忖度するに、中島教授は、本件問題と企業損害問題との相違を自覚されるほとんど一歩手前まで行かれていて、しかも本件に即した独自の基準である《リスク分配に留意した非代替性》の判断においても、被害者にむしろ好意的に、事前のリスク回避は容易ではない事情に留意すべきだとされていることに注目されるべきだろう。

11）　例えば、比較的早いものとして、斎藤彰「契約不履行における損害軽減義務」（石田・西原・高木還暦）損害賠償法の課題と展望（成文堂、1990年）、内田貴「強制履行と損害賠償——『損害軽減義務』の観点から」法曹時報42巻10号（1992年）〔同『契約の時代』（岩波書店、2000年）に所収〕。その後、森田修『契約責任の法学的構造』（有斐閣、2006年）256頁以下、吉川吉樹『履行請求権と損害軽減義務——履行期前の履行拒絶に関する考察』（東大出版会、2010年）、長谷川義仁『損害賠償調整の法的構造——請求者の行為と過失相殺理論の再構成のために』（日本評論社、2011年）など。

12）　第11回審査会（平成23（2011）年7月19日）議事録22頁参照。因みに、能見会長は、第10回審査会（同年7月14日）議事録27-28頁で、「被害者のほうにも損害軽減義務というのが一般的にありますので、」「補償には一定の限度がある」とされていて、実質的発想として繋がるものである。しかし本稿に述べるように、損害軽減義務とは契約法上の法理であり、これを無造作に不法行為の領域に拡充させることには問題があると思われる（信義則上被害者が損害拡大させてよくはないということとそれとは別問題である。本件放射能被害のように広範且壊滅的な損害を受けた被害者に対して、どれだけ自己責任モデルを振り回して、損害リスク回避を説けるのか、これは市場取引合理性モデルを前提に動いている契約法の世界とは異なるのではないかということである）。

13）　第12回審査会（平成23（2011）年7月29日）議事録43頁参照。大塚委員の言い方をそのまま記すと、「リスク分散とは書けないかも知れませんが、」ほかの方法・原材料・供給先探しなどで、「そういうことをする〔リスク分散する〕ことが、当然必要になってくる」とある。これなども能見会長と同様の陥穽にはまっていて、損害軽減義務の無造作な一般化であり、英米法の不正確な理解ではないか。なぜ不法行為は契約法と同様にリスク分散と書けないと前段で述べるのかを突き詰めることが必要であろう。

いることがわかる。そして近時の判例は、契約不履行領域で同義務を認めるようになっているし（最判平成21・1・19民集63巻1号97頁〔カラオケ店舗の水害による賃貸借の修繕義務不履行による損害賠償請求事例で、損害回避・減少措置をとらずに、そのまま営業損害の請求をすることは条理上認められないとした〕）、ウィーン条約（CISG77条）など国際統一契約法レベルでも支持されているとなると益々説得的に映るかもしれない。

しかしそこには陥穽がある。一つに、英米法に忠実に、「損害軽減義務論」は対等当事者の契約法の法理としては良いと考えるにしても、それをそのまま無造作に経済的不法行為に平行移動できるかは別問題として、分けて考える必要がある（この点で、同義務の嚆矢的論文を書かれた谷口知平博士も、英米的コンテクストを離れて、当時（1950年代後半）の貧弱な経済的不法行為（限定的な債権侵害や営業侵害の不法行為の把握の仕方）の状況を正当化するものとして、無造作に契約不履行と不法行為とを接合して書かれている[14]ために、なおのこと注意が必要である）。すなわち、このような論法は正確な外国法の摂取ではないだろうし、少なくとも、故意の不法行為でも被害者はそのようなことをしなければならないとするのはおかしいことは、直観的に察し得よう。

二つに、本件のように、対等当事者どころか、地位が隔絶している加害者・被害者の下で、契約法理たる損害軽減義務を説くのはおかしいと言うべきだろう。しかも三つ目に、東電は近隣住民に安全性を確信させるように虚偽の言辞を弄しつつ、被害が生ずると途端にリスク配分なり損害軽減義務なりを説いてくるのは、それこそ信義に反するのではないか（その意味では、東電の本件加害行為は、営業損害との関係でも故意に近い重過失的なものである）。四つ目に、原子力損害の特性として、その広汎性および永久的とも言える加害の長期性であり、こうした中で、通常の損害軽減義務論の如く、「長期になる程非代替性は減る」という論拠を出されるならば、もっと説得的にきめ細かい議論が必要と言えよう。

因みに、営業損害それ自体の賠償は、中間指針でも肯定するのであるが（「第3の7」参照）、営業損害の損害賠償事例（経済的損失の賠償事例）について、ある程度網羅的に調べてみたが、わが実務上、無造作に「損害軽減義務」論を説くも

---

14)　谷口知平「損害賠償額算定における損害避抑義務」（我妻還暦）損害賠償法の研究(上)（有斐閣、1957年）、総合判例研究叢書(4)損害賠償額の算定（有斐閣、1957年）44頁以下、谷口知平・植林弘『損害賠償法概説』（有斐閣、1964年）73頁。

のはあまりないことも、上記議論の傍証となろう[15]。以上を見ると、第一に、営業損害事案は、不正競争事案が多いが、それだけではなく、条文上は、民法709条の過失不法行為としての一般規定の適用と言う形でなされていて、不正競争事例に限定する状況ではない。もちろん、本問題〔原発被害に伴う営業損害事例〕の類例は多くない（今回のものは、未曾有の災害だから言うまでもないだろう）が、だからと言って、営業損害の賠償を限定する条文の構造にもなっていないし、そのような実例の分布でもない。第二に、それとともに、ここで問題にしている「賠償の線引き」との関係で、この種の事例で、「損害軽減義務」は事例上説かれていない。この点は先にも述べたように押さえておいてよい。そして第三に、この領域の経済的不法行為の展開は、まだまだこれからだとも言えようし、とくに（意図的）不法行為法ではそういう限定なしの高額の賠償も認められつつあることも注目されてよい[16]。また、（被告の）利益から（原告の）損害を認定するものが出始めている[17]のも、ある意味で注目すべき思い切った判断である（6ヶ月のような期間制限をしてそれで足りるかどうかは、なお検討を要するが）。因みに、諸外国の状況はここでは深入りできないが、例えば、アメリカ不法行為法のこの領域では、懲罰的損害賠償（punitive damages）として、わが国よりも遥かに厚み

15）紙幅の関係でその詳細は省略する。詳しくは、吉田邦彦『東アジアの民法学と災害・居住・民族補償（後編）（現場発信集）（災害・居住福祉法学編）（民法理論研究7巻）』（近刊）所収論文参照。

16）例えば、東京地判昭和59・9・17判時1128号21頁（東京都芝浦屠場事件。屠場料は原価を著しく割るもので、東京都知事は、それを認識しつつ、適切な対策を採らず、独禁法上の不当廉売に当たるとしてかなり高額賠償（4922万余円）を認めていた）、東京高判平成3・12・17判時1418号120頁（木目化粧紙事件。制作的模様と類似の模様物品を廉価販売したもの。営業活動上の利益侵害があるとする。2951万円余の内金1454万円余の賠償肯定）、札幌地判平成14・12・19判タ1140号178頁（風営法の規制の利用は自由競争秩序の範囲の逸脱として、高額の賠償（3億6000万円超の逸失利益など）を認めた）、神戸地尼崎支判平成20・2・28判時2027号74頁（SIV装置の品質問題の指摘。懲戒解雇されたものによる。説明等にかかった費用1359万円余、慰謝料300万円とかなり高額賠償を肯定した）。

17）例えば、東京地判平成18・12・12判時1981号53頁（LPガス販売に関する従前の取締役が、競合会社の代表取締役になり、従前の顧客に対して、協同会社への契約の切換えを交渉したもの。違法な引抜き・同社（従前の業者）の混乱に乗じて、同社の顧客を奪うもので、不法な手段であり、自由競争の範囲を越えて、社会的相当性を逸脱し、不法行為となるとする。賠償額として、奪取された顧客から獲得した利益6カ月分が損害であるとして、1828万円余を肯定する）、大阪高判平成19・4・26労判958号68頁（ソフトウェア技術者派遣によるソフトウェア開発業務の営業譲渡。譲渡会社が、譲受会社の取引先を奪う方法により、同一営業を行った。不正競争の目的があり、その態様は極めて悪質で、反社会性が強く、違法性が高いとする。損害賠償としては、従前の粗利益の50％の6カ月分であるとして、平成16年から6カ月分の506万円余を肯定する）。

のある経済的損害の保護がなされている状況であることも、付言しておきたい。

Ⅳ 本問題へのアプローチの仕方

1 関係的・継続的契約論からの基準

それでは、原発事故損害との関係で、否、取引損害一般論のアプローチとしてその賠償の基準作りということになるが、その際には、I・マクニール教授の関係契約論（ないしそれとオーバーラップする新制度派経済学（取引費用経済学）の考察から展開される平井宜雄教授の継続的契約論[18]）によるものが有用である。すなわち、関係的・組織的契約（relational contract）においては、単発的・個別的契約（discrete contract）とは違って、財の市場からの入手・調達が困難かつ高価で、その意味で「資産特殊性」（asset-specificity）ある投資（埋没投資）がなされて、それは代替的な（fungible）な取引にすぎないものとは大きく異なり、その取引的利益の要保護性も高いことになる。

この点で、福島県下における医療・介護施設との長年の継続関係で培われたクリーニング契約や薬剤提供契約、農具などの継続的供給契約は、地域取引活動の安定性なども相俟って、上記関係的・組織的契約の最たるものというべきであろう。中間指針がこのような理論的考察を経て導き出した「取引特殊性」（idiosyncracy）の意味での「非代替性」基準ならば、首肯すべきものであるが、不思議なことに、議事録を見ても、そうした近年ホットな理論的テーマである議論の片鱗が窺えない。これはどうしたことであろうか。

そして上記の議論からすれば、安易に「代替性」の判断は出てこないはずである。また、独禁法上の「公正競争阻害性」の判断で、『市場の画定・限定』という議論が白石忠志教授によりなされている[19]が、これはここでの「代替性」基準の運用にも応用すべきものであり、安易に広汎な市場で他地に乗り出していくべきだということにはならないはずである（その意味で、東電の賠償否定の判断

18） マクニール理論については、随所で論じているが、さしあたり、吉田邦彦『都市居住・災害復興・戦争補償と批判的「法の支配」』（有斐閣、2011年）第9章第3節、とくに347頁以下参照。また、平井教授のものは、平井宜雄『債権各論Ⅰ上契約総論』（弘文堂、2008年）59頁以下、同「いわゆる継続的契約に関する一考察――『市場と組織』の法理論から」同『民法学雑纂』（有斐閣、2011年）（初出1996年）、同「契約法学の再構築(1)～(3)完」ジュリスト1158～1160号（1999年）参照。

19） 白石忠志『技術と競争の法的構造』（有斐閣、1994年）187頁以下参照。

には賛成できない)。

また同じクリーニング業の営業損害の賠償について、いわき市の事例では東電は認めたものがあるようだが（1億円請求して、3000万円の賠償を認めた）（それは企業の事故地との近さによるとのことである)、基準が安定していないことを示しており、冒頭のクリーニング屋の事例の顧客は多く南相馬市でやはり爆心に近く説得的でもない。たまたまクリーニング業の本社が遠いと駄目になるというようでは不合理である。さらに、企業規模が大きいと請求は否定されるという論拠もあるようで、中間指針の関係者も一部それに左袒するようだが、これも賛成できない。企業をたまたま組織的に地域ごとに小規模にしていれば営業損害賠償が認められるというようでは不合理で、企業分割の妙なインセンティブを生むだけであろう。問題の核心は、やはり《本件の如き地域に根差した継続的契約のネットワークが､「広域市場での代替的なモビリティ」を要求できるものかどうか》という取引実態の法社会学的（法制度的）調査にかかるわけであり[20]、表面的な企業規模で判断するのはおかしいと言うべきである。従って、本件において、東電の行ったように、無造作に「代替性」について肯定的判断を下すことはできないと考えられる。逆に、福島の被曝地域での本件継続的取引のネットワークでは、地域的固定性・閉鎖性が強く――代替性肯定判断の対象市場も限定的に考えるべきであり――原則的に「代替性」を否定する（「非代替性」を肯定する）方向で解するべきであろう。

なおこの点の「広域市場での代替的なモビリティ」(その意味での「代替性」)の有無判断には、原発被害への対応策の政策的オプションとして､「被災地での居住継続＋除染」のほかに､「日本での広域的転居支援、そのためのネットワークの構築」(転居地での居住補償・生業補償）の選択肢があれば、判断の仕方も変わってくるかもしれない（私自身は、転居を望む親たちによる「子ども福島ネットワーク」（代表中手聖一氏）の苦境（転居しようとすると地元住民から非難される）および退避ゾーンの日米の相違（アメリカでは半径50マイル〔80キロ〕以内は退避ゾーンで、そうなると、福島市や郡山市など福島中通りの被災者は退避すべきことになる）に鑑みて、居住福祉策の一つの選択肢として、ヨリ積極的な転居支援による広域的な居住モビリティの

20）　本件とは違って、ネット取引等の場合（東北大震災との関係では、例えば、三陸石巻の漁師のネット販売など）には、広域的なモビリティがあり、広い市場規模での代替性判断を行っても、問題ないことになろう（もっとも、冷凍輸送との関係で、おのずから地域的限定はあろうが)。

確保に努めるべきであると考えている。またその方が、むやみな「除染」一辺倒の政策による巨額の支弁よりも、効果的な居住福祉予算の使い方だと考える[21]）。しかし現実はそうなっておらず、被災者を地元に張り付かせて、被災者の現実的選択肢は除染だけになっている（転居の公的支援がなされていないから。中手氏は、避難政策の拡充もせず、自助努力にだけ任せているのは、福島棄民政策だという[22]）。だから、かかる原発被害復興に関する現実的な政策環境の下では、営業損害の保護性の法的評価のところだけで、「広域市場での代替的モビリティ」を肯定することは、齟齬があり、現場を見据えた評価ではないと思われる。

2　本件加害の特殊性

⑴　さらに、既に触れたように、本件東電と被害者の地位は対等ではなく、安易に「損害軽減義務」を要求するのは、合理的ではなく、取引上の債務不履行行為と（本件の如き）原発爆発による放射性物質の飛散という物理的行為に関わる取引的損害とは同列に処理すべきものでもない。さらに、近隣住民ないし企業に、原発安全神話を触れまわった挙句に、今回の破滅的損害を与えたとするならば、その言辞からすると、重過失どころか詐欺的な取引損害の不法行為とも言い得て、その帰結としては、賠償範囲の効果は広がると解するべきで、安易にリスク分担を説ける筋合いのものではない[23]（禁反言の原則（信義則）からもそうである）とまず考えるべきであろう。

この点もう少し敷衍すると、いわゆる企業責任（間接損害）（重要社員の交通事故による企業損害という従来の判例事例が蓄積している場合）においても、昨今の構造不況継続の折にギリギリの経営努力が強いられる中で、予備人員の確保やVIP保険付保[24]などによる「自己責任」的努力を求めて、間接損害の賠償に消極的になるのは、小規模企業の経営実態との関係で非現実的なところがあり、それゆえに判例もかかる場合にフランス式に損害賠償を認めてきているわけであ

21）　この点については、さしあたり、野口定久ほか編『居住福祉学』（有斐閣、2011年）296-297頁（吉田邦彦執筆）参照。

22）　中手聖一「生まれ変わろうとしている"福島人"」世界829号（2012年）74頁。

23）　この点で、中間指針の背後には、《営業リスクは、商人・事業者自らが負担すべきものという自己決定・自己責任の発想》が安易に措定されていて（そしてこの点については、潮見佳男「中島肇著『原発賠償中間指針の考え方』を読んで」NBL1009号（2013年）45-46頁も無造作に賛同される）、疑問というほかはない。

24）　この提案は、例えば、内田・前掲注4）434頁。

る。交通事故は一定の確率で生じて保険などの自己努力になじむことがあるにもかかわらず、賠償的保護（配慮義務射程）を及ぼすべきだと考えられるのである[25]。それとの比較でも、原発事故はありえないとの東電からの安全神話刷り込みの下での周辺の事業者は、その被害を予測した保険などの「自己責任」的損害・リスク回避的行動を強いることはなおのこと、非現実的である。しかもクリーニング業などは、運送コストとの関係で福島地域に密着・連携してなされる固定性ある経営であり、ネット経営などの企業とは前提が異なり、この場面で「地域的モビリティ」を説くことは、継続的取引の現場を知らないものの説く議論と言わざるを得ず、もしそれが「中間指針」の立場とするならば、批判的再検討は不可避で、現場とギャップがあり、しかもそれに関する学理的検討も不十分なままに示されていることの問題の深刻さに思いを致すべきである。

(2)　そして原発爆発の放射能損害の加害態様は、類比できないまでに、広範囲でかつ永久ともいえる持続的・長期的な損害であるといえる。このような特殊性も、前記損害軽減義務を安易に説けないことを補強する（また、中間指針策定の際に議論があった、「非代替性」の期間制限についても、本件のような加害態様、そして前述の閉鎖的な地域的継続ネットワークの喪失に関わる事例においては、慎重であるべきだろう）。

この点で、例えば、2010年4月にアメリカメキシコ湾で原油流出事故（2億ガロンもの原油を流出させた）は、原発被害にも類比できる広汎で半永久的被害をもたらした意味でその解決は注目される。そして湾岸の水産業関係者ないしサービス業関係者から経済的損害の主張が沢山出され、その賠償を認める法的処理がなされている（2011年9月に連邦調査は、その流出責任を認め、2012年11月には、45億ドルの罰則も司法省は認めた。2010年には、同社は請求処理のための200億ドルの基金を立ち上げた）ことが参考になる。もっとも加害企業のBPディープウォーター・ホライズンは原油流出問題を解決させた旨の広告をしきりにやり、近隣でないものは、その広告から誤解している人も多かろうが、現実はそうではなく、何万もの近隣住民は、まだ十分な補償を受けていないのである。そしてその日暮らしの生計に苦労し、多くの低所得の漁民やサービス業関係者は3年間のその逸失利益の賠償請求をしているが、そのための法的支援の資金もなく、

25)　日本の労働現場との関連で、安易な自己責任・自己努力を強いることが非現実的であるとの批判については、吉田邦彦・前掲注1）民法判例百選Ⅱ 179頁参照。

請求はうまく行っていない。それのみならず、同社は支払い拒否の戦略を正面に出してきた（その請求が正当なものであってもである）[26)]。現実はまだ課題が残されるが、法理論的には積極的な方向で動いており、この点は、福島の原発被害の場合にも見習うべきであろう。以上より、本件の如き、地域的固定性・定着性が強い（地域的モビリティの低い）継続的取引の侵害の営業損害においては、不法行為法の法的因果関係（判例の言う相当因果関係）は原則的に及ぶと考えるのが筋と考えられる。

V　結び

結びを述べて終わりにしよう。原子炉爆発による広汎かつ長期的被害としての営業損害をどう賠償するかは、新たな課題である。原子力損害賠償紛争審査会の中間指針では、「代替性」と言う基準が出されてきたが、議事録からもその基準について十分な検討がなされていたことは窺えない。また冒頭の比較法的考察でも一言したように、わが国では経済的不法行為の扱いについて、比較法的に先進諸国の中でも突出して貧しい法状況にあることにも鑑みて、営業損害ケースについても、それに対する反省を踏まえた前向きな検討が求められる。従って、仮に中間指針の基準をそれとして受け止めるとしても、その内実を詰める必要があり、本稿でそれを行ったが、それは当該営業損害に関わる取引・契約の「代替性」と言うことになり、それは、モビリティの低い地域経済に根差した長期的・継続的契約に関わる場合には、その「資産特殊的投資」という性格からしても、原則的に「非代替的」だとして、その営業損害の保護は、積極的に考えられるべきものである。

福島原発界隈の地域的取引営業は、本件の地域定着型取引の性格ゆえに、その継続的取引は損害を受け続けている。東電の理屈では、分社して、その界隈だけの企業ならば、「代替性」が無いということでもあり、基準の立て方のおかしさがわかるだろう。福島が駄目ならば、岩手に行けとか、山形に行けとでも、

---

26)　See, Stephen Teague, *Shirking Responsibility in the Gulf*, THE NEW YORK TIMES, July 31st, 2013, A19. But see also, Barry Meier & Clifford Krauss, *Gulf Coast States Jockeying Over Settlement on BP*, THE NEW YORK TIMES, February 24th, 2013, National Sunday, p. 17; Tom Fowler, *Settlement Offer to BP Takes Shape*, THE WALL STREET JOURNAL, February 23rd–24th, 2013, A2.

「代替性」論者が考えるとしたら、現場を知らないというか、東北地方のこの種の継続的取引の実態の十分な理解がなされていないと言わざるを得ない。

また第二に、このような経済的不法行為の領域で、英米契約法上の信義則法理の表れである、「損害軽減義務」は安易に平行移動されるべきではない。わが国の営業損害事例では、そのような扱いはなされていないことは、実証的に示したし（注15）の拙文参照）、とくに本問題がそうである重過失的・故意的な不法行為事例ならなおのことである。アメリカ不法行為法の懲罰的賠償、二倍・三倍賠償の実務の定着なども、それを裏書きするもので、安易に（対等当事者間の）契約法理と経済的不法行為法理とは混同されるべきではない。

なお、それでもどこかでは、線を引く必要があることを私とて否定しないが、しかし本件放射能被害の広域性・長期性と言うことも、斟酌される必要がある。通常の被害ならば、営業再開もどこかの時点では可能なのに、本件はそれも容易ではないというのが現実なのである。その場合には、例えば、アメリカのメキシコ湾での原油流出被害のようなものが類例になり、転職・別企業の営業再開支援を含めた意味の営業損害賠償が求められることになる[27]。以上の考察からしても、よく詰められていない「代替性」基準で（実質的な理由づけないし）切り捨てるというのは乱暴で、実質を詰めれば詰める程、「代替性」の肯定（それは本稿に言う、資産特殊的な継続的取引上の損害賠償の否定ということになる）には慎重になり、厚みのある営業損害賠償が求められることになろうし、わが国の民法709条と言う過失不法行為の一般規定は、その障害にはならない。

ところで第三として、一見「間接損害」的な営業損害と見えても、「直接損害」として、中間指針からしてもその「第3の7」から当然に一定の営業損害賠償（補償）が認められるべき事案も存在する。すなわち、本稿に主として論じた、長期の継続的契約・関係的契約が更に密となると、それはひとつの垂直的企業体内部に包摂されるような関係になることは、新制度派経済学でもしばしば指摘されることである（例えば、O・ウィリアムソン教授など[28]）。こうした場合には、避難指示区域外であっても、区域内の企業と一体のものとして、賠償が認められる場合なのである。例えば、福島原発事故との関係で、営業損害賠償訴訟に

27）　このような方向性の法理の模索としては、吉田邦彦「居住福祉法学と福島原発被災者問題(上)(下)——特に自主避難者の居住福祉に焦点を当てて」判例時報2239号、2240号（2015年）、とくに「(下)」2240号7頁以下参照。

なっているものとして、関富薬品の事例がそれである。一見排他的独占販売契約の事例のようだが、その実質を見ると、原発事故で操業中止を余儀なくされた大熊工場を営む「富山(とみやま)薬品工業（株）」と運命共同体的な一体的企業をなしていて、関富薬品は、富山薬品工業の関西圏の販売部的位置づけで、取引の主体性・独立性はなく、富山薬品工業のイニシアティブの下に常時動き、富山薬品の工場閉鎖による営業損害とともに、連鎖的に営業損害をこうむっている（そして区域内の富山薬品工業だけが東電から賠償がなされたようである。上記独占販売契約の解約がなされたのも、継続的契約から解放されて自助努力的に動いているのではなく、営業損害の一環としての売掛代金債権補塡のための苦肉の策としての自己犠牲的解約である）。東電はこうした事例に対しても、法形式的に（法人格的に）別だという面を捉えて、「間接損害」論、代替的取引論を論じているが、これは上記の類型的相違を理解しないもので、中間指針の適用箇所も「第8」ではなく「第3の7」適用事例である。

そのうえで更なる問題として、そしてこれだけ広域の営業賠償となると、政策的にどう判断されるべきかと言う災害復興全体の制度設計にも本件は繋がり、その意味で「政策志向型訴訟」[29]の一面と言うことが言えよう。そしてこの点でも、わが国の災害復興（ここでは、不法行為法の枠を広げた災害被害の補塡のありようと言う意味で考えている）は、比較法的にも、先進国の中でも突出して歪みがあり補償の程度が弱く、産業補償の必要性は最近になりようやく指摘され始めた状況で、例えばアメリカの営業補償の実態と比べても見劣りするのが現状である。

わが国においても、東日本大震災被害（とくに福島原発被害）を前提に、民法学者（不法行為学者）により、新たな損害論の構築がなされつつあり、そこで注目されている概念が、《包括的生活利益としての平穏生活権》概念であり、――従来の環境法学が、精神的・身体的人格権に焦点が当てられた（騒音問題や嫌忌施設・廃棄物処理場問題など）のに対して――広汎な放射能被害に定位して、「従来

28）　See, e.g., OLIVER WILLIAMSON, MARKET AND HIERARCHIES, ANALYSIS AND ANTITRUST IMPLICATIONS: A STUDY IN THE ECONOMICS OF INTERNAL ORGANIZATION（Free Press, 1975）（浅沼萬里ほか訳『企業と市場組織』（日本評論社、1980年）; do., THE ECONOMIC INSTITUTIONS OF CAPITALISM: FIRMS, MARKETS, AND RELATIONAL CONTRACTING（Free Press, 1985）; do., ECONOMIC ORGANIZATION: FIRMS, MARKETS, AND POLICY CONTROL（NYU Press, 1986）（井上薫ほか訳『エコノミックオーガミゼーション――取引コストパラダイムの展開』（晃陽書房、1992年）。

29）　これについては、平井宜雄『現代不法行為理論の一展望』（一粒社、1980年）〔同『不法行為法理論の諸相（平井著作集2巻）』（有斐閣、2011年）所収〕参照。

の平穏な生活を丸ごと奪われたこと」等を包括的に捉えて、自由権・生存権、居住権、人格権、財産権侵害に広く及ぶことを強調される（淡路教授、吉村教授）[30]。かくして従来居住福祉法学が災害復興の場面で述べてきた、わが国では手薄の居住権保障、その際に住宅補償も重要だが、それとともに平穏な日常生活を支える生業・産業補償もトータルとして配慮すべきであるという主張[31]と交錯してくることになり、その意味で、本件で問題とされる《営業損害の問題は、決して二次的・間接的なものではなくて、平穏生活権のある意味で核心部分を占めている》と考えることができる。その保障ないし損害賠償法上の十全な配慮なしには、被災者の生活は破壊・崩壊されたままだからである。

そうした中で、不法行為法の枠内で、広域営業損害賠償が前向きに判断されるかどうかという本問題は、21世紀のわが災害復興の前途を占うものとしても、注目したいところである。例えば、BP原油がらみの営業損害賠償は、アメリカでもまさに喫緊の課題であるが、その事実上の賠償の難航は格別、本件訴訟のように経済的不法行為が原理的に法廷で問われた場合に、東電が援用する中間指針の「代替性」基準を盾に、その中身も詰めずに、営業被害者の切実な要望をカテゴリカルに切り捨てるなどということは、法原理的問題の処理の仕方としてありえないと言うべきであろう。比較法的にも、恥ずかしくない前向きな広域災害における営業賠償の実務の形成を切に期待する。

（よしだ・くにひこ　北海道大学教授）

30)　淡路剛久「福島原発事故の損害賠償の法理をどう考えるか」環境と公害43巻2号（2013年）4頁以下、同「『包括的生活利益としての平穏生活権』の侵害と損害」法律時報86巻4号（2014年）とくに、99-100頁。また、吉村良一「『平穏生活権』の意義」（水野武夫古稀）行政と国民の権利（法律文化社、2011年）232頁以下、同「原発事故被害の完全救済をめざして――『包括請求論』をてがかりに」（馬奈木昭雄古稀）勝つまでたたかう（共栄書房、2012年）87頁以下、同「総論――福島第一原発事故被害賠償を巡る法的課題」法律時報86巻2号（2014年）55頁以下（吉村教授が、《包括請求論》として、「包括的損害把握」を強調される際に、放射能汚染で失われた住宅、家財の物被害および様々な営業上・生業上の被害も含まれるとされる（56頁）ことにも注目しておきたい）。

31)　この点は、既に例えば、吉田邦彦「新潟中越地震の居住福祉法学的（民法学的）諸問題――山古志で災害復興を考える」同『多文化時代と所有・居住福祉・補償問題』（有斐閣、2006年）212頁以下（初出、法律時報77巻2号（2005年））で、強調している。また、早川和男ほか『災害復興と居住福祉』（信山社、2012年）「解題」（吉田邦彦執筆）も参照。なお、そうした居住福祉法学的配慮が、チェルノブイリ原発災害復興においてもなされていて、ある意味で福島の場合と対照的な状況となっていることについては、吉田邦彦「チェルノブイリ原発事故調査からの『居住福祉法（民法）』的示唆」NBL1026号（2014年）33頁以下参照。

5 「風評被害」の賠償

渡邉知行

I　はじめに

放射性物質は、人体に重篤な疾患を発症・増悪させる極めて有害なものであるが、その閾値が科学的に十分に解明されているものではない。そのために、原子力発電所から放射性物質が放出される事故が発生した場合には、現実には放射性物質に汚染されていない周辺地域から提供される商品またはサービスについて、消費者が放射能に汚染されているとの懸念を抱いて買い控えなどを行うことによって、事業者の営業利益に風評被害が発生する。

福島第一原子力発電所による爆発事故によって、大量の放射性物質が拡散して現実に放射性物質に汚染された地域が広い範囲に及んでおり、さらに、爆発した原子炉からの放射能の大気中への流出が収束していない。このような状況を通じて、農林水産業・食品産業、観光業、製造業、サービス業など様々な業界において、売上げの減少にとどまらず、国内外からの取引中止に至る継続的で深刻な風評被害が広がっている。

本項では、原発事故による風評被害について、まず、原子力損害賠償紛争審議会の中間指針を一瞥したうえで（Ⅱ）、判例の展開を考察し（Ⅲ）、これらを踏まえながら、原子力事業者側の賠償範囲を検討する（Ⅳ）。最後に、関連問題について若干の考察をすることにしたい（Ⅴ）。

Ⅱ　原子力損害賠償紛争審議会の中間指針

「中間指針第7-1」は、風評被害について、一般的基準を提示し、「報道等により広く知らされた事実によって、商品又はサービスに関する放射能物質による汚染に危険性を懸念した消費者又は取引先により当該商品又はサービスの買い控え、取引停止をされたために生じた被害」と定義する。本件事故と相当因果関係のある賠償範囲の判断基準について、「消費者又は取引先が、商品又はサービスについて、本件事故による放射性物質による汚染の危険性を懸念し、敬遠したくなる心理が、平均的・一般的な人を基準として合理性を有していると認められる場合」であるとしている[1)]。原発事故による風評被害については、「必ずしも科学的に明確でない放射性物質による汚染の危険を回避するための市場の拒絶反応によるものと考えるべきであり、したがって、このような回避行動が合理的といえる場合には、賠償の対象となる」のである。

中間指針は、農林漁業・食品産業(7-2)、観光業(7-3)、製造業・サービス業等(7-5)、輸出(7-6)について、賠償の対象となる風評被害を詳細に示している[2)]。

農林水産物について、「農地、漁場等で生育する動植物であり、放射性物質による土地や水域の汚染の危険性の懸念が、これらへの懸念に直結する傾向があること」、特に食品については、「消費者が摂取により体内に取り入れるものであることから、放射性物質による内部被曝を恐れ、特に敏感に反応する傾向があること」などから、「一定の範囲において、消費者や取引先が放射性物質による汚染の危険性を懸念し買い控え等を行うことも、平均的・一般的な人を基準として合理性があると考えられる」、という。

輸出に関する風評被害については、「一般に海外に在住する外国人には日本人との間に情報の格差があること、外国政府の輸入規制など国内取引とは異なる事情があること等から」、「一定の損害項目や時期に限定して、国内取引よりは広く賠償の対象と認めることが適当である」、という。

---

1)　中島肇『原発賠償　中間指針の考え方』(商事法務、2013年) 54頁以下、潮見佳男「中島肇著『原発賠償　中間指針の考え方』を読んで」NBL1009号 (2013年) 43～45頁、「福島原発賠償に関する中間指針等を踏まえた損害賠償法理の構築(下)」法律時報86巻12号 (2014年) 130～131頁〔本書第3章1〕。

2)　豊永晋輔『原子力損害賠償法』(信山社、2014年) 96～100頁。

Ⅲ 判例の展開[3)]

放射性物質の漏出事故による風評被害について、損害賠償が請求された事案として、敦賀原子力発電所から敦賀湾に放射性物質が漏出した事案 (1)、および、JCO 東海村原子力発電所の臨界事故によって作業員が被ばくした事案 (2) がある。放射性物質以外の人体に有害な化学物質（無機水銀、ダイオキシン類）が流出した事故による風評被害に関する事案 (3) もある。これらの判例をみていこう。

1 敦賀原発漏出事故（名古屋高金沢支判平成元・5・17 判時 1322 号 99 頁[4)]）〔判例 1〕

魚介類の仲買業者である X_1 および X_2 は、金沢港の魚市場で仕入れて、敦賀市内にある卸売業者らに魚介類を販売し、X_3 および X_4 は、X_1 に専属して、運送業に従事していた。昭和 56 年 1 月ころから同年 4 月半ばころの間に、敦賀原子力発電所からコバルト 60 を含む放射性物質が敦賀湾内の浦底湾へ漏出する事故が発生した。同年 4 月 18 日、本件漏出事故は、通商産業省から公表された。本件事故によって、敦賀魚市場を経由する魚介類をはじめ、福井県内での魚介類の売上げは、本件事故公表後から 8 月末ころまでの間、前年同期と比較して激減した。X らは、当該風評損害について、敦賀原発を操業する Y（日本原子力発電所）に対し、民法 709 条に基づいて損害賠償を請求した。原審は、本件事故との間に相当因果関係がないとして、X らの請求を棄却した。X らが控訴。判決は、次のように判示して、控訴を棄却した。

「敦賀湾内の浦底湾に放射能漏れが生じた場合、漏出量が数値的には安全でその旨公的発表がなされても、消費者が危険性を懸念し、敦賀湾産の魚介類を敬遠したくなる心理は、一般に是認でき、したがって、それによる敦賀湾周辺

3） 風評損害に関する判例を総合的に考察したものとして、升田純『原発事故の訴訟実務 風評損害訴訟の法理』（学陽書房、2011 年）、『風評損害・経済的損害の法理と実務（第 2 版）』（民事法研究会、2012 年）。

4） 小賀野晶一「判批」法律のひろば 42 巻 10 号（1989 年）45 頁、淡路剛久「判批」私法判例リマークス 1 号（1990 年）26 頁、窪田充見「判批」判例評論 387 号（1991 年）39 頁、乾昭三「判批」公害・環境判例百選（1994 年）86 頁、信澤久美子「判批」環境法判例百選（第 2 版）（2011 年）70 頁。

の魚介類の売上減少による関係業者の損害は、一定限度で事故と相当因果関係ある損害というべきである」。

「敦賀における消費者が、敦賀湾から遠く離れ、放射能汚染が全く考えられない金沢産の魚まで敬遠し、更にはもっと遠隔の物も食べたくないということになると、かかる心理状態は、一般には是認できるものではなく、事故を契機とする消費者の心情的な判断の結果であり、事故の直接の結果とは認め難い。金沢産の魚も心情的には不安であるとの理由で賠償を命ずるものとすれば、金沢における消費の低下も是認しなければならなくなり、損害範囲はいたずらに拡大することとなる」。

「したがって、右控訴人らの売上高が本件事故後減少したとしても、消費者の個別的心理状態が介在した結果であり、しかも、安全であっても食べないといった、極めて主観的な心理状態であって、同一条件のもとで、常に同様の状態になるとは言い難く、また一般的に予見可能性があったともいえない。すると、本件浦底湾における人体に影響のない微量の放射能漏れと敦賀の消費者の金沢産魚介類の買い控えとの間には、相当因果関係はないというべきである」。

2　JCO臨界事故[5)]

1999年9月30日午前10時35分ころ、茨城県東海村のJCO東海事業所が操業する軽水炉用低濃縮ウランの再転換工場において、臨界事故が発生した。作業員3名が大量被曝して1名が死亡し、工場の周辺地域において住民らの被曝や放射能汚染が疑われた。東海村は、同日午後3時に、本件臨界事故発生地から半径350m圏内の住民に避難を要請し、次いで、茨城県は、同日午後10時30分に、同地から半径10km圏内の住民に屋内退避を要請した。科学技術庁に事故対策本部、総理大臣を本部長とする「東海村ウラン加工施設事故政府対策本部」が設置された。翌10月1日早朝には臨界状態が終結したので、茨城県は、同日午後4時30分に屋内退避要請を解除し、次いで、東海村は、同月2日午後6時30分に避難要請を解除した。このような本件事故の状況は、連日、テレビや新聞等で報道された。

同年11月2日、茨城県産の農林水産物について、茨城県は、サンプル検査に

5)　大塚直「東海村臨界事故と損害賠償」ジュリスト1186号（2000年）36頁、住田英穂「東海村臨界事故における風評損害と損害賠償」茨城大学政治経済学会雑誌73号（2003年）91頁参照。

基づいて安全である旨発表した。政府も、本件臨界事故による影響がみられず、安全であることが確認された旨発表した。同月13日および14日、科技庁対策本部は、地元住民に対する事故説明会を開催した。

⑴ 東京高判平成17・9・21判時1914号95頁[6]〔判例2〕

Xは、東海村において、1995年から土地買収に着手し、宅地を造成して2000年から販売を開始する宅地造成販売事業を計画していた。本件臨界事故によって土地の価格が下落して販売予定価格で宅地の販売ができなかったとして、当該風評損害について、Y（JCO）に対し、主位的に原子力損害の賠償に関する法律（以下に「原賠法」）3条1項に基づいて、予備的に民法709条に基づいて損害賠償を請求した。Yは、人身損害または物的損害を伴わない純粋経済損害に原賠法3条1項が適用されないなどと主張して争った。原審（東京地判平成16・9・27判時1876号34頁）は、原賠法3条1項が適用される損害は全ての損害を含むと解したが、宅地の価格は臨界事故後に一時的に下落したが回復し損害が存在しない、事故直後の一次的な下落を含めてXの損害との間に相当因果関係がないとして、Xの請求を棄却した。Xが控訴。東京高裁は、次のように判示して、控訴を棄却した。

「本件臨界事故の影響によって本件臨界事故直後の本件土地の価格が本件臨界事故を原因とする一定割合で下落した理由は、本件臨界事故によって本件土地が放射能に汚染されているおそれがあるということやYが再び同様の事故を起こすおそれがあるということだけではなく、付近にY東海事業所を含む原子力関連施設が存在すること自体から生じる一般的危険性の再認識によるものである」。「そのような一般的危険性が再認識される原子力関連施設の存在状況は、本件臨界事故の前後を通じて変化があったわけではないのであり、そうすると、本件臨界事故とX主張の本件土地の価格の下落損害との間に相当因果関係があるとまで認めることはできないというべきである」。

⑵ 東京地判平成18・2・27判タ1207号116頁[7]〔判例3〕

北海道から九州まで国内に9工場を有する納豆等の製造販売業者Xは、本

6) 第一審判決について、信澤久美子「判批」判例評論558号（2005年）172頁。
7) 野口恵三「判批」NBL841号（2006年）59頁、塩崎勤「判批」民事法情報240号（2006年）77頁。

件事故の報道によって、Xの納豆商品につき茨城県産品として悪評が全国的に広がって売上げが大きく減少する風評損害を被ったとして、Y（JCO）に対し、民法715条に基づいて損害賠償を請求した。判決は、次のように判示して、請求を一部認容した。

「本件臨界事故によって消費者が納豆商品を買い控えるなどした結果」、「納豆業界全体が本件臨界事故による風評損害を受けたと認められることに加えて」、「Xの納豆売上が納豆業界全体の動向と一致し、本件臨界事故後継続して減少傾向を示し、かつ、本件臨界事故直後の同11年10月からの対前年同月比売上伸率が継続してマイナスあるいは低率となったことからすれば、本件臨界事故発生とXの納豆売上が減少することによりXに生じた営業損害との間にも、一定限度において相当因果関係を認められるべきものである」。

「本件臨界事故後、一般消費者が納豆商品を買い控えるに至ったことが窺われるものの、それは、一般消費者の個別的な心情に基づくものであり、放射線汚染という具体的な危険が存在しない商品であるにもかかわらず、それが危険であるとして、上記商品を敬遠し買い控えに至るという心理的状態に基づくものである以上、そこには一定の時間的限界があるというべきである」。「それは一般消費者が上記のような心情を有することが反復可能性を有する期間、あるいは一般的に予見可能性があると認め得る期間に限定されるというべきである」。したがって、「安全宣言が出され、一連の納豆商品についての風評損害に関する新聞報道が沈静化し」、「本件臨界事故の実態について一般消費者が十分に理解するのに必要な相当の期間が経過したと認められるときまでの間、すなわち本件臨界事故発生から同11年11月末までであると認めるのが相当である」。

⑶　東京地判平成18・4・19判時1960号64頁〔判例4〕

納豆等の製造販売業者Xは、本件臨界事故の現場から約9km離れた屋内退避要請地域内に本社社屋および直営工場を有していたために、取引先からXの納豆製品の取引を停止されて売上げが大幅に減少するなど風評損害を被ったとして、Y（JCO）に対し、主位的に原賠法3条1項に基づいて、予備的に民法709条に基づいて、無形損害も含めて損害賠償を請求した。判決は、次のように判示して、原賠法に基づく請求を一部認容した。

「原発事故が放射線や放射能の放出といった目には見えない危険を伴うもの

であること、本件臨界事故が前記のとおり死傷者を出した重大なものであり、事故直後からマスコミで大々的に取り上げられていたことなどからすれば、本件臨界事故後、原告の納豆製品を含む茨城県産の加工品について安全性が確認され、その旨のPR活動がなされていたとしても、消費者ないし消費者の動向を反映した販売店において、事故現場から10 km圏内の屋内退避要請地域にある本社工場を『生産者』と表示した原告の納豆製品の危険性を懸念して、これを敬遠し、取扱いを避けようとする心理は、一般に是認できるものであり、それによるXの納豆製品の売上減少等は、本件臨界事故との相当因果関係が認められる限度で本件臨界事故による損害として認めることができるというべきである」。

販売数量および売上金額が平成12年2月から3月にかけて改善に転じ、臨界事故当時の数値を上回ることなどの事情を考慮して、「本件臨界事故と相当因果関係のある風評損害が生じた期間としては、平成12年2月までの5か月間と認めるのが相当である」。

3　放射性物質以外の有害物質の流出事故

(1)　富山地高岡支判昭和56・5・18判時1012号21頁〔判例5〕

Xは、富山県氷見漁港に水揚げされる鮮魚類を加工して、「氷見産」と表示して、大阪、神戸、名古屋などで販売していた。水俣病患者発生の報道が相次いでなされたことを契機として、水銀による魚介類の汚染が社会問題となるなかで、1973年6月、氷見・魚津地域が水銀汚染調査地域に指定されたところ、Xの加工製品は、取引停止や返品がなされて、Xは営業ができなくなった。

Xは、Y_1、Y_2およびY_3の各工場が氷見海域に注ぐ河川に無機水銀などを含む排水を放流したことが原因で、魚介類が汚染されたとして、Yらに対し、民法717条および民法709条に基づいて、損害賠償を請求した。判決は、Xの主張する損害を魚介類に水銀汚染の疑いがかけられる風評損害であると解したうえで、Xの請求を棄却した。

「無機水銀は有機水銀に比べて人体に対するその毒性が弱く、しかも広く自然界にかなりの量存在することが認められるものであるから、YらのXに対する不法行為が成立するためには、Yらの排出水銀量が相当多量であって、氷見海域の魚が水銀に汚染されてこれを食品とするのに適さないのではないかと一般に疑わせるに足りる程度の水銀量の排出がなされたことが必要であると解される。すなわち、ことが食物に関する問題であるから、魚が現実に水銀によって汚染されていなくても、汚染されたのではないかと疑われる程度のことがなされればそれで足りるとともに、食品に供することに危険を感じさせる程度に汚染行為がなされる必要があると考えられるのである」。

「Ｙらの各工場が最も多量に水銀を排出してきたと認められる昭和42、3年当時においても、Ｙらの水銀排出行為によって、氷見海域の魚が食品として適さなくなったことがないことは勿論のこと後に国が定めた基準値近くにまでも魚の水銀濃度を高めたということもなかったのである。このことは、その時点までにおいて、Ｙらに、氷見海域の魚に水銀汚染の疑いをかけさせるに足りる程度の水銀量の排出行為がなかったことを意味するといわなければならない。もっとも、行政基準に達していない一事をもって、食品として有害でないと断定することはできない。けだし行政基準は、かならずしも十分な知識のもとに設定されているとはいえず、又それは純粋に科学的立場から定めた健康保護・生活環境保護の維持に立脚した基準ではなく、現実の汚染状況や防止技術と経済的可能性等を考慮前提としたうえでの基準と考えられるからである。しかし、人体や魚に現実の被害の発生していない本件の如き場合においては、国の定めた基準値をもってその安全性の重要な尺度とすることはやむを得ないことであり、かつ相当であると考える」。

「当時一般に正しく報道・認識されていたならば、氷見海域の魚についてはＸ主張のような製品の販売不能という事態には至らなかったと考えられるのである。すなわち、水産加工業者であるＸに、仮にＸ主張のような損害が生じたとしても、その損害と前記Ｙらの排水行為との間には、もはや法的な責任をＹらに認めるべき相当因果関係を認め難いといわなければならない」。

(2)　横浜地判平成18・7・27判時1976号85頁〔判例6〕

Ｘは、観光地引き網、しらす漁業等を営んでいた。Ｙの工場の配水管の誤接続により排ガス洗浄施設からダイオキシン類を含む排水が相模湾に注ぐＰ川に排出されて、全国的に報道されたところ、Ｘは、観光地引き網の予約キャンセル、および、シラスの売上げが減少する風評損害を被ったとして、Ｙに対し、民法717条に基づいて損害賠償を請求した。判決は、Ｘの請求を一部認容した。

「本件ダイオキシン事故に対する報道の大多数は、適切に行われていたと認められる上、環境基準の8100倍というダイオキシン類の量は、たとえこれが雨水路において検出された数値であったとしても、付近住民に十分に脅威を与えるものであり、現に、上記雨水路の下流にあるＰ川のＱ橋付近においても、本件ダイオキシン事故の発生当時の環境庁の基準値である1pg-TEQ／Lを超える濃度のダイオキシン類が検出されていることを考慮すると、消費者に対し、Ｐ川河口付近で採れた魚介類の買い控えを生じさせ、観光地引き網への参加をちゅうちょさせ得る数値であったと考えられる」。

「なお、市場関係者らの反応についても、本件のような報道が行われれば、公衆衛生を維持するという重大な責務を負っている市場関係者らが、仕入れを拒絶し、又は仕入れの量を減らすことは、通常かつ適切な判断であって、これが不当であるとは認められない」。

「本件誤接続がなければ、本件ダイオキシン事故の報道を原因とする観光地引き網の予約キャンセル、市場からのしらす等の引取り拒否、しらす等の販売額の減少、しらす鰻の漁の中止等は生じず、これらを原因とする原告らの営業損害も生じなかったというべきであるから、本件誤接続と、Ｘらの営業損害との間には、相当因果関係があると認められる」。

4 まとめ

〔判例1〕は、原発事故による風評損害について、消費者が当該商品やサービスを回避する心理状態が主観的なものでなく一般に是認できると解される範囲で、相当因果関係を認めうることを判示した。消費者の心理状態が一般に是認できると判断する基準として、「同一条件のもとで、常に同様の状態になる」、すなわち「反復可能性」がある、または、「一般的」な「予見可能性」があると解される範囲において、原発臨界事故との間の相当因果関係が肯定されて、被告の賠償責任が認められることになる。

〔判例2〕は、原賠法３条１項の危険責任においても、民法の一般原則にしたがって、風評損害について相当因果関係が存在する範囲で賠償責任を認めることを明確にした[8)]。後に、〔判例6〕は、ダイオキシン類の排出に関する工作物責任について、民法の一般原則にしたがって、施設の瑕疵と風評損害との間に相当因果関係を認めている。

〔判例3〕および〔判例4〕は、これらの先例にしたがって、一定の範囲の風評損害について、原発事故との間の相当因果関係を肯定して、被告の賠償責任を認めている。〔判例3〕は、被告が賠償責任を負う時間的範囲について、事件の収束の経緯から「一般消費者が十分に理解するのに必要な相当の期間が経過したと認められる」期間であると解した。〔判例4〕は、販売数量や売上金額の推移から損害の算定の問題として時間的範囲を画定するが、〔判例3〕の事案と異なり、商品を製造する工場が事故現場に近いことから、損害が継続する限度で「一般に是認できる」と解されることを前提としているように思われる。

放射性物質以外の有害物質に関する〔判例5〕と〔判例6〕は、風評損害について、行政規制の基準値を指標として、消費者による報道の認識が適切であると解される場合に、排出行為との間の相当因果関係を認めるものである。〔判例5〕は、水銀汚染による風評損害について、「国が定めた基準値近くにまでも魚の水銀濃度を高めた」ことがないとして、相当因果関係を否定し、他方、〔判例6〕は、ダイオキシン汚染による風評被害について、「環境基準の8100倍というダイオキシン類の量」が雨水路から検出されたことを考慮して、相当因果関係を肯定している。

Ⅳ　原子力事業者の賠償範囲の検討

1　賠償範囲の判断基準

原発事故に関する判例は、「反復可能性」または「予見可能性」を基準として、風評損害について被告の賠償範囲を判断する。判例の判断基準は、民法416条を類推適用する判例準則（大判大正15・5・22民集5巻386頁、最判昭和48・6・7民集27巻6号681頁）に基づくものである。「反復可能性」がある損害は、民法416条1項の「通常損害」に該当し、「予見可能性」がある損害は、同条2項の「特別損害」に該当する。

しかし、原発事故の事案では、民法416条が想定する、債権債務関係で結ば

8)　原賠法3条1項の危険責任の成立要件について、豊永・前掲注2）20～26頁。卯辰昇『現代原子力法の展開と法理論（第2版）』（日本評論社、2012年）183頁は、危険責任の発言として典型的な原発事故について、民法の一般ルールを超える遠隔損害まで法的因果関係が及ぶと考えることもできる、という。

れた当事者間における損害のリスクの負担は問題となりえない。不法行為において、公平に当事者に損害を負担させる目的に適うように、原発事故の風評損害について、不法行為による後続損害として、加害者側に帰責できるか検討すべきである[9)]。後続損害の性質、第一次損害との関連性、加害行為の態様、被害者の回避可能性などを考慮して判断することになる。

原発事故が発生して施設から放射性物質が放出されると、第一次損害として周辺に放射能汚染が発生し、放射能汚染の情報が報道などを通じて消費者に伝達されるにしたがって、消費者が放射能汚染を懸念する商品やサービスを回避することによって、放射能汚染の後続損害として風評損害が発生する。

放射能汚染による健康被害については、放射性物質にどの程度被曝することでどのような疾患を発症・増悪するのか、科学的に十分に解明されていない。判例は、このような事情があるために、相当因果関係について、水銀に関する〔判例5〕やダイオキシン類に関する〔判例6〕が行政規制の基準を指標として判断するのに対して、原発事故によって漏出した放射性物質の大気中の濃度などの数値を問うことなく、判断するものと思われる。さらに、放射性物質に被曝して発症する疾患には、長期の潜伏期間が存在するものもある。そのために、原発事故による放射能汚染が第一次損害として発生することによって、商品やサービスに関して有害な程度に放射能汚染が存在する疑いが生じた場合には、消費者は、将来的に健康に悪影響があることを懸念して、買い控えなどこれらの商品やサービスを回避する行動をとる。中間指針がいうように、消費者が直接的に摂取して体内に入る食品については、放射性物質による内部被曝を恐れて、消費者が当該食品を敏感に回避する傾向が顕著に現れる。このような行動によって、事業者の売上げが減少し、事業者間で取引中止に至るまでの風評損害が連鎖的に発生するのである。

風評損害の原因となる放射性物質を管理して施設外に漏出する事故を防止することは、その技術を独占する事業者に委ねるほかはない。原賠法は、このような事情を考慮して、危険責任に基づく無過失責任を事業者に課して、賠償の

9)　石田穣『損害賠償法の再構成』（有斐閣、1977年）48～53頁、前田達明『民法Ⅳ2（不法行為法）』（青林書院、1980年）299～301頁、四宮和夫『不法行為』（青林書院、1985年）448～454頁、澤井裕『テキストブック事務管理・不当利得・不法行為（第3版）』（有斐閣、2001年）219～221頁、吉村良一『不法行為法（第4版）』（有斐閣、2010年）147～148頁など。

対象となる損害を限定せず、賠償額を制限していないものと解される。他方、事業者は、営業活動を行うに際して、経済状況の変動に伴う営業損害に関する一定のリスクについては、価格への転嫁や損害保険などを通じて対応できるが、通常予測される事態ではなくリスクの程度も予測できない、原発事故による放射性物質の汚染を原因とする風評損害が発生することを想定して、そのリスクに対応することは困難であるし、不可能といっても過言ではない[10)]。

このような事情を考慮すれば、原発事故による放射能汚染の後続損害として、風評損害は、加害者側が賠償する範囲に含まれるものと解される。判例にしたがえば、風評損害について、消費者心理に「反復可能性」または「予見可能性」が認められて一般に是認できるので、原発事故との相当因果関係が肯定されることになる。

2　他原因の競合

風評損害は、政府や自治体による事故の公表・避難指示、マスコミの報道、消費者が商品やサービスを回避する行動、事業者による取引拒絶など、様々な原因が競合して発生するものである[11)]。これらの風評損害の原因となる行為について、故意または過失が認められる場合には不法行為が成立し、原発事故との間に関連共同性がある場合には共同不法行為（民法719条1項）が成立する。

原発事故について、政府や自治体による公表やマスコミによる報道は、消費者が放射能汚染を疑う商品やサービスを回避して行動する契機となる。判例事案や福島第一原発事故において、原発事故による風評損害は、これらの情報が真実と異なり、また、真実と異なる事実であると誤信させることによって発生したものではない[12)]。これらの情報伝達が介在するからといって、加害者側が減免責を受ける余地はない。

〔判例2〕は、風評損害が「原子力関連施設が存在すること自体から生じる一般的危険性の再認識」という、臨界事故以外の原因によることを理由として、臨界事故直後の風評損害についても、臨界事故との間の相当因果関係を否定し

---

10)　潮見・前掲注1）法律時報86巻12号130～131頁。

11)　卯辰・前掲注8）356～357頁。

12)　最判平成15・10・16民集57巻9号1075頁（テレビ報道による農作物のダイオキシン汚染）、東京高判平成15・5・21判時1835号77頁（集団食中毒の貝割れ大根汚染の疑い）とは、風評損害が発生する過程が異なっている。

た。原子力関連施設に関する一般的な危険性について宅地の購入希望者に認識させる原因として、臨界事故の前後を通じて施設の配置が同様であっても、施設の周辺に放射能汚染をもたらす危険のある本件臨界事故が発生した事実が関与していることは否めない。むしろ、臨界事故が施設の危険性を認識させる重要な原因となっているとも評価できるのであり、臨界事故と風評損害との間の相当因果関係を否定するべきではない。

V 関連問題

1 無形損害の賠償

原賠法に基づく損害賠償についても、判例において、無形損害の賠償責任が認められている。〔判例 4〕は、①臨界事故の現場から「10km圏内の屋内退避要請地域に本社工場」が位置し、「地名を使用したXないしX商品のブランドイメージ」が打撃を受けたこと、②「販売店に対する取引停止の解除や納品の促進を図るために多大な労力や時間を費やしたこと」、および、③「X自身の故意、過失等とは無縁の本件臨界事故によって売上減少を余儀なくされたこと」を考慮して、1億7千万円余の営業損害に加えて、500万円の無形損害について、Xの慰謝料請求を認めている。原賠法3条1項は対象となる損害の種類を制限していない。原発事故による風評損害によって、実際に取引の回復に多大な時間と労力を要する、廃業を余儀なくされるなど重大な財産損害が発生した場合には、不法行為法の一般原則である民法710条に基づいて、加害者の過失を問うことなく、無形損害の賠償が認められるのである。

2 損害軽減義務

風評損害について、取引交渉で打開する、転売先を探す、出荷時期を調整するなどして、被害者が損害を軽減できる可能性がある。〔判例 4〕は、臨界事故との相当因果関係を認める理由として、人の体内に摂取される納豆商品について「本件臨界事故の影響を懸念して返品されたり納品を拒絶された商品については、廃棄するよりほかに採り得る手段がなかったものといわざるを得ない」こと、すなわち、被害者に損害を軽減する方法がなかったことを挙げている。[13]〔判例 6〕は、観光業者の風評損害について、シラスを加工保存して出荷時期を調整できる可能性を考慮して、賠償額を算定している。

最判平成21・1・19民集63巻1号97頁は、賃借人の営業損害について損害回避措置をとることができた時期以降に被った損害の全てが民法416条1項の通常損害に当らないと判示した。本判決は、賃貸借契約に基づく賃貸人の修繕義務の債務不履行によって損害が発生した事案において、「賃借物件の状態、賃貸人の対応などにも照らして」、賃借人が、損害を最小にするために新たな店舗を借りるなど、債権者と債務者との関係に基づく信義則上の義務を負うと解したものである。[14)]

契約関係になく、一方的に重大な損害を発生させる原発事故によって風評損害を被った被害者について、取引交渉や出荷調整などによって損害を軽減する義務を負うものとは解されない。被害者が損害軽減義務を怠ったことを理由として、被害者の賠償額を減額することはできない。

3　民事訴訟法248条の適用

風評損害について損害賠償を請求する場合には、損害の内容のほか、その金額についても、原告が主張・立証責任を負う。被害者は、避難などによって証拠収集が困難である場合、売り上げの減少に他の原因が関与する場合などには、原発事故による放射能汚染に伴う風評損害の性質上、その金額を立証する極めて困難といえる負担を強いられることになる。[15)]

民訴法248条は、このような場合に、「裁判所は、口頭弁論の全趣旨及び証拠調べの結果に基づき、相当な損害額を認定することができる」と規定する。裁判所は、損害額を算定できないことを理由に請求を棄却できず、相当な賠償額を算定することが義務付けられている（最判平成20・6・10判時2042号5頁）。**Ⅳ1**で述べたように、原発事故による風評損害の性質を考慮して、「相当な損害額」が認定されるべきである。

（わたなべ・ともみち　成蹊大学教授）

---

13)　水戸地判平成15・6・24判時1830号109頁は、水産物の風評損害の賠償責任を否定する理由として、原告が取引先にさらなる引取交渉をしていないこと、転売先を探す努力をしていないことを挙げる。

14)　平成21年度最高裁判所判例解説民事篇48頁。

15)　舛辰・前掲注8）363頁。

6　避難者の「ふるさとの喪失」は償われているか

除本理史

はじめに

本稿では、福島原発事故において特徴的な被害類型である「ふるさとの喪失」について、その概念を述べるとともに、救済のあり方について検討する[1)]。

まずⅠ、Ⅱでは、地域、および個別の避難者という二つのレベルから、「ふるさとの喪失」とは何かについて述べる。ここで二つのレベルを区別するのは、個別の避難者の被害を考える際、単に当該個人が自宅に戻れないことによる被害にとどまらず、避難元の地域全体が受けた被害を媒介に、個別の避難者へと被害が及ぶという連関が重大だと考えるからである。したがって、二つのレベルの区別とともに、その相互関係を把握することが必要である。

次に、Ⅲでは、「ふるさとの喪失」被害の回復措置について述べる。そのなかで「ふるさと喪失」の慰謝料についても定義する。原子力損害賠償紛争審査会（以下、原賠審）が第四次追補[2)]で提起した「故郷喪失慰謝料」との関係が問題となるが、Ⅳ、Ⅴでその検討を行う。

1）　筆者は原発避難者からの聞き取り調査を続けるなかで、早い段階からこの被害類型に着目してきた。大島堅一・除本理史『原発事故の被害と補償――フクシマと「人間の復興」』（大月書店、2012年）など。筆者の関心に近い文献として、齋藤純一「場所の喪失／剝奪と生活保障」齋藤純一・川岸令和・今井亮佑『原発政策を考える３つの視点――震災復興の政治経済学を求めて③』（早稲田大学出版部、2013年）1-24頁。

2）　原子力損害賠償紛争審査会「東京電力株式会社福島第一、第二原子力発電所事故による原子力損害の範囲の判定等に関する中間指針第四次追補（避難指示の長期化等に係る損害について）」（2013年12月26日）。

I　地域レベルでみた「ふるさとの喪失」

地域レベルでみた「ふるさとの喪失」とは、原発避難により「自治の単位」としての地域[3]が回復困難な被害を受け、そこでとりむすばれていた住民・団体・企業などの社会関係（いわゆるコミュニティはその一部）、および、それを通じて人びとが行ってきた活動の蓄積と成果が失われることである。こうした人間活動の蓄積は、しばしば世代を超える時間的なスパンで行われる。それによって、地域固有の伝統、文化、景観などが、時代の推移に応じた変化をともないつつも継承されてきた。地域には、こうした長期継承性と固有性があるために、避難者が原住地から切り離されると、避難先では回復できない多くの要素を失うことになる。

1　社会関係の破壊とその不可逆性

避難は被曝を避ける行為である。全住民が避難しても、それが一過性のもので、汚染の影響が残らなければ、地域レベルの被害は比較的容易に回復可能であろう。しかし、今回のように避難が長期化すると回復は難しくなる。地域を構成する複数の個人・世帯の間で、原住地への帰還や生活再建に関する意思決定（たとえば移住先）が多様化し、住民が離散していくからである。住民が戻れず離散していけば、コミュニティが失われ、自治体は存続の危機に直面する。

事故前に人びとがとりむすんでいた社会関係は具体的にどのようなものか。現在も全住民に避難指示の出ている福島県飯舘村からの避難者が、著書のなかで、事故前の身近なコミュニティのありようを記録している[4]。同村には20の行政区があるが、その一つである深谷行政区の様子が記されている。記述によれば、分野別の「縦」型組織（婦人会、老人会、消防団、農協など）とともに、行政区とその下の10の「班」、「組」（2、3の班で構成）という地縁的な「横」型の組織とがあり、人びとはそれらを通じて「縦」「横」の協働関係を形成していた。深谷行政区には4つの組があり、行政区内の神社の祭礼などに関して重要な役割を果たしていた。また、水田所有者は水系ごとに水利組合のような組織をつ

3)　中村剛治郎『地域政治経済学』（有斐閣、2004年）61頁。
4)　市澤秀耕・市澤美由紀『山の珈琲屋　飯舘「椏久里」の記録』（言叢社、2013年）239-244頁。

くり、農業用水の管理（側溝の清掃、堤防の草刈りなど）を行っていた。

ここで挙げた深谷行政区の例は農村的色彩が強いので、その点に留意する必要があるが、今回の被害地域の一つの典型例であることは間違いない。また、こうしたコミュニティの破壊は典型的な農村に限られるものではなく、福島原発事故で避難を強いられた地域に共通する重大な被害であることはすでに指摘されている[5)]。

国は避難者を元の地に戻す帰還政策（第1章2参照）を進めているが、ひとたび住民が離散してしまうと、コミュニティを元どおりに回復するのは不可能である。役場を戻し、事故収束、廃炉、除染などの作業で人口が流入したとしても、住民が入れ替わってしまえば、事故前のコミュニティは回復しない。「復興のフロントランナー」を自認する川内村は、2012年4月にいち早く役場を戻したが、同村もやはり、コミュニティ回復の難しさに直面している。

2 人間活動の蓄積と成果の喪失

地域において、人びとが社会関係をとりむすびながら、長い時間をかけて積み重ねてきたものは何か。上記の深谷行政区の例からも分かるように、地域の伝統や文化を継承し、農地や景観を保全してきたことなどが挙げられよう[6)]。「人間は、自然の一員として、自然と共に生きながら、自然に働きかける。その際、人間は、人間と人間の間の社会関係を形成して自然に働きかけ、人間の欲求にとって稀少な財（経済財）を生産し、これらを分配し、消費し廃棄して、自然に還元する過程をくりかえし行ってきた。人間の生活は、このように人間と

---

5) 山下祐介・市村高志・佐藤彰彦『人間なき復興――原発避難と国民の「不理解」をめぐって』（明石書店、2013年）145頁。

6) 伝統・文化という点では、たとえば祭礼行事や民俗芸能が重要な意味をもつ。民俗芸能学会福島調査団は、福島県浜通り地方13市町村を中心に、147の保護団体（保存会など）に対して被災状況の調査を行った。その結果を踏まえて、懸田弘訓団長は次のように述べている。「今回の調査で、祭祀や民俗芸能などは信仰のためだけでなく、地域づくりの根幹をなすことを改めて気づかされた。その核となる一つが、祭りや芸能であろう。これに参加することによって親睦が深まり、助け合いや協調の精神もさらに高まる。それに伴う社会貢献の喜びは、生き甲斐の一つであり、生きる支えでもある。これらを失うことは『ふるさと』を失うことに等しい」。同調査団編『福島県域の無形民俗文化財被災調査報告書 2011～2013』（2014年）12頁。

なお、震災前の飯舘村における伝統芸能の継承・復活と地域づくりについては、境野健兒・佐藤隆明「伝統芸能の継承・復活と地域の共同」境野健兒・千葉悦子・松野光伸編著『小さな自治体の大きな挑戦――飯舘村における地域づくり』（八朔社、2011年）124-142頁。

自然の物質代謝過程として捉えることができる。この過程が行われる場所の自然的・歴史的条件に規定されながら、人間は、人間と自然の物質代謝過程を通じて、場所ごとに異なる独自の生活様式と文化を生み出す[7]」。こうして人びとは、日々年々の営み（自然との間の物質代謝）を通じて、生産・生活の諸条件をつくりあげてきた。

とくに、地域づくりの努力を意識的に積み重ねてきたところでは、住民の離散は、取り組みの担い手と成果の喪失を意味する。同時に、従来の延長線上に展望されていた、地域の発展可能性あるいは将来像も失われようとしている。

飯舘村もそうした自治体の一つである。同村は、1980年の冷害を機に内発的な地域づくりに転換し、取り組みを進めてきた。福島原発事故後、村長は著書のなかで「私が口にした未来へのプロジェクトは道半ばにして、すべてが止まってしまった[8]」と書いている。

Ⅱ　避難者からみた「ふるさとの喪失」

1　日常生活を支える諸条件とその一体性の破壊

避難者からみた「ふるさとの喪失」は、避難元の地域にあった生産・生活の諸条件を失ったことを意味する[9]。人びとは日々の営みを積み重ね、生産・生活の諸条件をつくりあげていく。その諸条件は「自然環境、経済、文化（社会・政治）」という複数の要素からなる。一定の範域にこれらが一体のものとして存在することで、地域は人間の生活空間として機能する[10]。具体的にいえば、放射能汚染のない環境、ある程度の収入、生活物資、医療・福祉・教育サービスなどが手の届く範囲になければ、私たちは暮らしていくことができない。

---

7)　中村・前掲注3）59頁。

8)　菅野典雄『美しい村に放射能が降った——飯舘村長・決断と覚悟の120日』（ワニ・プラス、2011年）131頁。

9)　前節で述べたように地域レベルで「ふるさとの喪失」が起きていれば、個々の住民にも被害が及ぶのは当然である。避難指示区域や緊急時避難準備区域のように、面的な住民の避難が起きた地域が典型的であろう。

他方、それらの区域外でも、「低線量被曝」が明らかになり、人びとは本文で述べたような諸条件の間の選択を迫られた。事故当初、避難指示が出た区域では、避難について選択の余地がなく、むしろ区域外の住民に、こうした選択が突きつけられたといえる。区域外避難者が元の地に戻らないことを選択すれば、少なくとも個人レベルでは、本節で述べるのと同様の被害が生じうる。

10)　中村・前掲注3）60頁。

つまり地域は、私たちの日常生活を支える諸条件の「束」である。しかし、原発事故によってその一体性（束）が「解体」され、避難者たちは、暮らしを成り立たせている諸条件のうち、どれを重視して落ち着く先を定めるべきかという、苦渋の選択に直面した。

避難自治体では、住民だけでなく、役場機能も移転を強いられた。そうした「社会・政治」的機能にアクセスしやすくするためには、避難者は役場移転先の近傍に居住すべきだろう。だが、役場の移転先でも放射線量が事故前と比べて高いとすれば、より安全な「環境」を求めて、さらに遠くへ移動する必要に迫られるかもしれない。あるいはまた「経済」の観点、たとえば雇用機会という点で最善の居住地は、これらとは別のところにあるかもしれない。

何らかの要素を選択すれば、他の要素をあきらめなくてはならない。この選択が家族の成員の間でくいちがうと、家族の離散が生じる。さらに、諸条件の一体性の破壊は、事故前の暮らしを完全に取り戻すのがきわめて難しいことも意味している。避難者たちは、そのために深刻な精神的苦痛を受けているのである。

2　長期継承性、固有性のある要素の喪失

しかも、原発避難によって奪われたものには、農地のように長期継承性と固有性をもつものがある。それらは、避難先で代替物を取得し、事後的に回復することが困難であるため、人びとに深い喪失感を与えている。以下では、事後的に回復困難な要素として、土地・家屋、景観、コミュニティという三つの例を示す。土地・家屋および景観は、地域を構成する諸要素のうち「環境」的側面に属し、コミュニティは「社会」的側面を代表する。土地・家屋は、生産・生活の手段としては私的財であるが、公共財としての景観の構成要素でもある。

(1)　私的財――土地・家屋

たとえば住居であれば、新規に取得することが可能ではないかと思われるかもしれない。たしかに、居住のスペースとしての住居は、元手さえあれば避難先で回復可能である。しかし、福島原発事故の被害地域では、土地や家屋は先祖から引き継がれ、次の世代へと受け渡していくものだという意識が強い[11]。2013年3月末から、東京電力（以下、東電）の書式による不動産賠償手続がはじ

まったが、そこに至る過程で、実際に住んでいた人と登記上の所有者が一致しないケースが非常に多いことが問題視された。このことは、土地や家屋が、頻繁に売買される「財物」と同じではないことを示唆している。代々受け継がれる土地や家屋は、代わりのものを入手することが困難である。

(2) 公共財――景観

個別に所有された土地や建物も、地域的に集積すると景観を構成する。地域ごとに特色のある農村景観は、「歴史的・文化的価値」をもつものとして都市住民に評価され、「消費」の対象となっている[12]。人びとの営みや関係性が長年にわたって地域の景観や風土に刻印されていくと、それはその地を訪れる第三者に対しても、芸術と同じように、ある種の感動を与える存在となる。近年、「里山」のような農村空間は、文化財と同様に継承すべき人類の遺産として評価されるようになってきている。これは地域に固有の価値であるが、同時に、都市住民からも評価され、あるいは、おそらく世界の（異文化の）人からも評価・共感されるであろう「普遍的な価値」を含んでいる。

たとえば飯舘村では、自家畑の作物と周辺の景観を活かしたカフェが村外からのリピーターを獲得し、経営を軌道に乗せていたという例がある[13]。飯舘村の風景にも、地域固有の資産を守り活かそうとする人びとのたゆまぬ努力が作り出してきた厚みがあり、だからこそ共感される価値があった。そして住民自身がそれを自覚し、より高い次元に引き上げようと模索していたのである[14]。

(3) 社会関係――コミュニティ

コミュニティも地域に固有である。避難者がコミュニティから享受していた

11）　たとえば、飯舘村で専業農家の後継者の道を選択した30歳代の男性は、次のように述べている。「自分の持っている土地っていうのは、自分の所有物じゃなくて、受け継いできたものなのです。金銭だけで扱えるものではないんです」。「東京の人には土地の所有は金銭の話だし、北海道の農家でもやっと三代ぐらいです。……『しょうがない、諦めればいい』って、そんなマンションを手放すのと違うよってことなんですけれど」。千葉悦子・松野光伸『飯舘村は負けない――土と人の未来のために』（岩波書店、2012年）188頁、190頁。

12）　田林明編著『商品化する日本の農村空間』（農林統計出版、2013年）。

13）　創業者による記録として、市澤・市澤、前掲注4）がある。

14）　除本理史・佐無田光「福島原発事故で失われた地域の『価値』――飯舘村を事例として」OCU-GSB Working Paper No. 201411（2014年9月24日）14頁。

利益として、①生活費代替、②相互扶助・共助・福祉、③行政代替・補完、④人格発展、⑤環境保全・維持、の諸機能が挙げられる[15)]。東京のような大都市では、地域における人間関係が希薄なため理解されにくいが、被害地域における人びとの暮らしは、さまざまな場面でコミュニティと深くかかわっていた[16)]。たとえば子育ても、各世帯内で完結するのではなく、地域のなかで行われる。コミュニティの諸機能は、それなしで済ませられるようなものではなく、人びとの暮らしにとって、きわめて重要な意味をもっていたのである。

この点は、浪江町民の約7割（1万5000人以上）が参加する集団申立てを受けて、原子力損害賠償紛争解決センター（以下、紛争解決センター）が出した「和解案提示理由書」（2014年3月20日）のなかでも指摘されている。すなわち、「当該地域社会においては、近隣住民との交流、日用品・食料品等の融通、相互扶助などの慣習が存在しており、申立人らは地域社会から様々な利益を享受していた。しかしながら、本件事故により、申立人らは、……本来受けられるはずであった地域社会からの利益を享受できないでいる」（4頁）。これは高齢者の慰謝料増額について説明する部分の記述だが、ここで指摘された被害が高齢者に限定されるという趣旨ではなく、高齢者ではとくに地域社会から受けていた利益の喪失が重大な影響を及ぼすという文脈である。

この点に関連して、民間の支援団体である震災ネットワーク埼玉（SSN）と早稲田大学人間科学学術院が2012年3〜4月、福島県から埼玉県への避難者に対して行った質問紙調査を紹介しておく。調査結果から、避難者が原住地のコミュニティから切り離されたことで、近隣との人間関係が希薄になっていることが明らかになった（表1）。そして、とくに希薄化の度合いが大きい人は、「心的外傷後ストレス」（PTS）症状を測定する質問紙IES-Rの得点が有意に高かった[17)]。このことは、原発避難によるコミュニティ破壊と、それによる精神的被害の存在を示唆している。

なお、こうしたコミュニティの機能は、人口の流動性が比較的低いもとで、多世代が同居し、人間関係が継承されていくことによって保たれているという面がある。しかし、いわゆるIターンのような新規参入者でも、コミュニティに参加し、利益を享受していれば、「地付き」の住民と同様の被害が生じうる。

15）　淡路剛久「福島原発事故の損害賠償の法理をどう考えるか」環境と公害43巻2号（2013年）6頁。
16）　山下ほか・前掲注5）145-162頁。

表1　原発避難による近隣関係の希薄化

単位：人、％

生活面で協力し合っていた人の数	震災前	震災後	全国平均
0人	47（11.1）	259（62.3）	2,211（65.7）
1〜4人	195（45.9）	135（32.5）	942（28.0）
5〜9人	73（17.2）	12（ 2.9）	162（ 4.8）
10人以上	110（25.9）	10（ 2.4）	51（ 1.5）

注：「生活面で協力し合っていた人」とは「互いに相談したり日用品の貸し借りをするなど」の関係にある人である。「全国平均」は内閣府「国民生活選好度調査（2007）」による。
出所：増田和高ほか、注17）論文、12頁、表2より抜粋。

Ⅲ　被害回復のために求められる措置

1　地域レベルの被害回復――原状回復に準ずる措置

次に、「ふるさとの喪失」被害の回復措置について考える。まず、出発点である地域レベルの被害の回復が必要である。

全住民がいったん避難しても、ただちに帰還できれば、地域レベルの被害は回復可能であろう。そこで、国は除染を行い、避難者を元の地に戻す帰還政策を進めている。しかし、これらの原状回復が、現実には容易でないことがはっきりしてきた。除染については、とくに農地や森林でその効果に疑問が出されていることに加え、計画に対する遅れや、森林はほぼ手つかずになっているなどの問題がある。しかも、除染によって土が剝がれ、放射性廃棄物が積み上げられるなど、逆に景観が悪化している場合が少なくない。

すべての避難者が早期に帰還することは難しく、長期避難（待避）が現実的な選択肢であるとすれば、その間、避難先でコミュニティを維持するなどの方策が、原状回復に準ずる措置として求められる。この点については、「セカンドタ

17）本調査の対象は、福島県から埼玉県に避難中の2011世帯で、有効回答数は490、回収率は24.4％であった。回答者の避難元は、9割以上が緊急時避難準備区域を含む強制避難区域である。本調査では、回答者のうち「生活面で協力し合っていた人」が震災前は10人以上だったが震災後0人になった者を「希薄化群」、それ以外を「その他」として2群に分け、IES-R得点の平均値の差の検定（t検定）を行った。その結果、1％水準で「希薄化群」のほうが有意に高値であった。増田和高・辻内琢也・山口摩弥・永友春華・南雲四季子・粟野早貴・山下奏・猪股正「原子力発電所事故による県外避難に伴う近隣関係の希薄化――埼玉県における原発避難者大規模アンケート調査をもとに」厚生の指標60巻8号（2013年）9-16頁。

ウン」「仮の町」「町外コミュニティ」などと呼ばれる考え方がある[18]。これは、放射能汚染が低減するまで別の土地に住民が一緒に避難し、人びとの絆を維持しつつ帰還の時機を待ちながら、地域の存続を図る構想である。しかし現実には、住民の避難先は全国に分散している。

そこで、個々の避難者の選択を尊重することを前提に、各地で生活再建を進める避難者と、原住（避難元）自治体とをつなぐ方策として、「二重の住民登録」が提案されている。すなわち避難先と避難元の両方に、住民としてかかわることのできる制度である[19]。ただし、この提案には、将来（長期避難終了後）におけるコミュニティ再建の可能性を残すという意義はあるものの、これによってただちに事故前のコミュニティの諸機能が回復するわけではない[20]。

2　個別の被害者に対する回復措置

(1)　金銭による塡補が比較的容易な被害

地域レベルでの原状回復が困難だとすると、個別の避難者に「ふるさとの喪失」被害が生じることになる[21]。その一部は、金銭による塡補が可能である。前節の例に即して説明しよう。

第一に、土地・家屋は、経済活動や居住のスペースとしてみれば、金銭賠償を通じて回復可能である。経済産業省と東電は 2012 年 7 月、土地・家屋などの賠償に関する考え方と基準を公表した[22]。しかし、これでは避難先での住居の再

18)　今井照『自治体再建――原発避難と「移動する村」』（筑摩書房、2014 年）118-133 頁。

19)　日本学術会議社会学委員会東日本大震災の被害構造と日本社会の再建の道を探る分科会「原発災害からの回復と復興のために必要な課題と取り組み態勢についての提言」（2013 年 6 月 27 日）17 頁。今井・前掲注 18）161-193 頁。

20)　政府の施策において「コミュニティ」の意味が矮小化されていることについては、山下ほか・前掲注 5）158-159 頁。福島県・復興庁などが開催した「コミュニティ研究会」の報告書でも、原発避難者にとってコミュニティがそもそもどういう意味をもっていたのか、十分掘り下げられていない。コミュニティ研究会「魅力あるコミュニティづくりのヒント――東京電力福島第一原子力発電所事故による長期避難者等の生活拠点形成に向けて」（2014 年 3 月）。

21)　以下では、避難者の場合を念頭に議論を進めるが、たとえ避難元に帰還したとしても、ただちに「ふるさとの喪失」被害がなくなるわけではない。自宅に戻っても、さまざまな要素が回復していないため、元どおりの生活が送れるわけではないからである。たとえば、事故前のコミュニティを元どおりに回復するのは、すでに不可能というのが現実である。そのため帰還した人びとも、多くの点で喪失感を抱えながら暮らさなくてはならない。したがって「ふるさとの喪失」は、避難者だけの被害ではない。除染や復興を進めても、日常生活を支える諸条件の回復には長期を要するか、回復がきわめて困難だと考えられる。そうであれば、帰還してもなお「ふるさとの喪失」被害は継続する（避難先にとどまる場合とまったく同じではないにせよ）と考えるべきであろう。

取得が困難だとの批判が高まったため、原賠審は、会長らの現地調査も行ったうえで、2013年12月の第四次追補で「住居確保損害」の考え方を示した。これは再取得費用の賠償に近づけるための工夫であるといってよい。

第二に、景観利益については、それが事業者の利益に反映されていたような場合、減収分を塡補することができる。

第三に、コミュニティの諸機能も、それに代わる福祉的サービスの費用などの形態で、金銭的に補うことのできる部分があろう。とくに生活費代替機能については、すでに生活費増加分の賠償が行われている。

(2) 金銭賠償による回復が困難な被害

他方、金銭賠償による回復が困難な（不可逆的で代替不能な）被害も多い。この点が「ふるさと喪失」被害の特徴である。

固有性のある要素が失われてしまうと、金銭を用いて事後的に回復することができない。原発事故がなければそうした要素が受け継がれていたであろうという意味で、これは将来に向けた継承性（そして将来における当該要素の利用可能性）の喪失でもある。

第一に、土地・建物の再取得費用が賠償されたとしても、それは居住スペースの回復にとどまる。前述のとおり、代々受け継がれる土地や家屋は、代わりのものを入手することは困難である。再取得費用の賠償は、あくまで原状回復に準ずる措置と捉え、それでもなお残る被害の救済を考えるべきだろう。

第二に、景観も地域に固有である。飯舘村の前出のカフェは、福島市で営業を再開しているが、窓外の景観を失ったことによる痛手が大きい。経営者は次のように書いている。「福島店は多くのお客さまにご来店いただき、賑わっている。だが、阿武隈山地という立地条件を活かしながらお客さまに満足していただける店を、という創業の動機を失ってしまった」「よいコーヒーとよい空間でお客さんに満足していただく店という、もう一つの動機を一層大事にして仕事を進めているが、片肺飛行のような心理情況になることもある[23]」。これは減収の塡補によって回復できる被害ではない（仮に事故前より利益が増えたとしても、

---

22) 経済産業省「避難指示区域の見直しに伴う賠償基準の考え方」（2012年7月20日）。東京電力株式会社「避難指示区域の見直しに伴う賠償の実施について」（避難指示区域内、旧緊急時避難準備区域等）（2012年7月24日）。

この被害がなくなるわけではない)。

第三に、コミュニティも元どおりに回復するのは不可能である。帰還を進めても、住民が入れ替わってしまえば、事故前のコミュニティは回復しない。慣れ親しんだコミュニティの喪失は、多くの避難者に精神的苦痛を生じさせている。コミュニティの諸機能を金銭評価し賠償しても、その諸機能を回復することはできない。

第四に、これらの諸要素の一体性も重要であり、地域での日常生活を支える諸条件を奪われたことで、避難者たちは深い精神的な苦痛を負っている。ある避難者は、こうした苦しみを「人生がなくなった」と表現している[24]。すなわち、人びとが積み重ねてきた営みの所産、それらの一体性の喪失であり、子どもにも人格発展などの点において大きな影響を及ぼすであろう。

このように「ふるさとの喪失」は、金銭賠償による被害回復が難しい。ただし、金銭賠償が不可能だとか無意味だというのではなく、「無形の損害」として賠償することが考えられる[25](「ふるさと喪失」の慰謝料)。なお次節以降で述べるように、原賠審第四次追補の「故郷喪失慰謝料」は、従来の避難慰謝料（1人月額10万円）の将来分を一括払いしたものであり、ここで述べた「ふるさとの喪失」被害の賠償とは、基本的に関係がない（対象となる被害が異なる)。

3　小括

以上に述べた諸措置を表2にまとめた。このうち、地域レベルの回復措置（①）と個人レベルの回復措置（②）は、トレードオフの関係にある（地域レベル

23)　市澤・市澤、前掲注4) 232頁。このカフェの経営者にとって、自家畑を含む窓外の景観は、単なる立地条件ではなく、自ら手を加え次世代に継承すべきものであった。経営者夫婦のうち夫は農家の長男であり、時代の動向に即して自家農園を経営する方策の一環として、カフェをはじめたのである。同氏は次のように書いている。「親から預かった田畑山林に、自分たちの世代でできることを施して次の世代に引き継ぐことを務めと心得、阿武隈の山中で半世紀を生きてきた」(同書、222頁)。「片肺飛行」とは、この生き方が強制的に断たれたことの表現である。

24)　山下ほか・前掲注5) 221-222頁。

25)　淡路・前掲注15) 6頁。

これを「ふるさと喪失」の慰謝料と呼ぶのは、次の意味においてである。「個別利益の適切な賠償がなされたとしても、それによって被害の総体の補償がなされるわけではない。……これらに対する賠償は、法技術的には、慰謝料（いわゆる包括慰謝料）による他なかろう」。吉村良一「原発事故被害の完全救済をめざして──『包括請求論』をてがかりに」馬奈木昭雄弁護士古希記念出版編集委員会編『勝つまでたたかう──馬奈木イズムの形成と発展』(花伝社、2012年) 99頁。

表２「ふるさとの喪失」被害の回復措置

	① 地域レベルでの被害回復措置（原状回復に準ずる措置）	② 個別の被害者に対する措置	
		③ 金銭賠償で比較的容易に回復可能な被害	④ なお残る被害への措置
土地・建物	除染、維持・管理	再取得の費用を賠償	「ふるさと喪失」の慰謝料
景観	維持・管理	事業者の利益に反映されていた場合などに減収分を塡補	
コミュニティ	セカンドタウン、二重の住民登録、帰還政策	コミュニティの諸機能に代わる財・サービスの費用を賠償	
諸要素の一体性	除染、帰還政策など		

出所：筆者作成。

の原状回復が可能であれば、②は不要である）。ただし、前述のように地域レベルでの完全な原状回復は困難であるため、①と②はともに実施される必要がある。また②のうち、③と④は対象が異なるため、相互に補完関係にある。したがって、①③④の諸措置を並行して進めることによって、被害回復を図らなければならない。

表２の諸措置に要する費用の総額として、「ふるさとの喪失」被害を貨幣単位で評価することができる（これは、第１章２で述べた事後的対策費用の一部として、「ふるさとの喪失」被害を貨幣評価することを意味する）。ただし、福島原発事故の原状回復は少なくとも数十年単位のスパンで考えなければならず、現時点で総額を確実に見通すことは困難である。「ふるさとの喪失」被害の評価額も、除染の目標や手法、賠償対象となる被害の範囲などに関する社会的意思決定（政治過程、訴訟などを含む）の結果として、中長期的に定まっていくことになる。

Ⅳ　避難者の精神的苦痛と現行慰謝料

次に、避難者の受けた精神的苦痛を踏まえ、そのうち何が現行慰謝料（１人月額 10 万円）の対象から外れているかを明らかにするとともに、第四次追補における「故郷喪失慰謝料」についても検討する。

1 現行慰謝料の対象となる精神的苦痛

現行慰謝料は、次の二つの構成部分からなる[26)]。「日常生活阻害慰謝料」と、「今後の生活の見通しに対する不安が増大したことにより生じた精神的苦痛に対する慰謝料」(以下、見通し不安に関する慰謝料)である。

(1) 日常生活阻害慰謝料

日常生活阻害慰謝料は、原賠審の中間指針で定められた精神的損害を指す。すなわち、国・自治体の避難指示等によって自宅外での生活を余儀なくされ、あるいは屋内退避指示によって行動の自由等を制限されたことで、「正常な日常生活の維持・継続が長期間にわたり著しく阻害されたために生じた精神的苦痛」に対する慰謝料である[27)]。

中間指針は日常生活阻害慰謝料の算定に関して、3期の区分を設けた。すなわち、事故発生から6ヶ月が「第1期」、その後の6ヶ月が「第2期」、さらに第2期終了から慰謝料支払いの「終期」までが「第3期」である。そして慰謝料額を、第1期については1人月額10万円(避難所等の場合は12万円)、第2期については1人月額5万円とした。第2期の慰謝料が減額されたのは、「仮設住宅等への入居が可能となるなど、長期間の避難生活の基盤が整備され、避難先での新しい環境にも徐々に適応し、避難生活の不便さなどの要素も第1期に比して縮減すると考えられる」ためと説明されている[28)]。

(2) 見通し不安に関する慰謝料

中間指針が第2期の慰謝料の減額を定めたことは、各方面から強い批判を浴びた。2011年11月24日、東電は自主的に減額を撤回し、第2期についても第1期と同じ慰謝料額を支払うと発表した。

さらに2012年2月14日、紛争解決センターが第2期慰謝料に関する総括基準を出し、見通し不安に関する慰謝料の目安を示した。同総括基準は、中間指

26) 原子力損害賠償紛争解決センターによる総括基準「避難者の第2期の慰謝料について」および「精神的損害の増額事由等について」(ともに2012年2月14日)。

27) 原子力損害賠償紛争審査会「東京電力株式会社福島第一、第二原子力発電所事故による原子力損害の範囲の判定等に関する中間指針」(2011年8月5日) 17頁。この指針は一般に中間指針と呼ばれる。

28) 中間指針、18頁、21-22頁。

針策定後の事情の変化として、2011年8月下旬ごろから、避難生活の長期化が避けられないとの認識が広まったことなどを挙げ、「避難者は、将来自宅に戻れる見込みがあるのかどうか、戻れるとしてもそれが何年先のことになるのかが不明であり、自宅に戻れることを期待して避難生活を続けるか、自宅に戻ることを断念して自宅とは別の場所に生活拠点を移転するかを決し難く、今後の生活の見通しが立たないという非常に不安な状態に置かれている」と述べた。そして、この精神的苦痛に対する慰謝料の目安を1人月額5万円としたのである。

したがって、これを日常生活阻害慰謝料5万円と合わせれば、1人月額10万円となり、結果的に東電の自主的な上乗せ賠償と同じ（第1期の慰謝料とも同額）になる。紛争解決センターの説明は、東電の自主的な上乗せ賠償に対し、後から根拠づけを行ったものとみなすことができる。原賠審もこの上乗せを追認している。[29]

なお以上から明らかなように、これら二つの構成部分のいずれにおいても、その中心的内容をなすのは、国の避難指示等により避難者が「自宅」に戻れないことからくる精神的損害である。人びとが避難元の「地域」から切り離されたという要素は、基本的に対象外になっていると考えられる。

2　避難者の受けた精神的苦痛と現行慰謝料

次に、避難者の受けた精神的苦痛を踏まえ、何が現行慰謝料の対象から外れているかを明らかにする。当然ながら、避難者の意識は時間の経過にしたがって変化する。筆者は共同研究者とともに、2011年7月から原発避難者に対する聞き取り調査を行い、被害実態の把握に努めてきた。そこで実感されたのは、時が経つとともに新たな精神的苦痛が積み重なり、深刻化することである（図参照）。以下では、この被害深化のプロセスを念頭に置いて検討を進める。

(1)　放射線被曝の健康影響に対する不安

日常生活阻害慰謝料が対象とする精神的苦痛の中身は、前述のように、自宅を離れた避難生活の不便さなどである。このことは、国・自治体の指示による避難を起点に、精神的苦痛を捉えていることを意味する。

29)　たとえば第26回原賠審（2012年3月16日）での能見善久会長の発言。

しかし、避難の前提には、原発事故と放射能汚染がある。それを起点とすれば、放射線被曝の健康影響に対する不安を看過することはできない(図の①)。原賠審も当初、第一原発30 km圏などの住民に関し、「相当量の放射線に曝露したため健康状態に対する具体的な不安感を抱くことによる精神的苦痛」を賠償の対象とする可能性について、第二次指針(2011年5月31日)で言及していた。

図　精神的苦痛の深化と現行慰謝料

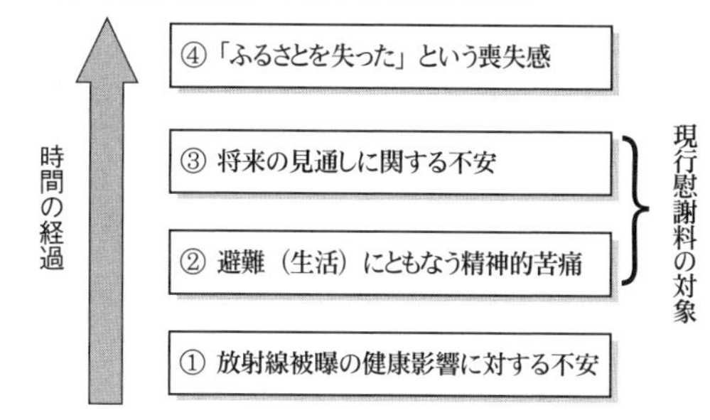

注：図中②と③の精神的苦痛は、現行慰謝料の対象となってはいるものの、十分汲みつくされているわけではなく、対象外の被害がある（本文参照）。

出所：除本理史「原発避難者の精神的苦痛は償われているか——原子力損害賠償紛争審査会による指針の検討を中心に」法律時報86巻6号（2014年）85頁。

ところが中間指針では、この被害が賠償の対象から外された[30)]。第9回原賠審(2011年7月11日)で、余計な不安をもたれないよう健康管理の仕組みをつくることが先決、との意見が出され[31)]、その結果、福島県が実施する県民健康管理調査の結果が出てから改めて判断することとされたためである。中間指針は、住民の被曝について、実際に「生命・身体的損害」が出た場合に賠償することとし、被曝をしたことの不安に関しては「検査費用」の賠償にとどめている。

しかし、その後の経緯をみても、県民健康管理調査が実施されたことによって、被曝による不安が収まったとは考えられない。2013年に浪江町の避難者を対象に実施された質問紙調査からも、健康影響に対する強い不安が継続していることが分かる[32)]。

---

30)　大塚直「福島第一原子力発電所事故による損害賠償」高橋滋・大塚直編『震災・原発事故と環境法』(民事法研究会、2013年) 75頁。

31)　第9回原賠審で、現・原子力規制委員会委員長の田中俊一委員（当時）が、「健康被害が明確に判定できるような状況の被ばくではない」「損害賠償という形で見るのがいいのか、健康管理という形で長期的に見ていくのがいいのか、その辺少し議論をしておいたほうがいいかなと」と発言し、それを受け高橋滋委員（一橋大学教授）も「健康の管理をして、ご不要な不安を持っていただかないような形を、作り上げる、きちんとした行政的な体制をつくり上げるというのが先だと思います。それで具体的な損害、もし発症等の事態が生ずることになれば、そこで救済ということになるんだろうと思います」との意見を述べた。

(2) 避難および避難生活による精神的苦痛

避難および避難生活も、きわめて深刻な身体的・精神的ストレスを与える（図の②）。その一部は、日常生活阻害慰謝料として賠償の対象となっている。1人月額10万円という慰謝料額（第1期）は、原賠審が原発避難を交通事故になぞらえ、自賠責の傷害慰謝料に基づいて決定したものである。しかし、この算定には強い批判が出されている（第3章2参照）。

(3) 将来の見通しが不透明なもとで迫られる「選択」

2011年の秋ごろから、前述のように、避難者の間で今後の生活の見通しに対する不安が増大していった（図の③）。しかし、この点に関する紛争解決センター総括基準の表現は、避難者の精神的苦痛を十分に捉えきれていないように思われる。

避難者たちは、就労や進学などさまざまな転機が訪れるたびに、生活再建の場をどこに定めるかという意思決定を迫られる。しかも、意思決定の前提条件が不透明なまま、将来の生活設計にかかわる重要な選択を強いられるのである。時間の経過にしたがい、また家族の成員ごとの事情などに応じて、見通しが立たないにもかかわらず決断を繰り返さなくてはならない[33]。

見通し不安の深刻さについて、再び前述のSSNと早稲田大学人間科学学術院による共同調査が注目される。調査結果によれば、過去の災害や事故と比較しても、今回の事故におけるIES-R平均得点はきわめて高く、避難者の精神的苦痛は甚大である。また、自由記述欄の質的分析から、精神的苦痛の中核に「先が見えない」という深刻な不安が横たわっていることが明らかになった。さらに、避難者が原住地のコミュニティから切り離されたことも、重要な要素として指摘されている[34]。前述のとおり、最後の点は、次の「ふるさとの喪失」に直結する。

---

32)　早稲田大学東日本大震災復興支援法務プロジェクト浪江町質問紙調査班『浪江町被害実態報告書――質問紙調査の結果から』（2013年8月31日）50-59頁。また、第6章2も参照。
　なお浪江町では、情報伝達の不備などから、飛散した放射性物質に追われるように住民が避難を繰り返したが、その場合の「恐怖感」は、放射線被爆の健康影響に対する不安とは区別して、それ自体が賠償されるべき精神的損害だといいうる。淡路・前掲注15）5頁。

33)　こうした選択を迫られることが避難者にとってきわめて理不尽なことであり、それが深刻な精神的苦痛を与えていることはⅡで述べた。

2013年12月、国はいわゆる福島復興指針で、帰還困難区域等の住民に対する「移転」「移住」支援を打ち出した[35]。これには、別の土地での生活再建を促すことにより、見通しの立たない状態を解消するねらいがある。しかし後述するように、避難者にとって「移住」は「定住」とは異なり、「いずれ戻りたい」という希望と両立しうるため、単純に見通し不安が解消するとは考えられない。

(4)「ふるさとの喪失」

2011年秋ごろから、避難者たちは、見通し不安だけでなく、「戻れない」という思いを強めていった。この「ふるさとの喪失」にともなう精神的苦痛（図の④）は、第2期までの慰謝料から完全に外れている。

避難者の間で、図の③と④で示した精神的苦痛がともに強まったのだが、これは一見すると矛盾するように思えるかもしれない。ふるさとに戻れないということは、避難先への「移住」を含意するから、その意味で生活再建の方向性がある程度定まり、見通しが明らかになるのではないかという疑問もありえよう。また、「避難」が終了し「移住」に切り替わると考えれば、日常生活阻害と「ふるさとの喪失」（図の②と④）もトレードオフの関係にあると思われるかもしれない。

しかし、避難者の意識はそれほど単純ではない。喪失感をもつ避難者も、ふるさとへの思いを断ち切ったわけではない。「無理と分かっていても戻りたい」ということもあるが、現時点で「戻らない」という選択は「いずれ戻りたい」という希望と両立する。とくに比較的若年の世代は、汚染が低減する時期を待つことも可能である。避難者がしばしば「戻りたいけれど、戻れない」と一見矛盾したことを口にするのは、こうした事情による。

この意味での「移住」は「永住」とは異なるから、移住先でも「仮住まい」のような漂流感が持続するだろうし、また、いつ戻れるのかという見通しに関する不安も継続するであろう。「避難」が終わって「移住」に完全に切り替わるのではなく、両者がオーバーラップするのである。

34）辻内琢也「原発事故避難者の深い精神的苦痛――緊急に求められる社会的ケア」世界835号（2012年）51-60頁。その後の調査でも、深刻な精神的苦痛が継続していることが判明している。同「深刻さつづく原発被災者の精神的苦痛」世界852号（2014年）103-114頁。

35）原子力災害対策本部「原子力災害からの福島復興加速に向けて」（2013年12月20日）。

(5) 精神的苦痛の重層性と継続性

避難者たちの精神的苦痛は、以上で述べたように4層に積み重なってきた。図の①と②は、第1期において前後して生じ、その後、第2期に入るあたりから、③と④がしだいに生まれてきたと考えられる。これらの精神的苦痛は一見矛盾するようにみえても実際には併存し、また時間の経過にともなう変化はあるだろうが、現在まで継続している。その意味で、避難者の精神的苦痛には、重層性と継続性がある。

V　原賠審による「故郷喪失慰謝料」の検討

1　第二次追補における第3期の慰謝料の扱い

原賠審は2012年3月16日、避難指示区域の見直しと第3期の開始を目前にして、第二次追補を決定した[36]。そこでは慰謝料の扱いについて、次のとおり定められた。

まず、中間指針の定めた「第2期」を区域見直しの時点まで延長し、そこから終期までを「第3期」とする。そして第3期においても、精神的損害の内容と額は、中間指針で示したとおり（第2期までと同じ）とする。ただし、新たに設定される区域に応じて、一定額をまとめ払いする。すなわち、避難指示解除準備区域では引き続き1人月額10万円を目安とするが、居住制限区域では2年分にあたる1人240万円の請求を可能とし、帰還困難区域については5年分の1人600万円を目安とする。

ここには次のような問題がある。

第一に、慰謝料の対象となる精神的苦痛が、特段の説明もなく変更・拡大されている。第3期の精神的損害が第2期までと同じとされているにもかかわらず、備考で「帰還困難区域にあっては、長年住み慣れた住居及び地域における生活の断念を余儀なくされたために生じた精神的苦痛が認められ」ると注記されているのである[37]。これについて第25回原賠審（2012年3月8日）では、事務局

36）　原子力損害賠償紛争審査会「東京電力株式会社福島第一、第二原子力発電所事故による原子力損害の範囲の判定等に関する中間指針第二次追補（政府による避難区域等の見直し等に係る損害について）」（2012年3月16日）。

37）　第二次追補、5頁。

（文部科学省）から「読み替えの規定のようなもの」と説明されている。すなわち帰還を断念した場合には、1人月額10万円をもって、備考にある精神的苦痛への慰謝料に読み替える、ということのようである。備考では、「長年住み慣れた住居」だけでなく「地域における生活の断念」にまで、慰謝料の対象が広がっていることにも注意しておきたい。

しかし、こうした読み替えには次のような疑問がある。帰還困難区域の避難者に関して、区域見直しにより、日常生活阻害や将来の見通しに関する不安が軽減される（あるいは解消される）と考えるのであれば、その根拠は何か。それらがどの程度軽減され、新たな精神的苦痛に置き換わるのか。さらに、そうした精神的損害の合計額を10万円に据え置く根拠は何か。これらの点について、原賠審は明確な説明をしていない。恣意的な読み替え、拡大解釈と批判されても仕方がないだろう。

第二は、一括払いに関する問題点である。原賠審の議事録を読むと、避難者の生活再建や移住の元手を、賠償の一括払いによって確保しようという考え方がたびたび示されている。しかし本来、生活再建の支援と、精神的損害の賠償とはまったく別の事柄であるから、後者のまとめ払いで前者に代えようとするのは納得しがたい。

以上から明らかなように、第二次追補は、慰謝料額を見直さないまま、明確な説明もなく、対象となる精神的苦痛の範囲を恣意的に拡大している。また、一括払いにより支払い額を大きくし、生活再建資金としての意味合いをもたせている。つまり慰謝料の中身に、二重の「すり替え」が起きているといってよいだろう。

2　第四次追補における「故郷喪失慰謝料」

原賠審は2013年12月26日、第四次追補を決定した。そこでは、第3期の慰謝料について、次のとおり追加の賠償が定められた。

第一に、帰還困難区域（大熊町、双葉町は全域。以下同じ）については、1人1000万円の慰謝料を追加する。ただし、第二次追補で1人600万円（月額10万円の5年分）の賠償が決定しているので、そのうち2014年3月以降に相当する部分（ただし、通常の範囲の生活費の増加費用を除く）は、1000万円から控除する。

第二に、上記第1の慰謝料の対象外の地域については、引き続き1人月額10

万円を目安とする。避難が長期化すれば慰謝料の総額は増えていくが、帰還困難区域の慰謝料額とほぼ同額になったところで頭打ちになる（また、避難先での「住居確保に係る損害」も、帰還困難区域と同様の扱いとなる）。

要するに第四次追補では、帰還困難区域のみを対象に、一括払いで慰謝料の上乗せをすることが決まったのである。この「新たな」慰謝料は、「長年住み慣れた住居及び地域が見通しのつかない長期間にわたって帰還不能となり、そこでの生活の断念を余儀なくされた精神的苦痛等」を一括して賠償するものと説明されており[38]、原賠審の資料では「故郷喪失慰謝料」とも表記されている[39]。

これは、Ⅲで述べた「ふるさと喪失」の慰謝料と同じとみてよいだろうか。結論を先に述べれば、単純にそのように考えることはできない。

「ふるさとの喪失」による精神的苦痛は、日常生活阻害とも、将来の見通しに関する不安とも区別すべき被害である。ところが、第四次追補で示された1000万円が現行慰謝料とどう違うのかという点について、原賠審では議論があったものの、結論は不明瞭のままになっている。

むしろ今回の1000万円の扱いをみると、現行慰謝料と基本的に同質のものと考えるのが自然である。第二次追補で示された600万円のうち将来分（2014年3月以降に相当する部分）を控除するというのだから、両者は足し引き可能な同質のものでなくてはならない[40]。また、帰還困難区域以外では、慰謝料は引き続き月額10万円なのだが、それが積み重なって「故郷喪失慰謝料」とほぼ同額になると、慰謝料が頭打ちになると定められていることもからも、そのように考えられる。

前述した避難者の精神的苦痛の重層性、継続性を想起すれば、本来「ふるさと喪失」の慰謝料は、別途加算されるべきであろう[41]（なお前述のように、本稿で定義した「ふるさと喪失」の慰謝料は、精神的苦痛だけでなく各種の「無形の損害」にも対応する「包括慰謝料」である）。にもかかわらず、現行慰謝料を将来にわたり一括払いすることで、「故郷喪失慰謝料」という新たなカテゴリーが「創出」されて

38）　第四次追補、5-6頁。

39）　第39回原賠審資料「原子力損害賠償の世帯当たり賠償額の試算について」（2013年12月26日）。第四次追補には「故郷喪失慰謝料」という呼称はみられない。

40）　ただし2014年3月以降について、厳密に月額10万円が控除されているわけではなく、本文で前述のとおり、「通常の範囲の生活費の増加費用」を除いてある。これは中間指針で、避難による生活費の増加分を月額10万円に含んで賠償するとしたためである。

いるのである。

一括払いによって慰謝料の対象を恣意的に拡大するというのは、第二次追補で行われた「すり替え」の構造と同じである。さらに、精神的損害のまとめ払いで、生活再建資金に代えようとする点も同じである。第四次追補は、まとめ払いの理由の一つに、「被害者が早期に生活再建を図るためには、見通しのつかない避難指示解除の時期に依存しない賠償が必要と考えられる」ことを挙げている[42]。このように第四次追補でも、第二次追補における二重の「すり替え」の構造が再生産されているといってよい。

おわりに

本稿では、「ふるさとの喪失」の概念を説明するとともに、被害回復のために必要な諸措置について整理し、慰謝料の位置づけを述べた。さらに、それを踏まえて、原発避難者の受けた精神的苦痛が、1人月額10万円の現行慰謝料によって償われているかを検討した。

現行慰謝料は深刻な精神的苦痛の実状を適切に捉えたものとはいえず、放射線被曝の健康影響に対する不安や、「ふるさとの喪失」などの被害が賠償の対象外として取り残されている。また、第四次追補における「故郷喪失慰謝料」の中身は、現行慰謝料と基本的に同質であると考えられ、「ふるさとの喪失」にまで賠償の対象が広がったと単純に結論することはできない。したがって、「ふるさと喪失」の慰謝料（精神的苦痛だけでなく各種の「無形の損害」にも対応する「包括慰謝料」）は、別途加算されるべきであろう。

（よけもと・まさふみ　大阪市立大学教授）

41）　第四次追補を決めた第39回原賠審で、今回の1000万円は避難元地域に縁の深くない人にも損害として認められる額であるから、被害者が争った場合には個別事情に応じて増額も十分ありうる旨、確認されている。

なお、避難の継続や移住の合理性は、国による区域の線引きとは独立に判断されるべきである。したがって、筆者は「ふるさとの喪失」被害が帰還困難区域に限られるものではなく、それ以外の地域にも共通していると考えている。また、すでに注記したように、たとえ帰還したとしても、ただちに「ふるさとの喪失」被害がなくなるわけではない。

42）　第四次追補、5頁。

7「自主的避難者（区域外避難者）」と「滞在者」の損害

吉村良一

Ⅰ「原発避難」と損害賠償

福島第一原発事故によって10数万人の住民が避難をしたと言われている。本章2でも触れたように、この避難によって、多様かつ深刻な被害が発生している。避難そのものが平穏な生活を営んできた環境や人間関係からの切断という被害をもたらし、避難行動にともなう精神的・肉体的ストレス、避難費用の発生、避難先での不自由な生活にともなう被害や避難後の生活再建のための負担など、多様な被害が生じている。さらには、「帰還」をめぐる精神的社会的ストレスも深刻である。このような被害は、「自己の権利・法益に対する危殆化に対する危険の現実化を回避するための」費用として、それが「合理的」ないし「相当」なものである限り、賠償されるべきである[1)]。

避難にともなう損害の賠償の合理性ないし相当性を考える場合、二つの問題がある。第一は、避難行動自体の合理性・相当性の問題であり、第二には、避難行動にともなって発生した被害をどの範囲で賠償すべきか、どのように算定

1)　潮見佳男「中島肇著『原発賠償　中間指針の考え方』を読んで」NBL1009号（2013年）42頁は、このような予防費用も「予防措置として合理的」であれば賠償されるべきとする。また、中島肇『原発賠償　中間指針の考え方』（商事法務、2013年）も、「放射線の作用による身体や財産に対する侵害の危険が切迫しているにもかかわらず、その作用による健康被害等の損害の発生を待たなければ、賠償の対象とならないと解することは明らかに不合理である。したがって、放射線等の作用を避けるための行動・措置に伴う損害（予防措置費用）は……『原子力損害』に含まれると解すべきである」（21頁）とする。

すべきかという問題である。本稿では、第一の問題に絞って検討するが、後者について若干のことを述べるならば、この点につき、それぞれの損害費目が原発事故による重大な被害を防止するために合理的ないし相当なものであったかどうかを吟味し、かつ、その額を具体的に算定すべきとの主張があるかもしれない。しかし、費目ごとに個別的具体的にその判断を行うことは、本件のような広範で多様な被害が発生している事案では事実上不可能であり、被害者側にこの負担を課すことは適切ではない。また、それは裁判所にも過大な負担を求めることになる。さらに、本件の様々な被害が複雑に絡み合って全体として被害者に多大な負担となっていることからみて、上述のような算定は適切でもない。実務はこのような個別具体的な算定が適切でないと考えられる場合に、抽象的な損害計算を活用してきたが、本件で侵害された（あるいは投下された費用が侵害を防止しようとした）権利ないし法益は平穏な生活や住民らの生存諸条件にかかわるものであり、市場価格を手掛かりとした具体的損害計算が難しいものであることから、抽象的な損害計算を活用すべきである。

Ⅱ 「区域外避難」の合理性・相当性

1 合理性・相当性の判断基準

「政府の指示」による避難の場合、指示の内容如何を問わず、それだけで直ちに、避難には合理性・相当性があると考えることができる。ただし、この場合も、避難指示解除後については「自主的避難」（指示区域害の避難者も事故によって避難を強いられたのであるから「自主的」という表現には馴染まない。「区域外避難」と呼ぶべき）と同様の問題が出てくる。「区域外避難」の場合、「政府の指示」がないことを過大視すべきでないが、この場合は、避難の合理性・相当性の有無をどう判断するかが問題となる。

この問題に関して、原子力損害賠償紛争審査会（以下、原賠審）は、興味深い議論をしている。原賠審では、賠償の可否と放射線量にかかわって、以下の主張が対立した。一方の主張（中心は田中俊一委員）は、当初の混乱した時期は別にして、政府の20ミリシーベルトという基準が定まった以降はそれ以下での賠償を認めることは、この審査会が独自に基準を定めることになり混乱を生ずる（「国の防災の指針が全くないと同じになる」（第14回））、「心情としてはわかりますけれども、ある程度そこで区切りをつける必要がある」(第16回)、それ以下での不安はあるのだろうが、それは賠償で対応すべき問題ではないという意見である。

これに対し、能見善久会長は、政府基準はそれはそれとして(「それを横目でにらみながら」)審査会が独自に自主避難に合理性があるといえる基準を考えたらよいのであって(第13回)、ここでは「住民が危険性を感じて避難することに合理性があるかどうかというレベルで議論しているので、この基準はおそらく科学的な基準そのものと完全に一致する必要はない」(第14回)、「一定の放射線量があるために心理的不安を感じることが合理的と認められる場合には、賠償を認め」てよい(第24回)と主張している。さらに、能見会長は、「その避難した人の判断というのが、非常にその人にとって特殊なものだけではだめですよ、その人だけが感じるような特殊なものではだめですよということで、……少数派であっても相当数がいれば、それは平均的・一般的な人を基準としても合理性はある」(第26回)と述べ、地域の多数が避難したのでなくとも(少数ではあっても)、避難した人の行動が地域や社会に共感を持って受け止められるかどうかの問題であるという趣旨の発言をも行っている[2)]。

この対立は根深いもので、(結果としてそうはならなかったが)能見会長をして、田中委員の意見を無視することはしないが、「場合によれば多数決ということもあるかもしれない」(第23回)と言わしめるに至っているが、結局、20ミリシーベルト未満の区域からの「自主避難者」にも一定範囲で賠償を認めることになった。このことからみて、原賠審が、避難の「合理性」については、政府の指示や基準ではなく一般人・通常人を判断基準とするとの立場をとったことが確認できる。

なお、ここでいう「合理性」に関し、それは「科学的」にみて合理性があるものでなければならないという意見がある。原賠審でそのような主張をしたの

---

2)　中島肇委員も能見と同様の立場であり、後にその著書の中で、低線量被曝の人体への影響についての科学的に明確な知見が確立されていないことを背景にすれば、「20 mSv／年より低い線量の被ばくを懸念して回避する行動を、不合理と断ずることができるのか」、ICRP の勧告が「しきい値なし直線仮説」を採用している以上、「20 mSv／年より低い線量の被ばくを懸念して回避する行動をすべて不合理なものと断じることはできないであろう」とする(前掲注1)8頁以下)。「自主避難者」の賠償と線量問題に関する原陪審の審議については、吉田邦彦「居住福祉法学と福島原発被災者問題(下)」NBL2240号(2015年)3頁以下も参照。

が大塚直委員である。大塚は、「自主避難者」の問題は「平穏生活権」の問題であるとした上で、「単に通常人だったら不安に感じるというだけで賠償するわけにはいかない」「合理的な基準」がいるとし（第13回）、さらに、「平均人・一般的な人を基準として」という基準に、「科学的知見を考慮して」という文言を入れるべきと主張した（第26回）。これを受けて田中委員が、この場合の「科学的知見」「多分、放射線防護基準ということだと思いますので」「放射線防護に関する知見や基準を参照しつつ」という文言を入れるべきという主張（第26回）をおこなっている[3)]。

大塚は、従来から、平穏生活権の保護に関しては、生命・健康被害に関する「合理的な」不安・恐怖感に限るべきだが、ここでいう「合理的な不安・恐怖感」とは、「科学的にみて合理的な不安・恐怖」である必要があるとの主張を行っている[4)]。そして、その理由として、「通常人の不安をもって保護法益の侵害とする立場は、人々に科学的・技術的知識がなく不安に陥っているときに保護法益侵害を認めるという問題がある」ことを挙げる。これに対して、筆者は、原告と被告の間に科学知識を中心とした大きな情報格差がある事例で、原告が「合理的な」不安感を証明することは容易ではない、訴訟での立証命題が「科学的に合理的な不安感」であるとすると、科学をめぐる論争が裁判で行われることになり、迅速な救済にマイナスを与えるおそれはないのであろうかと批判してきた[5)]。平穏生活権一般の問題はひとまず措くとして、注意すべきは、本件における「不安」が、従来、平穏生活権侵害が問題となった事例と異なっていること（そこでは、放射線被害という重大でかつその程度が科学的になお未解明な部分が多い危険が問題となっている）、さらに、従来、大塚が平穏生活権侵害に関し科学的合理性を要求するという慎重な態度をとってきたことの大きな理由が、不安を理由に差止を認めた場合、事業者の行為自由の重大な規制になることから「比例原則」を考慮しなければならないと考えたことにあると思われるが、本件で問題

3)　この提案は結局採用されなかったが、「科学的合理性」論の問題性を示しているのではないか。ただし、大塚が田中と同じ年間20ミリシーベルト主張していたわけではない。大塚は他のところで、「5 mSv／年程度を考えていたが、この点については審査会の意見の一致はない」と述べている（同「福島第一原発事故による原子力損害の賠償」Law & Technology（2012年）56号6頁）。

4)　大塚直「環境訴訟における保護法益の主観性と公共性・序説」法律時報82巻11号（2010年）118頁以下。

5)　拙稿「『平穏生活権』の意義」水野古稀『行政と国民の権利』（法律文化社、2011年）244頁以下。

となっているのは「不安」による原発の差止ではなく、放射線被害を避けるための住民の避難という行動の合理性に関する評価の問題であること（住民の行動が合理的だと判断されれば被告の法的責任が肯定されることから比例原則をまったく無視することはできないであろうが、そこには自ずから差止や法的規制における場合と異なる比例原則との調整がなされるべきではないか）である。

「不合理」な不安やおそれが賠償対象にならないことはそのとおりであろうが、本件の場合には、放射能被害（とりわけ低線量被曝による）についての科学的知見の不確実さが残ること、「専門家」の中でも安全基準についての意見が分かれること、今回の事故を通じて政府等の公的機関や「専門家」「科学者」に対する国民の信頼が崩壊し「科学的合理性」なるものへの強い懐疑が存在すること、放射線の危険性に関する情報提供の不全や混乱があることなどから、「科学的」合理性にこだわることは適切とは思われない。むしろ、通常人ないし一般人を基準として判断することで足り、通常人・一般人が危険だと感じることには「社会的」合理性があるとみるべきである。

2 「不安」にもとづく行動の合理性・相当性

本件事故において広い範囲で「区域外避難」が行われたことや指定解除後の「帰還」に消極的な態度をとる避難者が少なくない理由は、放射線被曝に対する「不安」の存在である。また、近隣で避難せずに滞在している人が日々悩んでいるのも、この「不安」が原因となっている。このような「不安」について、これは放射線被曝について「正しい」知識や情報を持たない住民の科学的根拠に乏しい「不安」、あるいは、あるいは一部の住民の過剰な「不安」であり、低線量被曝に対する「正しい」情報を適切に与えること（いわゆる、リスク・コミュニケーション）こそが課題であり、そのような「不安」とそれにもとづく行動の結果について、損害賠償の対象とすべきではないという意見が存在する。果たしてそうであろうか。

この点について、心理学における「リスク認知研究」が興味深い指摘を行っている[6]。われわれが、あるリスクを回避するか志向（ないし受容）するか（「リスク行動」）には個人差があり、このような「リスク行動」を規定している重要な

6)　以下は、中谷内一也編著『リスクの社会心理学』（有斐閣、2012年）による。なお、この問題について詳しくは、鳥飼康二「放射線被ばくに対する不安の心理学」環境と公害44巻4号（2015年）参照。

要因の一つが「リスク認知」である[7]。「リスク認知」とは、一般の人々があるハザードを主観的・直感的に認識することであり、そこでは、「恐ろしさ」（「制御可能性」「恐ろしさ」「世界的な惨事」「致死的帰結」「平等性」「将来世代への影響」「削減可能性」「増大か減少か」「自発性」といった特徴からなる）と「未知性」（「観察可能性」「影響の晩発性」「新しさ」「科学的理解」といった特徴からなる）の２つの因子が重要である。「恐ろしさ」が高いほど人々は回避すべきリスクと認知しがちになり、「未知性」が高いほど、やはり、回避すべきリスクと認知しがちになるのである。そして、今回の福島原発事故で明らかになったリスクは、まさに、このリスク認知の２つの因子によくあてはまるのである。すなわち、今回の事故は、①巨大津波に襲われて炉心融解という深刻な事故発生を抑えられなかったし、事故発生後も全電源喪失により核燃料の冷却ができず、それが事故後数日間続いて被害を発生させたこと（「制御困難」）、②原子炉の建屋の水素爆発や火災の様子が放映され、どうしたって恐ろしいという感情を抱くこと（「恐ろしさ」）、③今回は免れたものの、施設の爆発や高線量放射線被曝はそこにいる人を死に至らしめる潜在力があること（「帰結の致死性」）、④放出された放射性物質は遠くにまで汚染地域を広げたこと（「世界的な惨事の可能性」）、⑤事故の収束には数十年単位の長い時間を要すること（「リスク削減の困難性」）、⑥とくに子どもへの放射線の影響が懸念されていること（「将来世代への影響」）、⑦福島県民にとってあえて被曝線量の高い地域での生活を選んだのではないこと（「非自発性」）、⑧東京を含めた首都圏への電力供給のために被害を被ったこと（「不平等」）など、「恐ろしさ因子」にかなり適合する。また、①放射線は見たり聞こえたりするものではないこと（「観察が不可能」）、②リスクにさらされていても影響の有無を感じることができないこと（「さらされていることの理解困難」）、③発がんのような影響はただちに現れるのではないこと（「影響の晩発性」）、④施設敷地外の一般市民が大気や食品、水道水中の放射性物質を気にしなければならない事態は初めてであること（「新しいリスク」）など、「未知性」についてもあてはまる要素が多い。このような人々の「リスク認知」に対し、科学者や専門家が行う「リスク・アセスメント」がある。これは、あるハザードにどれくらい接するとどれくらいの確率で望ましくない状態になるかを評価することである。留意すべ

7）前掲書 69 頁（上市秀雄筆）。

きは、このようなリスク・アセスメントが「正解」で、一般人の「リスク認知」は「間違い」という見方は適切ではないということであり、「一般人のリスク認知に影響する要因はさまざまな価値を背景としており、たんなるバイアスとは見なせない」のである[8]。

このような「リスク認知研究」の成果と本件事故の特質を踏まえるならば、今回の事故にともない住民に発生した「不安」は決して根拠のないものではないこと、そして、そのような「不安」とそれにもとづく行動の結果を合理性・相当性のないものとして切り捨てることは誤りであるということになろう。

3　具体的な判断

それでは、本件における「区域外避難」の合理性・相当性は具体的にはどのように判断されるべきか。「区域外避難」であっても、一般人からみて避難が相当とみられる場合、そのことによって生じた被害は賠償の対象となる。その判断は、様々な事情の要素を総合的に考慮して行うことになるが、以下の点に留意すべきである。

直後の混乱したかつ緊迫した状況での判断はギリギリのものであり、そこでの避難の判断は、（特別の事情がない限り）通常人・一般人に共感をもって受け止められるべきである[9]。また、情報が錯綜混乱した初期段階において、政府指示による避難者と「区域外避難者」に、賠償額（とりわけ避難にともなう身体的・精神的被害に対する慰謝料）に差を設ける合理的な理由は乏しい。

一定時期以降については、「本件事故との時間的場所的接着性、年齢、性別、妊娠の有無、放射線量の程度、累積の被ばく状況その他一切の事情を総合的に衡量して決する[10]」ことにならざるをえない。そこで大きな問題となるのは、避

8)　以上、前掲書49頁以下（中谷内筆）。

9)　原発ADRの調査官である栃尾安紀は、いわき市から3月11日に「自主避難」した申立人について、「いわき市から市外への避難者の数は……相当多数にのぼり、避難行動は特異な人の特異な行動ではないといわれていた」ことから、「申立人と同じ状況に置かれた場合、十分な準備をせず、着の身着のままで避難を開始する者も、一般的・平均的な人間の中に多数存在すると確信に至った」として、「自主避難」にともなう損害の賠償を認めるべきであるという判断を示したと報告している（判例時報2158号5頁以下参照）。この判断は、極めて適切なものであったといえようが、これに対し東電は、申立人の避難は自主的なものであり、それにともなう責任は申立人自身が負うべきだとして、「強く抵抗した」とのことである。なお、これは、「自主避難者」への一定の補償を認める追補が出される前の段階での判断である。

10)　日弁連編『原発事故・損害賠償マニュアル』（日本加除出版、2011年）136頁。

難の「合理性・相当性」と線量問題である。すでに述べたように、合理性・相当性判断は一般人・通常人を基準とした社会通念によるもので、科学論争によるものではない。したがって、線量が唯一の基準となるのではない。しかし、ことが放射線の危険性に関するものなので、線量とそれに関する科学的知見をまったく無視することもできない。この点につき、本件事故被災者が提起したいくつかの訴訟では、事故前の放射線規制に関する規範を重視し、年間1ミリシーベルトという基準を出している。他方で、（原状回復の目標値ではあるが）「自然線量」（1時間0.04マイクロシーベルト）を一つの目安にする主張もある。原賠審で田中委員が年間20ミリシーベルトを主張し、能見会長らがそれ以下でも賠償を認めうるとの立場を主張したことは記述のとおりだが、「合理性」は「科学的合理性」でなければならないとする大塚は、年間5ミリシーベルト程度を考えている。また、日弁連の意見書「東京電力福島第一、第二原子力発電所事故における避難区域外の避難者及び居住者に対する損害賠償に関する指針について」（2011年11月24日付け）でも、「少なくとも3月当たり1.3 mSv（年間5.2 mSv、毎時約0.6 μSv）を超える放射線が検出された地域」については、全ての者について補償の対象とすべき（ただし、「追加線量が年間1 mSvを超える放射線量が検出されている地域についても、少なくとも子ども・妊婦とその家族については対象とすべき」）としている。

一般人・通常人の判断を重視する本稿の立場からは、次の調査結果が重要である。辻内琢也が県内外の避難者に対して行った調査によれば、避難先から故郷に戻ってもよいと思われる放射線水準として、2013年の福島の仮設の調査では、年20ミリシーベルト未満とする者は6.3%に過ぎず、年5ミリシーベルト以下が7.1%、追加被曝年1ミリシーベルト以下が28.6%、震災発生前の線量が37.2%となっており、埼玉と東京の調査では、年20ミリシーベルト未満とする者は2.4%に過ぎず、年5ミリシーベルト以下が6.4%、追加被曝年1ミリシーベルト以下が20.8%、震災発生前の線量が48.9%となっている[11)]。避難した人たちのおおよそ3分の2が1ミリシーベルト以下にならなければ戻ってよいとは考えていないという事実は、避難行動が合理的ないし相当であったかどうかを考える際にも極めて重い意味を持っているのではないか。少なくとも、これら

11）　辻内琢也「深刻さつづく原発被災者の精神的苦痛」世界2014年1月臨時増刊107頁。

をみれば、国が「避難指示解除準備区域」として定めた年20ミリシーベルトという数値が、いかに被災者の感覚とかけ離れているかは明白である。このような議論状況の中で、線量問題をどう扱うかは慎重な判断がいるが、いずれにしても、線量はあくまで合理性・相当性判断の一つの要素でしかないことに留意すべきである。

また、事故直後の段階とそれ以後では、放射線被曝被害に関する情報等に違いがあることも考慮すべきである。ただし、情報について言えば、「直ちには影響がない」という政府の言明を信じるほかなかった直後の情報不足の状況と、事故の全貌が明らかになり低線量被曝の危険性に関する情報が広がった段階を比べて、事故直後よりも、一定時間が経過した方が、避難判断の合理性・相当性を高めるということもありうる。事故後、避難所での生活を経て、福島県郡山市内のマンションで夫と2人の子どもと一緒に生活し、2011年5月に大阪への母子避難を決断した森松明希子は、福島にいて見えなかったものが、2011年5月に大阪の実家に一時帰郷して見えるようになり、「客観的にも冷静に考えても……放射能に対して感受性の高い乳幼児を福島で育てるべきではないのだろうと」思い、夫を福島に残しての「母子避難」を決断したとしている[12)]。さらに、一定時間が経過し地域コミュニティの崩壊があらわになるという事情も、避難判断の合理性・相当性を高める。したがって、期間経過によって避難判断の合理性・相当性が失われるものではないことには注意すべきである。

Ⅲ　避難の合理性・相当性と「予防原則」

1　はじめに

本件被害の賠償を考えるにあたって、「予防原則」を重視すべきとの主張がある。例えば、中島肇は、中間指針は「予防原則」の考え方を色濃く反映しているとし、「風評被害」や「自主避難」に関し、予防原則は「予防的措置をとる規制当局側の施策の根拠として適用するものであって、市場や私人の行動を正当化することを予定したものではないが、市場（消費者）の買い控えや自主避難した住民の予防的な反応に合理性（正当性）を与える考慮要素にはなる」とする[13)]。

12)　森松明希子『母子避難、心の軌跡』（かもがわ出版、2013年）31頁。
13)　中島・前掲注1）8頁、14頁以下。

潮見佳男は、中島の指摘を受けて、「予防原則の考え方を損害賠償法の場面で積極的に展開する見解は、傾聴に値する」と積極的に評価する[14]。また、吉田邦彦は、「予防・警戒原則（precautionary principle）」は「近代的な科学主義に対するアンチ・テーゼ」から生まれたものとして放射能被害の問題に応用可能だとする[15]。避難の合理性・相当性判断においても、「予防原則」は重要な意義を有する。この点、本件事故訴訟に取り組んでいる米倉勉弁護士は、被害発生の可能性が「合理的な仮説」として説明できる限り、このような仮説に基づく避難行動による損害（さらには、このような仮説がもたらす不安やストレスによる被害）は、予防原則に基づき、そのすべてが、事故と因果関係を有する損害とみるべきとする[16]。

2 「予防原則」とは

「予防原則」は環境法において確立発展してきた考え方である。すなわち、環境に対する侵害は不可逆的なものが多いことから、環境政策においては、環境の事後的な回復や侵害結果の除去よりも、侵害の回避・予防が優先されるべきとされる。これが（広義の）予防原則である。広義の「予防原則」には二つのものが含まれている。一つは、環境侵害を発生以前に食い止めるための施策を事後的救済に優先させるべきという考え方（preventive principle）であるが、これとは異なる意味での「予防原則」（precautionary principle）が国際的に認められてきている。ここで言う「予防原則」（狭義の「予防原則」ないし「予防警戒原則」）とは、例えば、オゾン層の破壊や地球温暖化のような問題は、将来の損害の発生について科学的になお不確実なところがあるが、問題が深刻になってから取り組んでも遅い（損害が発生してからでは回復が困難であり、問題が深刻化すればするほど対策は困難になる）ので、危険の予測になお不確実なところがあっても、予防的な立場から出来るだけ早期に対策に取り組むべきという考え方である。「原発避難」の合理性・相当性判断において考慮すべきとされるのは、被害発生を未然に防止すべきという意味でのそれ（preventive principle）ではなく、危険の予測になお不確実なところがあっても、予防的な立場から出来るだけ早期に対策に取り組むべきという原則（precautionary principle）のことである。

14）　潮見・前掲注1）43頁。
15）　吉田邦彦・NBL1026号（2014年）41頁。
16）　米倉勉「『福島原発避難者訴訟』における損害論」環境と公害43巻2号（2013年）36頁。

3 「予防原則」と民事責任

前述のように、この原則は、環境法において、国家による環境保全策のあり方にかかわって発展してきたものである。それでは、「原発避難」の合理性・相当性判断においてこの原則を活用することが（理論的に）許容されるか。かりに（理論的に）許容されるとして、その活用は適切かつ妥当か。

今野正規によれば[17]、近時のフランスでは、予防（警戒）原則を、環境保護政策的な意味を超えてHIV感染事件をはじめとする「現実の事件についての責任帰属を判断する際にも適用すべきである」という主張が有力になされている。そして、今野は、同様の議論がわが国の民法709条の過失要件に関する議論にもみられるとして、潮見佳男の過失に関する議論を挙げる[18]。すなわち、潮見は、その著書『不法行為法』（信山社、1999年）160頁で、「権利侵害の危険が抽象的に存在するにとどまる段階においても、その抽象的危険を伴う行為が生命・健康への回復不可能な重大な被害をもたらすおそれのあるような場合には……抽象的危険を現実のものとしないように適切な措置をとるべき義務が課される場合」があるとしているが、今野は、「こうした議論は、新しいリスクや不確実性に対して、予防（警戒）義務を課すフランスの議論とほぼ同様の枠組みに立っている」とするのである。なお、潮見は前掲書の新版である『不法行為法Ⅰ（第2版）』（信山社、2009年）では、より明確に、公害、薬害・食品公害等における過失論（「予見義務の『行為義務』化」、「事前の思慮」への拡張）を、「近時、環境法の領域で注目を集めている『予防原則』（precautionary principle）の考え方ともその発想の基盤を享有するものである」「人体に脅威を与える物質と人体への侵害と結びつける科学的証明が困難であっても、いったん発生すると回復不可能な重大な損害が発生する場合には、損害発生前のリスクを回避し、または提言（ママ）（逓減？）するために事前の思慮を行うべきであるとの観点から、わが国の民事過失論を充実させていくのが望まれる」と、より直截に、「予防原則」に立った民事責任論を主張している。さらに、潮見は、原発事故に関して、「人々の生命・健康や、将来世代の生命・健康にも関連する環境に対し深刻かつ不可逆的な被害（取り返しのつかない破壊）を生じさせるリスクについては、人々の生命・健康という法益に対する深刻かつ不可逆的侵害というリスクの重大性にかんが

17）　今野正規「リスク社会と民事責任」北大法学論集59巻5号、60巻1号、3号（2009年）。
18）　今野前掲・北大法学論集60巻5号（2010年）1314頁以下。

み、人々のとったリスク回避行動に対して科学的不確実性を理由にその合理性を否定し、原子力の利用者（原子力事業者など）の経済的自由権を保護するのは、権利・法益面での均衡を失する」として「予防原則」を支持する。[19)]

以上のような議論動向からみて、「予防原則」を私法・民事責任法の中に持ち込むことに（この原則が環境政策にかかわって成立してきたという出自にかかわらず）理論的に問題がないことは明らかである。そして、もし、この原則から（潮見の言うように）「科学的証明が困難であっても、いったん発生すると回復不可能な重大な損害が発生する場合には、損害発生前のリスクを回避し、または逓減するために事前の思慮を行うべきである」という行為規範が成立するとすれば、そのような行為規範にしたがってとられた避難という行動は社会的にみて合理的ないし相当なものとして（法的に）評価されるべきであり、そこにおいて、政府の指示があったかどうかは決定的な問題ではないことになろう。

4 本件における「予防原則」の妥当性

そうすると、次の問題は、本件が、このような「予防原則」が妥当する事例かどうか（予防原則採用の必要性ないし適切性）である。この問題を考える上で、決定的に重要なことは、今回の原発事故被害の特質である。今回の事故被害は、①発生しうる被害が重大かつ不可逆的であること、②目に見えない五感で感知しえない未知の危険であること、③低線量被曝は確率的な危険であること、④閾値に関する議論など、科学的知見そのものが未確立ないし見解が分かれていること、⑤情報提供の混乱の中で政府や科学者に対する信頼の崩壊が生じていることといった特質を持っている。このような特質は、「予防原則」を取り入れて避難行動の合理性・相当性を判断することが必要でありかつ適切であることを示しているのではないか。

---

19) 潮見佳男「福島原発事故に関する中間指針等を踏まえた損害賠償法理の構築(下)」法律時報86巻12号（2014年）129頁〔本章1、115頁〕。さらに潮見は、「そもそも、因果関係判断に当たっては、一点の疑義もない科学的証明までは求められていないから、因果関係の判断に予防原則の考え方を採りいれること自体は特異なことではない。むしろ、予防原則と結びつけられる合理性の判断において科学的合理性が求められる（社会的合理性では足りない）との立場に依拠し、科学的合理性の基準を不法行為損害賠償における裁判規範としての因果関係判断に持ち込む場合は、因果関係が認められる余地が今よりも狭くなるのではないかとの懸念が頭をかすめる」とも述べて、「科学的合理性」説への疑問を提示している（同130頁）〔本章1、115頁〕。

Ⅳ 「滞在者」の損害

政府による避難指示区域外であっても、周辺・近隣の住民は事故により様々な被害を被っている。直後は原発の爆発の恐怖におびえ、また、混乱の中で生活物資の調達をはじめとして、様々な困難に直面した。一定時期以降も、低線量とは言え、自然線量をはるかに超える放射線が検出される中、健康への強い不安に曝されている。このような中で、事故直後、あるいは一定時期経過後に多くの住民が「自主的」避難を行ったが、同時に、様々な理由からその地にとどまった（とどまらざるをえなかった）、あるいは一時避難先から帰還した（せざるをえなかった）人も多い。これらの「滞在者」にも、様々な被害が発生している。いわき市の「滞在者」（一時避難の後に帰還して滞在している者を含む。いわき市では事故直後には、およそ半分の市民が市内外に避難したと言われている）が原告となっている「いわき市民訴訟」において原告らは、次のような被害を主張している。イ）事故直後の時期における被害として、情報不足の中での混乱と恐怖、避難を実施した者の避難中の被害（生活費の増加、差別、ストレス、一家離散、その他）、残留した住民らの恐怖と不安。ロ）初期避難期間終了後の継続的被害として、帰郷の選択をせざるをえなかったこと（いわき市が安全・安心だから帰ってきたわけではない。「心配はあるが、仕方なく低線量放射線物質に汚染されたいわき市での生活を受け入れざるを得なかった」）、（汚染による）継続的な精神的被害（被曝の恐れ、地域力の低下、子どもから自然が奪われたこと、生活の質の低下、その他）[20]。これらに加えて重大なのは、汚染水問題に象徴されるように、事故は未だ収束せず、住民

20）郡山市から2011年5月に避難した森松明希子は、「目に見えて人口が流出していくのが分かる……本当になんとも言えない気持ちになりました。……このままここに住んでいていいのかしらという不安感……焦りと不安と得たいの知れない恐怖感が入り混じったような感覚でした」、「ふだん屋外では子どもを遊ばせることができないので、ただ、街にあるふつうの公園の滑り台を滑らせたり、ただのブランコやシーソーに乗せるためだけに、わざわざ高速道路を使って山形県や新潟県にある町中のごくごくふつうの公園に、車を2〜3時間飛ばして出かけて行きました」。「毎日の洗濯物も……マンションの中で部屋干しし、お布団も布団乾燥機を毎日稼働させ、天日干しもままなりません」、放射能が子どもに将来与えるかもしれない影響を考えて「極めて曖昧な不安感や恐怖感のために、生活全般の細かいことについて神経を払わなければならないことが、疲労困憊を招くし、精神的にも心底消耗する」と、避難決断前の年少の子どもを抱えての不安と生活の困難をリアルに語っている（前掲注12）27頁以下）。森松は、このような状況から大阪への「自主避難」を決断したのであるが、同様の状況は多くの「滞在者」に、程度の差はあれ、その後も続いているものと思われる。

はあらたな事故・被曝の恐れをもって暮らさなければならないことである[21]。

このような「滞在者」の被害も、原発事故によって惹起されたものとして、賠償の対象にすべきであるし、また、このような「滞在者」の被害を適切に救済することには、大きな意義がある。放射線は五感ではとらえられないため、個人の避難・滞在・帰還による損害は政府または被害者自身の判断による行動を媒介にせざるを得ないが、政府の指示に対する国民の信頼の失墜の中で、結局は、各被害者が置かれた状況の中で判断せざるをえなかった。放射能汚染を回避したい者は避難し、様々な理由でそれができない者はとどまる。避難すれば生活基盤を失い、とどまれば被曝の危険が高まるので、いずれの選択をしても損害の発生自体は免れない。しかも、重大なことは、ことが各人の生活・生存に直結するぎりぎりの判断であるだけに、（地域の中で、あるいは家族の中で）しばしば意見の対立が生じ、このことが地域や家族の分断にもつながりかねないことである。除本理史は、住民らは「究極の選択」を強いられたと表現している[22]。

他方で、避難区域の再編以降、「帰還」と賠償の終期が問題とされるようになった。すなわち、一方で、「帰還困難区域」において長期にわたって帰還できないことによる被害をどう補償するか（移住を考えざるを得ない場合、居住用不動産の再取得をどう補償するか、帰還できないことによる精神的損害をどう考えるか）が問題となり、他方で、避難指示が解除されて「帰還が可能」とされた地域からの避難者の補償の「終期」をどう考えるかということが問題となったのである。事故発生後、多くの住民は、避難を強制され、あるいは、避難するかしないかの選択を強いられたが、再び、ここで、帰還をめぐってその選択を強いられることになったわけである（帰還は避難の裏返しの問題であり、そこでは、同様に、放射線曝露の「不安」をどうとらえるかが問題となる）。

この問題は、避難や帰還の問題を住民自身による選択（自己決定）の問題とと

21）山下祐介らは、このような被害を受けて滞在している人を、「生活内避難者」と呼んでいる（山下祐介・市村高志・佐藤彰彦『人間なき復興』（明石書店、2013年）125頁以下）。山下らによれば、原発避難は、「強制避難」「自主避難」「生活内避難」に分類することができる。放射能汚染が生じた地域では「地域にとどまりながらも日常生活が正常に行われていないという意味で、そこでも原発避難が行われているというべきである。たとえ住み処を変えないにしても、多くの人が口にするものや外出先に気を遣い、とくに子どものいる家庭では、なるべく外に出さないなどの配慮をする、こうしたかたちで生活内の避難が続いている」のである。

22）除本理史『原発賠償を問う』（岩波書店、2013年）32頁。

らえるのではなく、避難するかしないかについて選択の強要を受けることこそが共通の被害であるととらえ[23]、一方で「避難する権利」を認め、それを実現するための支援を保障することと、他方で、「とどまる権利」をも正当なものとし、それに見合った補償を与えること、「帰還する権利」と「移住する権利」をともに認め（加えて、事故の「収束」や除染の進行や生活環境の回復状況をみながら「待避する権利」も認めるべき）、被害者らが、その決定を強いられることなく、自ら主体的に決定できる権利の保障が必要である。そのためには、「区域外避難者」の損害が適切に補償されることが必要だが、加えて、「滞在者」の被害の適切な救済も重要である[24]。

このような視点からは、中間指針第一次追補が、放射線被曝への恐怖や不安により「自主的避難」を行った場合における、①生活費の増加費用、②正常な日常生活の維持・継続が相当程度阻害されたために生じた精神的苦痛、③避難および帰宅に要した移動費用の賠償を認め、あわせて、放射線被曝への恐怖や不安を抱きながら滞在を続けた場合の、①放射線被曝への恐怖や不安、これに伴う行動の自由の制限等により、正常な日常生活の維持・継続が相当程度阻害されたために生じた精神的苦痛、②放射線被曝への恐怖や不安、これに伴う行動の自由の制限等により生活費が増加した分の賠償を認めたこと、しかも、上の両者を同額として算定するのが「公平かつ合理的」としたことは重要である（ただし、金額が、本件における避難者の受けた深刻な精神的被害として妥当なものといえるかどうかは、別の問題である[25]）。

それでは、以上のような賠償論はどのように理論的に正当化できるのか。この点では、平穏生活権という概念が有用である。平穏生活権は様々な場面で主張されているが、本件で問題となっている不安を平穏生活権で受け止めるとす

23）　藤川賢「福島原発事故における被害構造とその特徴」環境社会学研究18号（2012年）45頁以下参照。

24）　この点で、「原発事故子ども・被災者支援法」が、個人の選択を尊重しつつ、「長期避難・移住を選択する人」「住み続けることを選択する人」「一時避難したが帰還した人や近い将来帰還を考えている人」「将来的な帰還を考えている人」といった多様な人々の選択への支援をうたったことは大きな意義がある。ただし、その支援の内容が十分かつ適切かどうか、東電や国の責任が曖昧であること、そもそも「補償」や「賠償」なく「支援」で良いのかといった批判があり（例えば、中川素充「原発事故子ども・被災者支援法――概要と問題点について」賃金と社会保障1571号（2012年）23頁以下）、また、本法に基づく基本方針の内容に問題が多いといった批判（福田健治・河﨑健一郎「踏みにじられる『被曝を避ける権利』」世界2014年臨時増刊122頁以下）もなされている。

れば、それは、「身体や健康に直結した平穏生活権」と位置づけるべきである。なぜなら、放射線被曝による不安は健康被害への不安であり、また、そのような不安には客観的根拠があるからである。あるいは、本件で住民らが侵害された権利・法益は、単なる平穏な生活に関するものだけではなく、人々の生存諸条件への侵害とみることもできる。そして、本件事故における特質の中では、避難した者もとどまった者も、ともに「平穏生活権」（ないしは生存にかかわる権利）が侵害されたものとしてとらえ、それに見合った補償を与えることが可能となるのではないか。

本件の被害をこのようにとらえるとして、次の問題は、滞在者について言えば、放射線への不安の中で滞在し生活を続けることが、賠償に値する損害を発生させていると言えるかどうか、平穏生活権に引きつけて言えば、どのような内容と程度の「不安」があった場合に、平穏生活権侵害ありと認めうるかである。この点については、基本的には「区域外避難」について述べたことがあてはまるのではないか。すなわち、事故直後について言えば、この時期に「滞在者」が被った様々な困難に関して賠償（とりわけ混乱の中での恐怖や不安、肉体的・精神的ストレスに対する慰謝料）が認められるべきことについて異論はない。中間指針追補も一定の範囲の「滞在者」に「自主避難者」と同額の慰謝料を認めている。「滞在者」にも「避難者」と同じ額の慰謝料を認めたことは、住民間の公平の指摘からみて適切であり、また、それは、平穏生活権侵害という構成によって根拠づけうる（両者とも、事故とその直後の混乱によって平穏な生活が侵害されている）。問題はその額が生じた被害に比して僅少にすぎることであり、さらに、政府の指示による避難と差がつけられていることである。しかも、ここでも区域による限定がなされている。

初期段階以降の慰謝料についてみれば、初期の混乱期以後において、平穏生活権の侵害がなお（いつまで）継続しているのかが問題となる。これについても、

25）　河﨑健一郎・菅波香織・竹田昌弘・福田健治『避難する権利、それぞれの選択』（岩波書店、2012年）42頁は、原賠審が、「自主避難者」と「滞在者」に等しく同額の賠償を認めたことについて、「避難によって生じた損害だけではなく、福島に滞在し、放射線被曝にさらされることそのものについて、賠償の対象となる精神的苦痛と認めたことは、大きな意義を有します。また、避難者と滞在者を同列に扱うことは、避難することも、対策を採りながら福島にとどまることも、その双方が等しく尊重されるべき選択である、とのメッセージになります」と評価しつつ、対象区域からはずれた人の賠償はどうなるのか、賠償額があまりに低すぎるのではないかといった問題点をも指摘している。

「区域外避難」の合理性・相当性判断に関して述べたのと同様のことが当てはまる。すなわち、住民の「不安」が合理性・相当性を持つかどうかが問題となるが、通常人・一般人が危険だと感じることには「社会的」合理性・相当性があると考えるべきであり、そこでの判断基準はあくまで（科学的知見そのものではなく）一般人・平均人が持つ放射線被曝というリスクに対する認識である。また、そこでは「予防原則」を踏まえた判断を行うべきである。ただし、その場合、「自然線量になるまで」被害が続くとみてよいかどうかは、さらに検討が必要であろう。

（よしむら・りょういち　立命館大学教授）

1　除染の問題点と課題

礒野弥生

I　本稿の目的

原子力政策では、国際的に被曝の限度を定め、それに対する防護のあり方の基準を定めるということが行われてきた。国際放射線防護委員会（ICRP）がその役割を負っているが、同委員会は、被ばくを増大させる行為の正当化、防護の最適化、個人の線量限度の三原則を示した[1]。そして、放射線被ばくを、計画被ばく状況、緊急時被ばく状況（好ましくない結果を避けたり減らしたりするために緊急の対策を必要とする状況）、現存被ばく状況（管理についての決定をしなければならない時に既に存在する被ばく状況）、という三つに区分している[2]。

ところで、世界は避難を要する深刻な事故を三度経験した。最初のTMI事故では住民の大量避難を指示し、チェルノブイリ事故では強制移住措置および避難・居住選択措置が執られた。

それに対して、福島原発事故では、区域を設けて避難指示を出した。緊急時被ばく状況において「合理的に達成可能なかぎり低く」するための線量として、20 mSvを採用した結果である。

避難指示外の地域では、被ばくを提言させるために除染をし、避難指示が出された地域についても、除染をすることで帰還させるという政策を選択した。除染により放射線量を低減して居住を事実上強制し、あるいは居住していた場

1）ICRP60（1990）勧告。
2）ICRP103（2007）勧告。

所への帰還を促すという政策（以下、「除染・帰還」政策とする）は、世界で初めての事後対策である。

放射線防護は、国民の「健康に生きる権利[3]」の確保が目的である。「健康に生きる権利」保護の観点から、除染政策を検証する必要があり、本稿では、この観点から除染政策を検証する[4]。

Ⅱ　除染の位置づけの変化 ――ボランティア除染、市の独自除染の活発化

1　子どもへの影響と学校除染

除染は、住民の要求から始まった。50 km 以遠の福島市や郡山市でも高濃度地域が広がっていたが、避難措置は執られなかった。避難指示外の地域でも避難する住民も少なからずいたが、避難したくとも避難もままならない住民が多く存在した。

発災後1ヶ月たらずで、文科省は学校の再開を決定し、福島県教育委員会等に通知（「福島県内の学校の校舎・校庭等の利用判断における暫定的考え方について」）を発出した。CRP の非常事態が収束した後の「一般公衆の参考レベル 100-20 mSv／年の範囲で考えることも可能」（Publication 109 に依拠）とする内容の声明（2011 年 3 月 21 日）を根拠として、同通知では、児童生徒等が「学校に通える地

3)　特に、児童の権利に関する条約では、第6条をはじめとして安全で健康に生きる権利の保障に関する条文を置いている。日本では、牛山積・河合研一・清水誠『公害と人権――健康な環境に生きる権利』（法律文化社、1974 年）として、すでに、公害問題の中で提起されている。環境権は健康に生きる環境の保障がベースにあり、近年化学物質の領域で予防原則が国際的な承認を得ようとしているように、国民の健康に危害があるおそれがある場合には、それを排除することが必要とされている。これらは健康に生きる権利が前提となるからである。

4)　除染に関しては、FAIRDO プロジェクト（代表：鈴木浩福島大学名誉教授）による「汚染地域の実情を反映した効果的な除染に関するアクションリサーチ」が除染のガバナンス、コミュニケーションおよび計画に関して、学際的な研究を行ってきた。その成果として、FAIRDO『福島における除染の現状と課題』（第1次報告　地球環境戦略機構、2012 年 10 月）、および『FAIRDO2013　除染の課題から見えてきた課題――安全・安心、暮らしとコミュニティの再生をめざして』（第2次報告　地球環境戦略機構、2013 年 7 月）、を参照してほしい。また、「福島県における除染の現状と課題」レファレンス 2013 年 3 月号　国立国会図書館調査及び立法考査局、佐藤克春「福島第1原発事故による土壌汚染の除染の現状――南相馬市・川内村の事例から」人間と環境 39 巻 1 号 18-25 頁、および除染と参加の問題については、拙著「原発事故対策における住民の参加権――主として除染をめぐって」広渡清吾他『日本社会と市民法学　清水誠先生追悼論集』（日本評論社、2013 年）など。

域においては、非常事態収束後の参考レベルの1-20 mSv／年を学校の校舎・校庭等の利用判断における暫定的な目安とし、今後できる限り、児童生徒等の受ける線量を減らしていくことが適切」とした。文科省は学校の校庭・園庭において3.8 μSv／時間の場合でも、校舎・園舎内での活動を中心とする生活によって、「児童生徒等の受ける線量が20 mSv／年を超えることはないと考えられる」とした。校庭・園庭で3.8 μSv（幼稚園、小学校、特別支援学校は50 cm高さ、中学校については1 m高さ）以上の空間線量が測定された学校では、「生活上の留意事項に配慮するとともに、当面、校庭・園庭での活動を1日あたり1時間程度にするなど、学校内外での屋外活動をなるべく制限することが適当」とした。[5]

これに対して、NPOや専門家から、子供に20 mSvを許容し、健康被害をもたらす方針だとする意見が多く出された。住民からは、市町村に対して、保育園、学校や通学路の除染要請が強まった。郡山市は、新学期が始まった2011年4月27日、「保護者らの要望」に即して、独自に市立小中学校と保育所計28施設の校庭の表土をはぎ取る作業を始めた。伊達市小国地区の小学校でも校庭の表土はぎ取りが行われた。6月以降になると、生協等の既存の団体や新たな設立されたボランティア団体が、積極的に通学路などの除染活動を始めた。

文科省は、土壌のはぎ取り等の方法に関する技術的な指針（2011年5月11日）を示し、その後、1 mSv／年を目標として除染事業に財政的支援をする旨の通知をした。

2 除染の積極説・消極説

除染については、積極説と消極説が相半ばしていた。アイソトープ研究所長である児玉龍彦が強調し、かつ実践したように、住み続ける以上低線量被曝問題を回避する必要があり、被曝を低減するためには除染が必要であるとする除染積極主義である。[6] それに対して、除染の効果を疑問視し、高額の費用をかけて除染するよりも避難をさせて時期を待つ方がよいとするのが消極主義である。最善の被ばく回避方法は避難である、という立場である。これらの主張は「避

5) 2011年4月14日の測定では、福島県内52校のうち、校舎外で地上から1 mの高さでの平均空間線量率が3.8 μSv／時を上回った学校・園は9校、地上から50 cmでの同平均空間線量率が3.8 μSvを上回った学校・園は16校だった。これらの学校では、屋外での活動を制限するとした。

6) 同「福島事故とは何か」一ノ瀬正樹等『低線量被ばくのモラル』（河出書房新社、2012年）41-54頁。

難する権利」に基づく[7]。

実際、南相馬市原町区の町内会で排水溝の泥上げされたものを詰めた袋の表面は、2011年9月時点で5μSv／時以上を示していた。同地では、2011年の夏休みに保育園で保護者を中心に除染が行われたが、「本来国は避難させるべき」だが、「住み続ける以上除染をせざるを得ない」のが本音、とする保護者も多かった。また、福島市渡利地区では、地域の人々の中には除染より避難指示を求める人も多かった。同じく高線量地区である同市大波地区では、除染後も線量は高く[8]、自主的に避難した住民や、子どもを同地区の学校に通わせない住民も多い[9]。

郡山市では、小学生が原告となり、20mSv／年は子どもの被曝許容線量としては高すぎるとして、2011年6月24日、福島地裁郡山支部に、郡山市を被告として年1mSv以下の安全な場での教育の実施を求めて、仮処分を申し立てた（ふくしま集団疎開裁判[10]）。避難する権利、健康な環境で生きる権利がその基礎にある。

Ⅲ　特措法による除染

1　特措法と除染

「平成二十三年三月十一日に発生した東北地方太平洋沖地震に伴う原子力発電所の事故により放出された放射性物質による環境の汚染への対処に関する特

7）　河﨑健一郎等『避難する権利、それぞれの選択』（岩波ブックレット　岩波書店、2012）。

8）　大波地区は2011年10月18日から市の除染が始まり翌年5月に除染が終わった。しかし、1年後の10月17日には、毎時0.47μSvを市の測定で記録しているなど、また測定値が上がっているために、不安が隠せない状況になっていた（毎日新聞2012年10月17日、20時42分）http://mainichi.jp/graph/2012/10/18/20121018k0000m040062000c/001.html。また、国際環境NGO FoE Japan福島老朽原発を考える会（フクロウの会）「依然として高濃度汚染が続く渡利・大波除染の限界は明らか――国と福島県は避難と除染の政策をみなおすべき」http://www.foejapan.org/energy/news/pdf/121115.pdfも同旨。

9）　その結果、2014年度には休校となっている。小国、富成の両小学校区では、2012年12月に特定避難勧奨地点の指定が解除されたが、自主避難を続けている家庭は依然多く、2014年度入学児童は0であった。

10）　詳しい資料については、ブログ「子どもの安全な場所での教育を求める―ふくしま集団疎開裁判」を参照のこと。同裁判は、控訴審で敗訴（仙台高決平成26年2月24日）が確定した。2014年8月には、1mSv以下の安全な環境での教育を受ける権利の確認と慰謝料の請求を求めて、「子ども脱被ばく裁判」として提訴した。

別措置法」（以下、放射性物質対処特措法とする）が8月30日に公布された[11]。公布に先立つ8月26日には、原子力災害対策本部が、推定年間被ばく線量が20 mSvを下回ることを目指す「除染に関する緊急実施基本方針」を決定した。同方針には、被ばく線量を低減するために、国による除染地域と、市町村による除染地域に区分して行い、その上で、今後2年間に目指すべき当面の目標、作業方針を定めた。さらに、それに先立つこと2日前の8月24日、福島県内の除染推進のために、政府職員と日本原子力研究開発機構の専門家で構成する「福島除染推進チーム」が発足している。また、法律制定は2011年8月であるが、施行は2012年1月で、工程表も1月に出され、2011年12月に出された事故収束宣言と期を一にしている。

同法では、緊急実施基本方針の方針と同じく、年間放射線量20 mSv／年以上の避難対象区域となっている「除染特別地域」（法25条、11市町村[12]）と、1 mSv／年（0.23 μSv／時）以上の「汚染状況重点調査地域」（法32条、8県102市町村）に区分して、前者を国の直轄除染として後者を自治体の責任で行う除染とした。後者に関しては、除染を実施するかどうかは、当該自治体の判断に委ねるとしている[13]（12月28日告示）。なお、2年後までに一般公衆の推定年間被ばく線量を約50％減少した状態を実現することを除染の目標としているが、「放射性物質の物理的減衰及び風雨などの自然要因による減衰（ウェザリング効果）によって、2年を経過した時点における推定年間被ばく線量は、現時点での推定年間被ばく線量と比較して約40％減少」するので、除染によって少なくとも約10％を削減することで、上記50％減少を実現するとしている。除染効果は10％であるが、福島県のほとんどの市町村は除染計画を立てた。

工程表によれば、除染特別地域のうち、避難指示準備区域については、追加的線量が10-20 mSvの区域については10月までに除染を終え、同地域の5-10 mSvの地域については2012年度末、1-5 mSvの地域は2013年3月末までに終える。居住困難区域（20 mSvから50 mSv）についても、2013年度末までに終える、とした。同地域については、段階的かつ迅速に行うとしている。

11）　田中良弘「放射性物質汚染対処特措法の立法経緯と環境法上の問題点」一橋法学13巻1号（2014年）263-298頁は、その経緯と意義を述べる。

12）　二葉町、大熊町、浪江町、富岡町、楢葉町、南相馬市、川内村、田村市、葛尾村、川俣町、飯舘村。

13）　5市町が行っていない。

帰宅困難区域はモデル事業のみとなっている。20 mSv 以下にすることが当面の目標で、長期的目標を 1 mSv としているので、前述のような工程表となる。このように、国が除染を施策化することで、除染と帰還がワンセットとして機能することになった。なお、除染が完了すれば、避難指示を解除することとしている。

さらに、原賠審が、強制避難（勧奨を含む）者に対しては精神的慰謝料等を支払うこととしていたので、この政策の採用により、除染＝避難解除と賠償問題がリンクすることとなった。

なお、汚染状況重点調査地域の場合には、航空機モニタリング調査等に基づいて、除染基本計画および除染実施計画を定めて実施することとなる。汚染状況重点調査地域の指定に際して、国は意向調査を行い、合意を得た自治体を汚染状況重点調査地域にしている。このようにして同地域に指定された市町村では除染実施計画を策定し、実施する。2016 年 11 月の時点の福島県内の住宅除染をみると、除染の終了は計画数の 60% に達していない[14)]。

2　除染で発生した課題

(1)　仮置き場問題

除染は、実際の手続過程に入ると、たちまち問題に直面した。それは、仮置き場、焼却施設、中間貯蔵施設の設置問題である。市町村ごとに仮置き場と称する一時保管場所を設置して回収した放射性物質を含む除染ごみを置き、その後可燃物は焼却し、保管・処理する。

仮置き場には放射性物質が集積されるために、土地を提供することをよしとしない人は多い。周辺住民も難色を示した。そのために、行政が独自に定めることのできる除染基本計画までは順調に進むが、仮置き場の決定がボトルネックとなった。2013 年度に除染を終えたのは、自治体はわずかである。

伊達市の場合には、早くから除染政策を決定し、実施に移していった。放射線量の高いところから除染を行うこととしたが、実施段階で、すぐに除染、仮置き場、双方に強い反対意見があった。市は除染の必要性についてリスクコミュニケーションを町会（自治会）ごとに行うとともに、町会（自治会）ごとに自主

14)　計画数 309,718 戸に対して発注数が 276,752 戸（89.4%）、除染実施数（159,860 戸）と調査のみで終了（25,618 戸）した住宅を合わせた進捗数は 185,478 戸（59.9%）である。

的に置き場を決定することを求め、置き場を決めたところから除染するようにした。福島市も同様に自主的な決定に委ねた。その他、計測に住民を巻き込むなど、仮置き場問題は地域の主体性を取り入れた方式によって進展する場合が多い[15)]。このようにして、福島市渡利地区や郡山市の一部では、各住民の敷地内に埋めるということで解決している場合もある。それぞれの場合ともに、3年という期限付きで、住民から認められた。

(2)　再除染問題

多くの地域で除染後も1mSvにはならず、また玄関前などの計測場所では相当低減できても、側溝などホットスポットなどが残る例もあり、除染後再び放射線量が上がる場合もある。除染を行っても限度があり、事故前の空間線量までに戻ることはもちろん、当初の目標値までも下げることは困難となっている。かかる状況に対して、再除染を求める声が各地で上がった[16)]。国は再除染を検討するとしたが[17)]、一時的に市町村の費用で再除染を行うところも出てきた[18)]。他方で、1mSvになることが困難なため、費用―効果の点から5mSv程度まで下がれば、それ以上の除染は個別の防護措置に委ね、除染はしないとする自治体も出てきた。伊達市では、住民が線量計を常時持ち歩き、放射線防護を各人で行うことを求めている。

国は、1mSvは除染のみで達成するのではなく、個人レベルの防護措置等を含めて達成するとしている。ただし、国は、個別的に、落葉や水の流れ道などで汚染されたものが移動することによって再度放射性物質が蓄積し、除染直後の測定値よりも相当程度線量が上昇することで周辺よりも空間線量が高くなっているなど除染効果が維持されていない地点がある場合には、再度除染する可

15)　福島再生事務所『除染優良取組事例集』http://tohoku.env.go.jp/fukushima/pre_2013/data/0520ab.pdf 参照のこと。

16)　2014年5月には、避難指示区域となっている楢葉町の町議会も、帰還時期までに年間の被ばく線量が1mSv未満になるよう再除染の徹底を環境省に要望した。

17)　2013年8月26日の環境回復検討会で環境省は再除染（フォローアップ除染）の可能性をのべたが、同年12月26日「環境再生検討会」で、除染作業後も放射線量が下がらない地点を対象とした国直轄地域の11市町村での再除染について個人被ばく線量に反映させた基準を設け、除染終了後、半年から1年後に事後モニタリングを実施し、2014年には再除染をスタートさせる方針とした（福島民報2014年12月27日）。

18)　隣接する宮城県白石市および丸森町は、11月に再除染を決定している（河北新報2014年11月24日）。

能性を示した。

住民の中には1mSv以下にすることが除染目標で、達成すべき最低限の基準であるとする考え方がある[19]。避難している人は戻るのを躊躇したり、学区内の学校に通わせることをためらったりするケースも少なくない。また、避難指示区域の場合には、それに加えて生活条件が整わないことから、解除された地区であっても、戻ってこない人も多い。

(3)　その他の問題

除染をめぐっては、ずさんな除染問題が表面化している。2014年8月には、完了届のでている事業について、保原町の33路線のうち、24路線の側溝の除染が未施工だった可能性があると、市の除染業務調査委員会が中間発表をしている。その他、田村市、楢葉町、飯舘村など3市町村の除染現場で、除染で出た落ち葉などを川に流したり[20]、土にうめてしまったり[21]ということが起こっていた。これらの事態が判明することで、住民は除染によって空間線量や土壌の線量が低減しているのか、半信半疑となる事態を生じる。

さらに、除染事業に暴力団が介入するなどが相次ぎ、除染事業の実施体制への不満、不安が高まっている。町政懇談会、説明会などでは、その不安についての発言が出されている。

このような事態に対応して、環境省は「除染等の措置等の業務からの暴力団排除の徹底について」(2013年7月24日付へ通知)を発出し、表題の事項の徹底と、違法・不審情報の共有および事業者に対する指導・要請をしている。

3　農地・森林除染

(1)　農地の除染

避難指示外区域では、住民は同地で生業を維持しなければならない。兼業農

19)　伊達市では、線量の低い地域について、特に線量が高い地点のみを除染し、面的除染をしないとしたが、それをめぐって住民との間で対立が生じている(「除染不要」と切り捨てられた伊達市の“Cエリア”「心配過剰」「数秒通過するだけ」「税金の無駄」」DAILY NOBORDER 2014年9月30日(火)他)。仁志田昇司伊達市長の主張については、http://www.asahi.com/articles/CMTW1407040700001.html。

20)　朝日新聞2013年1月4日。

21)　池田こみち「テレ朝調査報道福島県田村市の除染廃棄物不法投棄事件」http://eritokyo.jp/independent/ikeda-col2014-8-223.htm。

家の多いことから農地（水田、畑地、牧草地）の放射性物質による汚染は致命的だった。加えて、家・屋敷の周りにある農地の汚染は、生活環境を汚染するという意味もあった。

原子力災害対策本部は、2011 年 4 月 22 日付けで、警戒区域および計画的避難区域における作付け制限を公表し（約 1 万 1700 ha）、福島県知事に指示をした。同時に、作付け制限の指示と同時に、作付けが認められた地域でも暫定規制値（1 kg 当たり 500 ベクレル）を超える放射性セシウムが検出された場合は、出荷を停止すると発表した。旧警戒区域および計画的避難区域以外の地域については特に作付け制限をされなかったが、線量が高いとして、約 1600 ha の農地で作付けの自粛がなされた。はたして、2011 年に生産された農作物からは、当初の摂取制限である規制値、500 ベクレル以上の放射線量の作物が各地で発見された[22]。基準値以下であっても売れないという状態だった[23]。作付けされた農作物は販売・自家使用の双方がある。自分や家族の内部被ばくを防止するためにも汚染の測定は重要であり、まず NPO や住民団体が農産物の放射能測定を始めた。農協も販売体制を維持するためにも測定が必須だった。このように、生産、販売、自家利用、いずれについても、放射能汚染の回避が重要課題であった。

汚染に対処するために、自主的に、農学研究者を含め、新ふくしま農協など、農地の線量測定、果樹の表皮はぎ、果樹の表面水での洗い流しなどの除染を行った。水田や畑地では、反転耕や表土の削り取りなどを行った。伊達市小国地区では住民が「きれいな小国を取り戻す会」を結成して詳細な測定マップを作成した。

2011 年 9 月 30 日には、国は「農地の除染の適当な方法等の公表について」（通知）を出し、生産活動を行う農業者や近隣で生活する者に与える外部被ばくの引き下げ、農業生産を再開できる条件の回復および安全な農作物の提供を基本目標として、土壌中の放射性セシウム濃度が 5,000 Bq／kg を超えている農地では、表土削り取り、水による土壌攪拌・除去または反転耕を、土壌中の放射性セシウム濃度が 5,000 Bq／kg 以下の農地では、廃棄土壌が発生しない反

22）　農水省の発表によると、99.6% の米が 500 ベクレル以下だったとする。500 ベクレル以上のお茶が、神奈川県、埼玉県などで発見され、放射能汚染農作物の問題に関心が持たれた。

23）　菅野孝志「東電福島第一原発事故『新生福島農業の実現への闘い』」環境と公害 42 巻 3 号（2013 年 1 月）41 頁。

転耕等を勧めている。以降、農水省は技術情報を更新している[24]。表土の削り取りは、発災後耕作した土地では反転耕か5 cm以上の深耕をせざるを得えない。農耕等では、大型の重機が必要となり、削ぎ取りでは大量の土を処理せざるを得ず、大きな問題とされた。そこで、鉱物のゼオライトやカリウム肥料を農地に散布する手法が実証実験され、補助の対象となり一般化している[25]。

他方で、2013年度、福島県内の作付け自粛は4100 haに拡大した。2013年度作付け開始準備区域とされていた南相馬市では、2014年度に米の本格的な作付け開始が宣言されたが、新聞報道によれば、事故前の2%の123 haしか作付けされなかった[26]。

そもそも福島県は発災前から農業人口の高齢化が課題となっていた地域である。販売できない米しか生産できないような状況が継続し、生産意欲も低下する状況で、農業人口の急速な落ち込みが起きている。

(2)　森林の除染

福島県の森林面積は、2012年度現在、975,456 m^2で、森林率71%と、森林率が高い自治体である。中通りでは都市部以外は周りを森林に囲まれ、浜通りも海岸部を除くと、中通り同様に阿武隈山系の山の斜面である。そのために、生活の回復には、森林内の放射性物質の除去が重要な条件である。

ところで、2011年12月に環境省が策定した特措法に基づく「除染関係ガイドライン」で、人の健康の保護の観点から、林縁から20 mの範囲を目安に除染し、中でも空間線量の低減効果が大きい落葉落枝の除去を基本とする、とした。実際の人々の生活は、それより奥でのキノコ等の採取を含めて成り立っていて、その除染がすすまないと生活が戻るということにはならない。ところが、森林除染は最も遅れている部分である。野生キノコについては、2014年初めて出荷のための検査が行われたが、3町村のみが出荷可能となった。3町村いずれも

24)　農水省のHPのうち、「「農地除染対策の技術書」について」http://www.maff.go.jp/j/nousin/seko/josen/ を参照のこと。

25)　学術会議農学土壌科学分科会「提言：放射能汚染地における除染の推進について――現実を直視した科学的な除染を」も参照のこと。

26)　河北新報2014年6月2日 http://www.kahoku.co.jp/tohokunews/201406/20140602_61007.html。25年度の南相馬市を含む作付けについての取り扱い地域に関して、http://www.meti.go.jp/earthquake/nuclear/pdf/letter_fureai26.pdf を参照のこと。

会津地方である。浜通りや中通りのキノコ採取が可能となるには、まだ時間を要する。

2012年9月25日に、林野庁は、「今後の森林除染の在り方に関する当面の整理について[27]」を公表した。そこでは、落葉落枝等の堆積有機物に付着している傾向があり森林除染としては落葉落枝の除去が効果が大きいが、全て除去すると木の育成や土砂崩れ等への悪影響があるとされている。林縁から20m以内の住居等近隣の森林や、ほだ場やキャンプ場等の人が日常的に立ち入る森林については、利用目的や利用頻度などの活動形態や空間線量率を踏まえて除染の具体的な進め方を検討し、それ以外の地域については「現時点において知見が十分ではない」として、今後、調査・研究結果を踏まえた上で判断するとした。林野庁の考え方は、「除染関係ガイドライン」に反映されている。

現在、谷間にある居住地を囲む森林の場合には、林縁から20mを超えて除染をすることが認められた。また、ほだ場やキャンプ場等では、栽培の継続・再開が見込まれる場合（直轄地域にあっては現行除染実施後）、住居等近隣の除染方法に準じて、ほだ木の伏せ込み等を行う場所およびその周辺20m程度の範囲の落葉等堆積有機物の除去を可能とするとしている。それ以外の森林については、放射性物質の流出対策の効果や流出の影響等を調査目的で、木柵工の設置をする段階である。

Ⅳ　除染と避難の継続・政策への参加 ——まとめにかえて

1　「除染・帰還」政策と除染の効果

帰還という観点からこれまでの実績を見るならば、除染が当初の目的を達成しているとはいえない。これまで、緊急時避難区域、特定避難勧奨地点が解除され、除染も終了している。しかし、2014年3月時点で、2012年4月に帰還宣言をした川内村の当該地域で50%（川内村では週5日滞在する人を帰村者とする）、2012年12月に特定避難勧奨地点が解除された伊達市の場合には避難した人の20%しか戻ってきていない。また、2015年度から中高一貫校が広野町に開校

27）　http://www.env.go.jp/press/files/jp/20719.pdf

するが、同町の中学校では、除染終了後の2012年時点で、事故発災前228人いた中学生のうち31人が戻り、さらに2014年時点では、50人の在籍という状況である。なお、小学校も2014年度現在、91人のみ在籍している。このように除染をすれば帰還する状況にはない。

特定避難勧奨地点の場合には、居住地に戻ってきている人もいるが、学校や通学路の除染の不十分さに関して不安を抱いている人も少なからずいて、戻らない人は総じて除染の不完全さを指摘する。また、避難者へのアンケートでも、事故が終結していないことに不安を感じている。子どもの問題、あるいは病院等の生活インフラの問題が指摘されている。また、2014年12月に解除された南相馬市の場合には、説明会等で再除染と森林除染が強く求められていた。住民にとって、森林除染は生活の安全、生活の再生にとって、重要な要素であることを示している。いずれの地点でも、側溝等を含めて、追加的空間線量が1 mSv／年以下に下がることを求めている。

田村市都路地区は、2014年4月1日、避難指示が出ていた地区で初めての避難指示が解除されたが、2014年10月現在で30％が帰還している。同地域では、放射線量の問題、特に森林除染が出来ていないことと併せて、既存の住宅を取り壊し、新築せざるを得ない状況の場合が多く、帰還しないという人もいる。

子どもを持つ人を中心に若い世代が、地域外での避難継続や避難指示や勧奨が解除された地域でも帰還しないことを選んでいる。これは、避難場所で職を得たということもあるが、同時に除染をしても元の状態には戻らず、また事故が継続していると考えていることに原因がある。そうだとすれば、現時点では、除染＝帰還政策は短絡的で、廃炉の実現も含めて「元の状況に戻す」ことが、帰還の最低条件である。

2 「居住・除染」政策の現時点での評価

20 mSv以下の地域は除染で対処するという考え方が、多くの「自主避難者」を出している。2011年9月時点で、約5万人が自主的に避難していた[28]。徐々に戻ってきているが、それでも多くの人が避難をしている。NHKの調査によれば、2014年時点で、2万5000人以上の人が自主避難している。家族のことを考

28） 自主的避難関連データ http://www.mext.go.jp/b_menu/shingi/chousa/kaihatu/016/shiryo/_icsFiles/afieldfile/2011/11/25/1313502_3.pdf

えて戻ってきている人も少なくないが、再避難をする人もいる。除染が進んだことが帰還の一つの要因であることは間違いなさそうであるが、むしろ経済的要因や家庭的要因の方が大きいといえる。生活をするためには除染が必要だが、現在でも当初の半数近くが依然として避難していることを考慮すると、除染は必要だったとしても、「居住・除染」政策が適切だったとは言い切れない。

避難指示外地域の場合には、除染後も 1 mSv 以上 5 mSv 以下という地域が多く存在する。このような地域の除染の必要性に関する考え方が分かれていることは前述した。事故発災直後の住民の要求のように、留まらざるをえない住民にとって除染は必要である。

除染の結果 1 mSv 以下にならないとしても、これ以上除染が費用―便益の点からこれ以上無益であるとするならば、これは政策の変更にあたる。政策の変更にあたっては、居住と避難の考え方についても検討する必要があるだろう。ところが、個人単位の放射線防護による居住と避難という選択肢をあたえない、というのは、20 mSv 以上は避難させるが 20 mSv 以下については避難の選択肢がないという発災直後の考え方と同じ思考様式である。年間被ばく線量を 1 mSv 以下とすべきとする国連人権委員会のグレーバー調査報告（「日本への調査（2012 年 11 月 15 日から 26 日）」に関する調査報告）[29]があることから考えても、「健康権」保護のためには、どちらにも生活補償をして、居住と避難の選択肢を与えることが妥当である。福島原発事故のように、見えない、そして長期にわたる危険がある場合には、適切な情報を十分にわかりやすく公開し、各人にとって「健康に生きる環境」を選択できる条件を整備することが、「健康に生きる権利にとって重要な要素となる。

3 除染および避難政策と住民参加

「除染・帰還」「居住・除染」という 2 つの政策に、住民は翻弄されている。住民にとっては天から降ってきた災害に対する天から降ってきた対応策と、双方とも住民の意図とは関係なく物事が進行しているのである。住民が現状を事故継続中ととらえている一方で、国・県・多くの市町村は除染を終わらせて事故対策から復興に力を入れるという、すれ違った状況になっている。事故直後

29) ヒューマン・ライツ・ナウ編『国連グローバー勧告――福島第一原発事故後の住民がもつ「健康に対する権利」の保障と課題』（合同出版、2014 年）。

の緊急対応の状況は2014年12月の段階で終了し、現存被ばく状況での対応策を立案する時期であるということであれば、その時に、単なるアンケートだけではなく、除染などの具体的施策の基本計画についてのリスクコミュニケーションをして、住民自身が考え、納得し、実行する施策である必要がある。

除染について、伊達市等が仮置き場設置に関してリスクコミュニケーションと参加・協働方式を採用したことは、新たな行政の対応段階だったといえる。しかしなお、これは住民に行政施策の受容を求める参加の態様である。課題は住民が健康な環境に生きる権利をどのように実現するかであり、これは環境対応の手法を示したリオ宣言の第10原則に則り、実行することが適切である。そう解するのであれば、放射線防護、居住、避難、生活補償の組み合わせについて、住民自身が選択できる複数の施策を提示し、住民の参加の下で決定をしていくことが求められている。

（いその・やよい　東京経済大学教授）

2　民事訴訟における除染請求について
──原状回復との関連で

神戸秀彦

I　はじめに

2011年3月11日の東日本大震災後の福島第一原発事故から、既に4年が経過するが、事故の収束は見ていない。それどころか、2014年3月現在、「政府指示避難者」と「非政府指示避難者」を含めた避難者が福島県内外に約13万人おり、こうした避難者を中心に、「原発損害賠償訴訟」が起こされている。他方、福島県外では、現在・将来の原発の操業等の禁止を求める「原発差止め請求訴訟」が起こされている。原発損害賠償訴訟では、次の二つのやや性格の異なった請求がなされている。第一は、福島第一原発事故から生じた損害の「損害賠償」を求める請求であり、第二は、同事故から生じた汚染状態の「原状回復」を求める請求である。ただ、多くの訴訟では、第一の請求が中心で、第二のものは、幾つかの訴訟で請求されているに過ぎない。その例として、「生業（なりわい）訴訟」（第三次原告まで合計2579名）の原状回復請求、「いわき市民訴訟」（第三次原告まで合計1566名）の原状回復請求が挙げられる。ただ、そもそも原状回復と「除染」との関係はどうなるのか、という疑問が浮かぶ。さらに、住民が原状回復の一環として除染の請求をする場合、「訴訟」によりできるのか、また、「民事訴訟」でできるのか、という疑問が浮かぶ。そこで、生業訴訟に関連する問題を検討する（以下III・IV）前に、最初に、以下IIで、そもそも原状回復と除染の関係はどうなっているか、除染や「除染特措法」の意義なり問題点なりは何なのか、を見ておく。最後に、以下Vで、ゴルフ場の所有者が除染を請求した二本松Sゴルフ場事件決定につき言及して、結びとしたい。

Ⅱ　原状回復としての除染

1　原発被害の避難者・滞在者と放射線量

原発被害者は、被害地から離れ「避難」生活をするか、被害地に引き続き居住し「滞在」生活をするか、している。前者には、政府指示による避難の基準（原発から20 kmの範囲内の区域、または年20ミリシーベルト〔mSv、以下同様〕超）により避難をした者（政府指示避難者）と、この基準に該当しない場合でも、放射線被害を恐れ避難した者（非政府指示避難者）とがいる。これに対し、後者は、基準に該当しない場合でも存在する放射線被害を受けつつ、その地に留まった者である。その後、政府指示避難者の避難元区域は、三つに再編・区分された（2012年3月）。年50 mSv超で5年経過後でも年20 mSv以上の恐れのある「帰還困難区域」、引き続き年20 mSv超の恐れのある「居住制限区域」、年20 mSvを下回ることが確実の「避難指示解除準備区域」、がそれであるが、結局、年20 mSvを下回れば避難指示は解除される。既に2014年4月、避難指示解除準備区域だった福島県田村市都路地区の避難指示が、同年10月、福島県川内村のそれが解除されている。

2　原発被害からの原状回復と除染

(a)　まず、政府指示避難区域、特に帰還困難区域からの避難者が問題となるが、被害地へ帰還しない前提の「移住」についてである。少なくとも自治体（帰還困難区域の自治体を含む）として、現在、「移住」を選択した自治体はない。そこで、原発被害の原状回復とは「移住」ではなく、一般に、被害地への「帰還」、または被害地への引き続く「滞在」とされる[1)]。しかし、避難指示が解除され避難者が避難元に「帰還」可能とされても必ずしも原発被害の原状回復とはならず、他方で滞在者も同様で、「滞在」すなわち原状回復とはならない（以下(c)参

1)　チェルノブイリ原発事故（1986年）の被害者避難・支援のために、ウクライナ、ベラルーシ、ロシアが、それぞれ1991年に制定した法は、細かい差はあるが、共通して、住民の被ばく量が年5 mSvを超える場合は住民の移住の義務が生じ、年1 mSvを超える場合は移住の権利が生じる、とする（今中哲二編『チェルノブイリによる放射能災害国際共同研究所報告書』第1章4.～6.〔京都大学原子炉実験所「安全研究グループ」HP〕）。

照)。

(b)　次に、原発被害の原状回復の手段として、日本では「除染」が重視され、「放射性物質汚染対処特別措置法」(略称)(2011年8月制定、2012年1月施行、以下「除染特措法」)に基づき、「除染特別地域」(福島県内11市町村)では国により、「除染実施区域」では市町村により、除染作業が進行中である。そして、除染に困難が伴う帰還困難区域でも、他方で政府指示避難区域外でも除染がされており、こうした区域では除染の結果としての「帰還」または引き続く「滞在」が前提とされている。

(c)　ところで、除染特措法の「基本方針」(2011年11月)は、国際放射線防護管理委員会(ICRP)の基準を踏まえ次のように決めた。①年20 mSv以上の地域では「段階的かつ迅速に」線量を減少させ、②年20 mSv未満の地域では、(i)「長期的な目標」として年1 mSv以下をめざし、(ii)2013年8月末までに2011年8月末と比べ、物理的減衰を含め、一般公衆について約50％低減を目指す、と。そこで、国が除染を実施する除染特別地域には「国の指示に基づき立ち入りが制限されている地域」(避難指示区域)が、市町村が実施する除染実施区域には年1 mSv以上の地域が、指定されたのである。

要するに、政府避難指示は年20 mSv超が基準であり、逆に指示の解除はこれを下回ることが基準である。しかし、年20 mSv未満なら原発被害がなくなるわけではない[2)]。除染特措法の基本方針では、長期的には除染により年1 mSvを目指すことが求められ、現に年1 mSv以上が市町村の除染実施区域の指定要件となっている[3)]。しかし、現実には、年20 mSv未満が解除基準だとして避難指示の解除がなされつつあり、次の除染の効果・費用面での問題点と合わせ、大きな問題となっている[4)]。

---

2)　礒野弥生「原発事故対策における住民の参加権」広渡・浅倉・今村編『日本社会と市民法学　清水誠先生追悼論集』(日本評論社、2013年) 209頁は、政府避難指示解除の基準である年「20 mSv以下でも避難(移住を含む)し、避難し続ける選択を実現可能とする政策の要求は小さくない」とし、この点を踏まえた「除染のリスクコミュニケーション」を強調する。

3)　重大なことに、復興庁・環境省・福島市・郡山市・相馬市・伊達市が、2014年8月、「除染・復興の加速化に向けた国と4市の取組　中間報告」を発表した。これは、除染特措法で除染の目標とされた空間放射線量年1 mSv(＝毎時0.23 μSv)ではなく、住民の個人の被ばく線量を重視している。これによれば、除染作業が進行しなくても、多くの区域や地点で、目標数値が直ちに達成されたとみなされる結果になる。参考として、空間放射線量が毎時0.3～0.6 μSv程度であれば、長期的には個人被ばく線量が年1 mSv程度になるとされている。

3　除染・除染特措法の意義と問題点

(a)　そもそも、除染は原状回復の有力な方法だが、複数の対策の一つである。つまり、土壌汚染の場合、①自然衰滅（立入り・農業の制限等）、②除染（放射性物質の他の場所への移動、例：建物・道路への高圧洗浄等）、③遮蔽（放射線の遮蔽、例：鉛・コンクリートによる遮蔽等）、④移行抑制（土壌から農作物への放射性物質の移行の抑制、例：カリウム肥料の施用等）が考えられる。ただし、①は、セシウム137の半減期が約30年間だから、積極的な原状回復とは言えない。それに比べれば除染の意義は大きいと思われ、相当な効果を期待できる可能性もある。

(b)　しかし、除染は放射性物質の「他の場所への移動」だから、効果面での課題が多い。例えば高圧洗浄をしても、除染場所では線量が低下するが、結局、他の場所へ流れるだけだから、除染後の排水が下流の汚染にならないよう回収・処理する必要がある[5]。さらに、表面土壌の剝ぎ取りによる大量の汚染土壌の保管・処分の問題や、高線量の除染未実施の場所（例：住宅地から20m以遠の山林、住宅・学校の周辺道路・雑草地等）からの除染済みの場所への放射性物質の移動にどう対処するのか、という問題がある。

しかも、除染特措法による除染には費用面の問題もある。除染は、全国の原子炉を建設した大手ゼネコンに委託され、膨大な予算の下「利権事業化」している、とされる[6]。産業技術総合研究所の試算によると、除染費用の総額（中間貯蔵施設建設費は除く）は、国による除染に最大2兆3百億円、市町村による除染に最大3兆1千億円、合計最大5兆1千3百億円がかかる。注意すべきは、農用地の除染費用が全体の約80%、その除染廃棄物の仮置き場・中間貯蔵施設等での保管費用が全体の約60%以上である点であろう[7]。

(c)　ただ、除染の効果や費用上の問題点については、除染の技術者・研究者から次の提案がされている[8]。つまり、①生活圏のホットスポットをなくす「面

---

4)　辻内琢也「深刻さつづく原発被災者の精神的苦痛」世界2014年1月号臨時増刊113～114頁は、「除染をして帰還という道」が主流化してしまうと、「帰りたくない」と考えている人々へのサポートが軽視される危険性がある、と指摘し、「帰還する権利」と「移住する権利」とをともに保障すべきである（「子ども・被災者支援法」第2条参照）と主張する。

5)　以上、関勝寿「土壌の放射能除染と対策」本間・畑編『福島原発事故の放射能汚染』（世界思想社、2012年）88頁。

6)　畑明郎「放射能除染対策の問題点」本間・畑編前掲書139頁。

7)　日本経済新聞2013年7月24日付。「放射性物質除染の効果と費用を評価」（産総研HP、2013年6月4日）。

的除染」の徹底、②屋根・庭石等に付着した放射性物質の「吸引法」・「クエン酸溶出法」の活用、③除去物を保管して近場に置く「安全保管容器」の活用、④農地から大量の除去物を出さない「抜根法」・「代掻き乾燥法」・「湛水法」の活用、⑤山林からの放射性物質の移動を食い止める「水みちトラップ法」などである。いずれも住民自身・住民参加で実施でき、除染の効果も高く、除染費用も低減できるとされる。こうした方法の評価・採用の検討も行い、現行の除染特措法による環境省『除染ガイドライン』（2013年5月第2版、2014年12月追補）に従った除染法を見直していく必要があろう。

Ⅲ　生業訴訟における原状回復請求(1)

1　生業訴訟の原告の請求の趣旨

以下では主に生業訴訟（以下「本件」）を取り上げ、原告の原状回復請求に対する本案前の被告国の主張を検討する（以下Ⅲ2・3）。続いて、同様に、原告の原状回復請求に対する東京電力（以下「東電」）による本案前の主張を検討し（以下Ⅲ4）、原告の人格権侵害に基づく原状回復請求権を検討する（以下Ⅳ）。最初に、原告の請求の趣旨であるが、その一つは、被告国・東電に対し、各原告「居住地において、空間線量率を1時間あたり0.04マイクロシーベルト」（＝μSv、以下同様）（＝自然放射線量）以下、とすること（原状回復）、である。訴状によれば、原告らの居住地は放射性物質によって汚染され、被ばくへの恐れにより「平穏な生活自体」が侵害されている。つまり、①「原告らの居住地において育くぐまれてきた生業と豊かで平穏な暮らしそのもの」（「生業」と「生活」の再建〔原状回復〕）、と、②「地域社会のコミュニティの総体としてのふるさとの回復」（「コミュニティ」の再建〔原状回復〕）が侵害されている。そして、①・②の完全な実現のために、前提として、全原告の居住地で放射線が自然放射線量のレベル＝毎時0.04μSv以下となることを要するというものである。原状回復請求の法的根拠は、具体的には、人格権または不法行為に基づく請求である。

---

8)　山田國廣『除染は、できる。Q＆Aで学ぶ放射能除染』（藤原書店、2013年）。

2　被告（国・東電）による本案前の主張

被告国・東電は次の本案前の主張をする。原告の請求は、その実現のためには除染特措法に基づき、行政権の発動・行使が不可欠となるから、民事訴訟としては不適法である、と。その根拠として、大阪空港公害事件最高裁判決（最大判1981〔昭和56〕・12・16民集35巻10号1369頁）多数意見と厚木基地公害事件第一次訴訟最高裁判決（最判1993〔平成5〕・2・25民集47巻2号643頁）が挙げられている。被告東電からは、次の三点から、原告の請求は不適法であるとの本案前の主張がされている。①上記0.04 μSv以下の状態を達成する具体的方法が特定されていない、②各原告の住所の場所的にどの範囲までの作為をすべきかが特定されていない、③除染による放射性物質の除去や除去物の保管・処分の方法が未確立であり、原告の請求は実現不可能な行為であるから、強制執行等もできない、と。以下では、先に被告国の本案前の主張、次に被告東電の本案前の主張について、述べることにする[9]。

3　除染特措法における国・自治体の責任

(1)　除染についての国・自治体の責任

原発は、国営空港・国道とは違い、民間企業が設置・管理する。したがって、「侵害源から生じた被害の除去」（原状回復）の義務を負うとすれば東電である。しかし、除染についてはやや複雑である。除染特措法3条は、国には「これまで原子力政策を推進してきことに伴う社会的責任」があるとするから、国の責任は社会的責任に留まるようにも思える。しかも、同法に基づく閣議決定（「基本方針」〔2011〈平成23〉年11月11日〕）は、「環境汚染の対処に関しては、関係原子力事業者…が第一義的な責任を負う」とする。しかし、一方、閣議決定は「国の責任において対策を講ずる」とも言うから、単なる社会的責任には留まらない、と言えよう。現に、除染特措法28・30条は、除染特別地域について、国（環境大臣）による特別地域内除染実施計画の策定と、それに従った国による除洗措置等の実施を義務付ける。また、同法35・36・38条は、都道府県・市町村等に対して、都道府県知事等が定める除染実施計画内の除染実施区域について、計画に従った除染等の措置の実施を義務付ける。ただ、同法44条は、除染等の

---

9)　国の主張は、福島地裁に提出の答弁書（2013〔平成25〕年7月5日）1頁以下、東電の主張は、福島地裁に提出の答弁書（2013〔平成25〕年7月5日）27頁以下による。

措置の費用の負担は、「原子力事業者の負担の下に実施」すべき（ただし費用を「速やかに支払う」べき「努力義務」があるに過ぎない）もの、とする。つまり、除染特措法上は、東電は費用負担者として登場するだけで、除染の義務者は国・自治体とされている。

(2) 国・自治体の除染義務と訴訟形態

ところで、原告の原状回復請求は、民法上の人格権侵害または不法行為を根拠として、被告国の除染行為を求めるもの（「除染請求」）である。とすれば、国・自治体の行う除染行為自体は、一般の公共工事と同様の「事実行為」であり、「直接国民の権利義務関係を形成しまたはその範囲を確定する」という意味での「処分性」（最判昭和39・10・29民集18巻9号1809頁）を有しない。つまり、原告の請求は、国の除染行為自体を「行政処分」として、その発動（義務付け訴訟、同法3条6項）を求めるものではない。ただし、原告が、現状の除染計画では、実施の時期・順番が遅い、効果が不十分である、範囲が狭い等、と主張するのなら、除染実施計画を捉えて違法である、と構成する道はある。この場合、同計画やその策定行為に「処分性」があるとして義務付け訴訟を提起し、除染の早期で・効果ある・広範囲の実施を求めることも考えられる。また、同計画やその策定行為に「処分性」がないとされる場合には、公法上の当事者訴訟（同法4条後段）を提起し、同計画やその策定行為の違法を確認し、実質的に、早期で・効果ある・広範囲の実施を求めることも考えられる[10]。

(3) 行政権の発動・行使をめぐって

(a) 大阪空港事件最高裁判決のその後

大阪空港事件最高裁判決多数意見は、除染請求が民事法上不適法であるとする根拠となるだろうか。しかし、多くの学説は、同判決の多数意見（「公権力発動請求不適法論」）を批判している[11]し、最高裁も、国道43号線事件判決（最判1995

10) 公法上の当事者訴訟（確認訴訟）については、桜井・橋本『行政法［第4版］』（弘文堂、2014年）371頁以下参照。また、清水晶紀「原発事故と国の除染義務」環境と公害41巻4号（2012年）46頁以下は、国の憲法・法律上の除染義務を肯定しつつ、国を被告として除染を求める場合、1回の除染では解決が困難なことから、義務付け訴訟などの給付訴訟よりも、公法上の当事者訴訟により、「除染実施計画」が違法であり国に除染する義務があることを確認する方法の方がより良いとする。

11) ジュリスト臨増1982年3月5日号（ジュリスト671号）の各論文参照。

〔平成7〕・7・7民集49巻7号1870頁）で、原告住民の差止め請求自体の適法性は認めた。最高裁が維持した原審の高裁判決（大阪高判1992〔平成4〕・2・20判時1415号29頁）は言う。差止めとしては、「道路の供用廃止、路線の全部又は一部廃止及び自動車の走行制限といった交通規制等の公権力の発動によることを要する場合」のほか、「道路管理者による騒音等を遮断する物的設備の設営等の事実行為も想定できる」、と。そして、原告の請求は、「公権力の発動を求めるものではない」し、本件は「管理権の作用を前提とする」から、民事訴訟法上適法である、と。つまり、今日では、判例でも、国が設置・管理する施設に対する民事の差止め請求が、民事上不適法である、とはされていない。

(b)　原発と空港・道路の比較

そもそも、原発は国営空港・国道と異なり、東電という民間企業が設置・管理をする。つまり、国営空港・国道の場合、「侵害の停止・侵害源の除去」（「差止め」）の義務は、侵害源を設置する国の営造物の管理義務から生じ、その結果国自身が負う。しかし、原発の場合、「侵害源から生じた被害の除去」（原状回復）の義務は、東電が負うのが原則で、本来、国が負わないはずであろう。よって、設置・管理の主体という面では、大阪空港事件最高裁判決も、国道43号線最高裁判決も、原発には直ちに適用できないようにも思われる。ただ、原発の場合、除染特措法により国・自治体に除染の法的義務が課され、国は東電と除染面で実質的に一体的な関係にあり、結局、空港・道路と同様ではないか。

4　請求の趣旨等の特定性

(1)　抽象的不作為請求の適法性

被告東電の本案前の主張は、先に述べた三点（Ⅲ2参照）であった。まず、①についてであるが、「0.04μSv以下」、のように達成結果のみを示し、それに必要な具体的行為を特定せず、不作為を求める請求を抽象的不作為請求という。公害差止め訴訟ではこうした請求は多く、かつて、下級審では、請求不適法説と請求適法説とに分かれていた。前者の例は、1980年代以降では、国道43号線事件第一審判決（神戸地判1986〔昭和61〕・7・17判時1203号1頁）がその典型例である。しかし、同事件の最高裁判決（前掲）は、抽象的不作為請求を不適法としなかった。原審の高裁判決（前掲）は言う。被害者が被害を将来に向けて回避し、「直截に救済を求める」には、「原因の除去を求めることが必要であると同時に、それで十分というべき」だ、と。原告の差止め請求は、「被告らにおいて何がなされるべきかを明らかにしている」から、「趣旨の特定に欠けるところはない」、と。そして、「原因除去の方法」として、「多様な選択肢が想定できるとき」は、「どのように…目的を達成するかは本来被告らの領域の選択の自由」である、と。こうして、同高裁・同最高裁判決以降、請求適法説が主流（西淀川公害事件第二～四次訴訟地裁判決〔大阪地判 1995〈平成 7〉・7・5 判時 1538 号 17 頁〕・川崎公害事件第二～四次訴訟地裁判決〔横浜地川崎支判 1998〈平成 10〉・8・5 判時 1658 号 3 頁〕など多数）となっており、①のような主張はもはや認められないと思われる。

⑵　被告の作為の場所的範囲の特定性

次に、②については、実体判断でも差止め請求を認めた尼崎公害事件地裁判決（神戸地判 2000〔平成 12〕・1・31 判時 1726 号 20 頁）と、名古屋南部公害事件地裁判決（名古屋地判 2000〔平成 12〕・11・27 判時 1746 号 3 頁）とが参考になる。前者をみると、判決主文として、原告それぞれの「居住地において左記方法によって浮遊粒子状物質につき一時間値の一日平均値〇・一五 mg／m^3 を超える数値が測定される大気汚染を形成してはならない」（主文の「記」に測定方法と測定地点〔地上 3～10 m〕が記載されている）、とする。つまり、原告の住所地付近での「大気汚染」の形成を禁止する主文は、汚染が「放射性物質」による場合でも十分可能である、と思われる。

⑶　原告請求の行為の実現不可能性

(a)　最後に、③についてだが、ここで「実現不可能」とされる根拠は、除染による放射性物質の除去や除去物の保管・処分の方法が「未確立」とされる点にある。ただ、少なくとも、環境省『除染ガイドライン』（2013 年 5 月第 2 版、2014 年 12 月追補）（第 1 編〔汚染状況重点調査地区内での汚染調査測定方法〕・第 2 篇〔除染等の措置〕・第 3 篇〔汚染土壌の収集・運搬〕・第 4 編〔除去土壌の保管〕）からすれば、方法自体が未確立とはいえないと思われる。同ガイドラインに従い、建物等・道路・土壌・草木・その他の除染の方法等が詳細に示され、現に国・自治体により除染が実施されている。たしかに、効果の点では、除染特措法の基本方針の目標の年 1 mSv 未達成の地域も多い[12)]。しかし、それをもって方法自体が未確立とは言えないだろう。

(b)　確かに除去物の保管・処分については問題が多い。仮に除染をしても、除染廃棄物の中間貯蔵施設が未設置なら、都市部の自治体等では、仮置き場や仮々置き場が確保できない場合が多い。例えば福島市の高濃度汚染地域の渡利地区では、仮置き場の場所につき、福島市の提案でも合意できず、地区に委ねる方式が採用され、結局、各自の家に保管する方式となった[13)]。また、除染廃棄物の中間貯蔵施設は、その当否は別として、大熊町・双葉町に設置する方向で進行している（最終処分場は未定）。さらに、上記ガイドラインでも、収集・運搬・保管の方法につき詳細な記載がある（「処分」の方法は記載なし）。いずれにせよ、除染特措法では、国は、対策地域内の事故由来放射性物質により汚染された廃棄物（「対策地域内廃棄物」）（法13・15条）と、特別な管理が必要な程度に汚染された廃棄物（「指定廃棄物」）（法17・19条）の収集・運搬・保管および処分をする義務を負い、それぞれにつき詳細な規定がある。他方、除染措置と同様に、除染から生じた廃棄物の収集・運搬・保管・処分措置についても、「関係原子力事業者」（東電）の「負担の下に実施される」（法44条）ものとされる。

(c)　以上、除染の効果や除染廃棄物の保管・処分等の手続につき検討を要する点もあるが、除染の方法自体が未確立とか、除染廃棄物の保管・処分の方法自体が未確立というだけでは本案前の抗弁とできないであろう。したがって、原告の請求する行為は実現不可能であり強制執行等もできない、とは言えないと思われる。上記(2)のように、原告の住所地付近での一定の高さでの放射性物質を測定し、その一定以上の数値（例：年何mSv以上の空間線量）の形成を禁止する主文を出し、違反する場合は「強制執行」（または月単位の損害賠償の支払い）を命じることも十分可能であると思われる。

12)　福島県二本松市（「除染実施区域」）の2014年6月23日〜7月10日の市内全域の放射線量（1kmまたは500mメッシュ、477地点、土の上1m）は、最高1.12μSv毎時、平均0.44μSv毎時である。昨年同時期の同地域の調査時は0.60μSv毎時だから、26.7%低減したが、平均値でも、0.23μSv毎時になってない（二本松市放射線量測定マップ〔二本松市HP、2014年〕）。

13)　礒野前掲206頁。

Ⅳ　生業訴訟における原状回復請求(2)

1　物権的妨害排除請求権と原状回復

(1)　妨害排除と損害賠償の関係

本件が本案に入った場合はどうであろうか。原告の請求は、人格権侵害または不法行為に基づく原状回復請求権である。ただ、以下では、人格権侵害による原状回復請求権についてのみ検討する。というのは、私見では、不法行為に基づく原状回復請求権は、日本では、要件論としても、効果論としても、これを肯定するのに困難があると思われるからである。人格権侵害による原状回復請求権については、従来からの物権的妨害排除請求権による原状回復請求についての議論が参考になる。つまり、「妨害排除」請求と「原状回復」請求の関係は、次のごとくである[14]。ドイツの学説（H. Westermann）によれば、妨害排除は、「現在以降その物権の妨げられざる行使を可能ならしめる」こと、つまり「その原因（Quelle）の除去」であり、これに対し、損害賠償は、「惹起された被害物の変化をもとの状態に復旧させる」ことである。例えば、水道・ガス管の破裂による不動産所有者の妨害排除請求の内容は、水道・ガス管の修理・取替であるが、当該破裂により既に不動産に生じた損害の回復は、損害賠償請求の内容である、と。

(2)　物権の在るべき状態に抵触する《継続的な》妨害状態

しかし、日本では、損害賠償としての原状回復が一般的な形では肯定されてないので、本来原状回復の機能すべきものまで物権的妨害排除請求権に取り込まれることが多い。つまり、物権的妨害排除請求権は、現存する「妨害状態」の除去に向けられるものと解されている。妨害状態とは、「物権の在るべき状態に抵触する《継続的な》妨害状態」（他人の土地への建築・土地の開墾・継続的な振動や通行など）である。こうした妨害状態の除去こそが原状回復である。判例においても、例えば、土地の一部として存した下水溝は、他人によって埋め立てられても、その敷地の土地所有権は消滅しないので、同所有権（物権的妨害排

14)　以下は、舟橋諄一編『注釈民法(6)　物権(1)』（有斐閣、1974年）49・89頁（好美清光筆）に依拠する。

除請求権）に基づき、下水溝の原状回復の請求ができる（大判大正4・12・2民録21輯1965頁）とされている。

2　平穏生活権侵害に基づく原状回復

(1)　人格権の在るべき状態に抵触する《継続的な》妨害状態

このような考え方によるなら、人格権侵害による妨害排除請求権についても、同様なことが言えよう。つまり、人格権による妨害排除請求権の内容は、「人格権の在るべき状態に抵触する《継続的な》妨害状態」の除去である。例えば、名誉毀損の場合、民法723条により、裁判所は、「名誉を回復するのに適当な処分」（例：謝罪広告）を命じることができるが、同処分の性格は「名誉毀損における原状回復」とされている。ここでも、「名誉毀損状態」＝「妨害状態」を除去することが原状回復とされている。

(2)　平穏生活権とは何か

(a)　本件原告の原状回復の主張の根拠は、人格権の一内容としての「放射線被ばくによる健康影響への恐怖や不安にさらされることなく平穏な生活をする権利」である。つまり、「平穏生活権」だが、それは、産業廃棄物施設建設差止め請求の判例（仙台地決平成4・2・28判時1429巻109号）等で示された平穏生活権からの着想であろう。この事案では、産業廃棄物施設からの水汚染が問題となり、同決定は、人格権としての身体権（「生存・健康を損なうことのない水を確保する権利」）以外に、人格権としての平穏生活権（「一般通常人の感覚に照らして飲用・生活用に供するのを適当とする水を確保する権利」）があるとし、これらを根拠に同施設建設の差止めを認めた。

(b)　他方、平穏生活権は、その保護範囲に「恐怖・不安」感を含むので、「精神的人格権」の一種であるが、同時に「身体的人格権」に直結する。このような場合には「絶対権」の侵害と捉え、侵害行為の態様如何を問わず、差止めを認めて良いと思われる。本件原告にも、「一般通常人の感覚」に照らし、「健康影響への恐怖や不安」のない放射線量のもとで生活する人格権（平穏生活権）があると言えよう。そこで、平穏生活権侵害があれば、差止めが認められるが、本件では侵害行為自体は既に終了している。ただ、その妨害状態が継続しているから、妨害状態の除去、つまり原状回復を要する。これを「完全な原状回復」

と捉えて、数値的に表現すれば、自然放射線量のレベル＝毎時 0.04 μSv 以下、ということになろう。

3　本件原告の請求内容と原状回復

本件原告の請求内容の射程は、上記決定の意味での平穏生活権を超える範囲に及んでいる。つまり、①「原告らの居住地において育ぐくまれてきた生業と豊かで平穏な暮らしそのもの」(「生業」と「生活」の再建〔原状回復〕)、と、②「地域社会のコミュニティの総体としてのふるさとの回復」(「コミュニティ」の再建〔原状回復〕)がそれである。そして、①・②の完全な実現の前提として、最低限、全原告の居住地で、放射線が自然放射線量のレベル＝毎時 0.04 μSv 以下になることを要する、と考えられているのである。ただ、除染特措法による目標数値は、長期的に年 1 mSv（毎時 0.23 μSv）以下である。この基準なら原状回復は果たせるとの考え方がないわけでない。しかし、年 1 mSv 以下でも、国際放射線防護委員会（ICRP）の「しきい値」なしの直接モデル（LNT 仮説）からは、長期的に若年層にがん発生等のリスクを高める可能性がある。つまり、「身体的人格権と直結する人格権」を侵害する蓋然性は決して否定できない。そこで、①・②の意味での原状回復の完全実現の前提は、自然放射線量のレベルの確保とされているのである。

V　二本松 S ゴルフ場事件決定

(1)　除染義務と物権的妨害排除請求権

(a)　最後に、物権的妨害排除請求権（または人格権侵害による妨害排除請求権）と除染特措法との関係を示す判例[15)]を見ておく。同法を除染に対する東電の義務を否定する根拠として援用した決定（仮処分事件）が、福島県二本松市の S ゴルフ

15)　鳥取県東郷町ウラン残土撤去訴訟（榎本訴訟と自治会訴訟）は除染の事例ではないが、放射性物質を含む「残土の撤去」を求めた事例として参考になる。榎本訴訟の地裁判決（鳥取地判 2004〔平成 16〕・9・7 判時 1888 号 126 頁）は、原告土地所有者の被告核燃料サイクル開発機構に対する土地所有権に基づく残土撤去を認めた。その後、同訴訟の控訴審で同原告が敗訴し、判決は確定したが、他方で、自治会訴訟の最高裁判決（最判 2004〔平成 16〕・10・14 判例集未登載）で残土撤去請求認容判決が確定した（片岡直樹「ウラン残土放射能汚染による土地利用妨害排除の裁判――榎本訴訟第 1 審について」〔現代法学 26 号、2014 年〕51 頁)。

場事件に関する東京高決2012〔平成24〕・5・16（判例集未登載）である[16]。同事件は、Sゴルフ場を所有するX会社が、Y（東電）に対し（国は相手方ではない）、Sゴルフ場内のセシウム137等を、樹木等の高圧洗浄・土地の掘削撤去する方法で除去するよう申立てた事件である。曰く、同法は年1mSv以上の除染対象区域とするが、仮にSゴルフ場がこれに該当するとしても、「同法による除染の主体は、主に地方公共団体であって、相手方（＝Y、神戸注記）にその義務を課したもの」ではない、と。

(b)　上記高裁決定同様、Xの申立てを却下した同事件東京地裁決定（2011〔平成23〕・10・31判例集未登載）は、本件事故と放射性物質による汚染の因果関係を認めた上、Xの申立ての根拠である物権的妨害排除請求権について言う。その存否の判断は、単に「物権等への侵害なり妨害が生じているか」だけでなく、「除去の効率性や安全性、侵害の程度に応じた費用負担の合理性等」の観点を踏まえた慎重な検討が必要である、と。そして、除染は、国の「緊急実施方針」・除染特措法のもと、国・自治体等の協力・調整のもとに進められ、Yにこれを強制すると、「公益的見地」に立つ除染特措法等の規定に抵触する、と。

(2)　私権の「社会性・公共性」？

(a)　ここで、板付基地事件最高裁判決（最判昭和40・3・9民集19巻2号233頁）が想起される。原告Aは、その所有地を国Bに賃貸する契約を締結したが、Bは米軍に使用させていた。Aは、契約期間満了（占領終了）後の更新を拒否し、使用を継続する米軍に土地所有権による明渡請求をしたが、最高裁はこれを棄却した。曰く、AとBの土地の利用関係は、契約期間満了により、「たやすく終了させるべきではな」く、「その使用（駐留軍による使用）の必要性が大である」限り存続させるのが相当である。不法行為や不当利得ならともかく、「原状回復を求める本件のような請求は、私権の本質である社会性、公共性を無視し、過当な請求をなすものとして容認しがたい」、と。

(b)　確かに、民法1条1項は「私権は、公共の福祉に適合しなければならない」とする[17]。しかし、戦後の同条改正の経緯（第1回国会審議で「私権は総て公共の福祉の為に存す」を削除・修正）からすれば、公共の福祉の名のもと個人の権利

16)　同高裁・地裁決定の写しは、藤澤整弁護士より入手した。記して謝意を表する。
17)　以下は、四宮・能見『民法総則（第8版）』（弘文堂、2010年）14・18頁に依拠する。

行使を制限することは慎重であるべきであり、仮に権利行使を制限する場合、権利濫用禁止の原則に従えば十分である。そして、権利濫用の有無の判断の際に、個人の利益と相手方・社会全体への影響とを比較衡量をする判断基準は妥当でない。権利行使者の主観的な要素を考慮しつつ、行使者が加害目的を有しない場合は権利濫用を否定すべきであろう。

(3) 民法の妨害排除請求権の帰すう

二本松Sゴルフ場事件決定の物権的妨害排除請求権排除の理由は、除染特措法に「公益的」性格があり、国・自治体が除染義務を負うから、というものである。その点では上記最高裁判決とは事案が異なるし、民法1条1項が適用されてもいない。問題は次の点である。第一に、物権的（または人格権的）妨害排除請求権の要件が満たされているのにこれを排除するなら法律の根拠が必要と思うが、除染特措法には規定がない。第二に、仮に国に除染請求をした場合も、上記決定の「除去の効率性や安全性」・「侵害の程度に応じた費用負担の合理性」の観点が優先され、物権的（または人格権的）妨害排除請求権は、対東電・対国ともに行使できない可能性がある。第三に、万が一物権的（または人格権的）妨害排除請求権（原状回復請求権）の行使がこうした理由で排除される場合、それに代わる損害の賠償（補償）がされるべきだが、賠償（補償）の水準と範囲は、こうした民法上の請求権を剝奪する「代わり」となる内実を備えることを要すると思われる。

（かんべ・ひでひこ　関西学院大学教授）

1　原発ADRの現状と課題

高瀬雅男

Ⅰ　はじめに

2011年3月の福島原発事故から4年、原子力損害賠償紛争解決センター（以下「原紛センター」という）の和解仲介手続（以下「原発ADR」という）が開始されてから3年半が経過した。原発事故は未だ収束せず、約12万人の県民が県内外に避難し、先の見えない不安な生活をおくっている。この間、多くの被害者は、加害者・東京電力に対して謝罪、原状回復、損害賠償を求めてきた。損害賠償請求についていえば、現在、東京電力に対する①直接請求、②原発ADR申立、③民事訴訟が並走している。

原発ADRは、大量不法行為をおこなった東京電力に対して、膨大な被害者が損害賠償請求を行うことを予想し、直接請求や民事訴訟とは別の裁判外紛争解決制度として設けられたもので、その目的とするところは、原子力損害賠償に係わる紛争の「迅速かつ適切な解決」（仲介業務規程1条）である。

原発ADRは、3年を超える活動の中で、全部和解件数（累積）が既済件数（累積）の約8割を占める紛争を解決してきた。これに対して県内外に避難している被害者、滞在者が提訴している集団訴訟は、目下、審理中であり、判決が出るまでになお時間を要する。民事訴訟に先行する原発ADRにおいて形成された紛争解決規範が、裁判所を拘束することはないが、事実上の影響を与えることは考えられる。

本稿の目的は、3年を超えた原発ADRの制度的特徴、紛争解決規範および慰謝料に関する公表和解事例の一部を、それが目的とする原子力被害の特質を反映した「迅速な解決」「適正な解決」という観点から検討し、現状と課題を明らかにすることである。なお仲介委員が参照する指針を作成した原子力損害賠償紛争審査会（以下「原賠審」という）の設置形態、委員の構成、指針の性格、精神的被害の調査、避難慰謝料の根拠づけなどについて厳しい批判[1]が寄せられているが、それらの検討は別稿に委ねることとし、本稿は、指針の枠組みを前提として、原発ADRが、原子力被害の特質を踏まえて、どれだけ「迅速な解決」「適正な解決」をしたのか、指針にどれだけ「横出し」「上乗せ」したのか検討することを目的とする。なお本稿は、原発ADRの制度面、運用面の検討が中心になるので、個別和解事例の分析は、小海論文〔本章2〕を参照されたい。

Ⅱ 原発ADRの制度的特徴

1 原発ADRの法的根拠

紛争解決機関としての原紛センターは、原子力損害の賠償に関する法律（昭和36年法律147号）18条が定める原子力損害賠償紛争審査会の「和解仲介」業務を実施する下部機関として、原子力損害賠償紛争審査会の組織等に関する政令（昭和54年政令281号）、原子力損害賠償紛争審議会の和解の仲介の申出の処理等に関する要綱（平成23年）6条などにより、設置されたものである（2011年9月1日業務開始）。

原紛センターは、総括委員会、パネル（仲介委員会）、和解仲介室から構成されている。総括委員会は、原賠審が指名した委員長および委員2人（特別委員）から構成され、①事件ごとの仲介委員の指名、②仲介委員の実施する業務の総括、③和解の仲介手続に必要な基準の採択・改廃などの業務を行う。

仲介委員は、総括委員会の指名により事案ごとにパネルを構成し（単独または合議体）、面談、電話、書面等による事情の聴取や中立・公正な立場からの和解案の提示を行う。仲介委員は、主に東京三弁護士会の推薦に基づき、選任される。仲介委員は、弁護士業との兼業が認められている。

1） 吉村良一「原子力損害賠償紛争審査会『中間報告』の性格」法律時報86巻5号（2014年）134-139頁、浦川道太郎「原発事故により避難生活を余儀なくされている者の慰謝料に関する問題点」環境と公害43巻2号（2013年）9-16頁。

調査官は、事案に関する調査、パネル間の調整、和解案の作成などを担当し、仲介委員を補佐する。調査官は、若手の弁護士または法曹資格者が採用されており、大量採用のため公募されている。

和解仲介室は、文部科学省研究開発局原子力課に置かれ（要綱7条）、和解仲介に関する庶務を行うもので、文科省の職員のほか、法務省や裁判所の出向者から構成されている。原紛センターは、事務所として第一東京事務所、第二東京事務所、福島事務所および県北支所、会津支所、いわき支所、相双支所を置いている。

2014年11月現在の人員体制は、総括委員3人、仲介委員282人（2011年12月128人）、調査官188人（28人）、職員162人（34人）の635人体制[2)]であり、2011年12月時点と比べると、仲介委員が2.2倍、調査官が6.7倍、職員が4.8倍に増員されている。原紛センターの2014年度予算は、47億円[3)]である。

原紛センターの和解仲介手続は、つぎのとおりである。申立人が申立書類を東京事務所へ送付→総括委員会が担当仲介委員、調査官を指名→事件担当の仲介委員、調査官が事件の審理方針等を協議（パネル協議）→当事者から意見を聴取する口頭審理等→当事者への和解案提示→和解の成立（不成立）→和解契約の締結である（政令5条以下、要領2条以下、仲介業務規程10条以下）。

2　原発ADRの制度的特徴

以上のような原発ADRには、つぎのような特徴がある。第一に原発ADRの対象であるが、福島原発事故による原子力損害賠償に係る紛争に特化したADRであり、その目的とするところは、手数料無料で、紛争の「迅速な解決」「適正な解決」を図ることにある。

第二に原発ADRの類型であるが、行政機関が設置したADR、すなわち行政型ADRであり、また和解案を提示することができるところから（要領3条、仲介業務規程28条）、実質裁定型ADRであり、さらにADRの主宰者が弁護士（仲介委員282人および調査官188人のほとんどが弁護士）であるところから、法曹ADRということができる。

第三に原発ADRの手続であるが、民事訴訟に比べ、厳格な立証手続を要せ

---

2)　原紛センター「センター体制の現状」（2014年12月）。

3)　2012年度23億円（補正予算含む）、2013年度46億円、原紛センター調べ。

ず、処分権主義、弁論主義の適用はなく、請求の追加や訴えの追加的変更のような手続的制約もなく、円滑、迅速な紛争の解決をめざしていることである[4)]。

第四に原発ADRの設置主体であるが、原紛センターは、原賠審と同じく、原子力開発を推進する文部科学省研究開発局原子力課に設置されている（要綱7条）。研究開発局原子力課は、高速増殖炉（もんじゅ）の研究開発などを進め、日本原子力研究開発機構を監督する一方、同局参事官は、原子力損害賠償の事務を担当している（政令12条）。原子力開発の推進と原子力損害賠償の和解仲介は「利益相反」の関係にあり、また和解仲介を行う仲介委員の「中立かつ公正な立場」を保障する制度も整っていない。

第五に原発ADRの和解仲介の効力であるが、原発ADRは両当事者の和解案の「諾否の自由」（仲介業務規程28条）を保障しており、一方当事者、特に東京電力が和解案に合意しなければ、紛争は解決しない。当事者の合意に依存するところに原発ADRの制度的限界がある。

3 原発ADRの和解仲介実績

原発ADRの3年を超える和解仲介実績を、並走する直接請求、民事訴訟と比較しつつ、検討しよう。第一に東京電力への直接請求であるが、2014年11月28日現在の本賠償の実績（累計）は、個人60万7千件（賠償金額約1兆9,683億円）、自主的避難128万8千件（約3,530億円）、法人・個人事業者25万8千件（約2兆12億円）、合計215万3千件（約4兆3,423億円）である[5)]。賠償金額は既に4兆円を超えており、原子力損害の甚大さを示している。平均処理期間は、請求書確認に約14日、支払手続に約7日（2013年7月現在）を要しており、指針や東京電力の賠償基準（以下「東電基準」という）に従って請求する限り、処理は迅速にみえる。

第二に原発ADR申立であるが、2014年11月28日現在、申立件数1万3,979件、申立人数5万4,061人（2014年8月現在）（この中には1件約1万5千人の浪江町の申立が含まれる）、既済件数11,194件、そのうち全部和解9,240件（既済件数に占める全部和解件数の割合は83%）である[6)]。和解金額は、東京電力の資料によれば、

4） 野山宏「原子力損害賠償紛争解決センターにおける和解の仲介の実務1」判例時報2140号（2012年）3頁。

5） 東京電力HP、http://www.tepco.co.jp/fukushima_hq/compensation/results/index-j.html

1,352億円（2014年8月22日現在[7]）である。平均処理期間は、当初3カ月を予定していたが、現在は6カ月程度といわれている。

第三に民事訴訟であるが、2014年5月現在、全国に避難した被災者から提訴された集団訴訟の件数は20件、原告数は県内4,108人、県外2,700人、合計6,808人である[8]。主な集団訴訟の提訴先（地裁）は、札幌、山形、仙台、福島3件（生業、避難者、市民）、前橋、さいたま、千葉、横浜、東京2件、新潟、名古屋、京都、大阪、神戸、岡山、松山であり、全国の地裁で審理中であるが、なお判決がでるまでに時間を要する。

以上、三つの請求方式のうち、どれを選択するのかは、被害者の置かれた諸般の事情による。原発ADRは、手数料が無料で、直接請求より遅いが、民事訴訟より早い。申立人が民事訴訟の原告数より数倍多く、原発ADRは被害者の一定の要求に応えつつ、裁判所の負担を軽減しているといえよう。

なお原発ADRの和解仲介実績に係わって、審理遅延問題に触れておきたい。原紛センターは、発足当初、申立件数が急増し、審理が大幅に遅延した。その主たる原因は、①原紛センターの体制未整備、②東京電力の不当遅延行為、③本人申立の増加である[9]。①について、原紛センターは人員体制の拡充、審理の簡素化、総括基準の作成・公表、和解事例の公表などの対策を実施し、現在の平均審理期間は6カ月程度になっている。②は、東京電力が仲介委員の求釈明に応じない、回答期限を守らないなどの不当遅延行為[10]をおこなっているという問題で、原紛センターは不当事例の公表や遅延損害金の賦課などを行っているが、問題は後を絶たない。加害者・東京電力の真摯な協力がなければ、「迅速な解決」はおぼつかない。

6）　文部科学省HP、http://www.mext.go.jp/a_menu/genshi_baisho/jiko_baisho/detail/1329118.htm

7）　和解仲介申立12,727件、既済件数9,924件、全部和解8,124件、福島民報2014年8月30日付。

8）　毎日新聞2014年5月19日付。

9）　原紛センター2011年「原子力損害賠償紛争解決センター活動状況報告書」（2012年1月30日）15頁。以下各年の「活動状況報告書」として引用する。

10）　総括基準9「加害者による審理の不当遅延と遅延損害金について」（2012年7月5日）、2013年活動状況報告書（2014年4月）20頁。

Ⅲ 紛争解決規範

1 民法・不法行為法

原発 ADR の活動実績は、上記のとおりであるが、これらの紛争は、どのような紛争解決規範によって解決されてきたのであろうか。仲介委員は、「法令、要綱、この規程その他総括委員会の定める規則を遵守し」(仲介業務規程 21 条)、紛争の解決にあたるものとされている。具体的に仲介委員が依拠すべき紛争解決規範は、①民法および関係法令のほか、②原賠審が定めた指針、③総括委員会が定めた総括基準および④和解事例(事実上)などである。

第一に民法および関係法令であるが、民法の特別法である原賠法は、賠償されるべき「原子力損害」を「……原子核分裂の過程の作用又は……放射線の作用若しくは毒性的作用……により生じた損害」(2 条 3 項)と規定しているが、原子力損害の範囲について明文の規定をおいていない。そこで損害の範囲は、一般法である民法の解釈に戻ることになる。我が国の不法行為損害論に大きな影響を与えたのは、交通事故損害賠償論と公害・薬害事件損害賠償論である。交通事故損害賠償論は、人身損害を個別の損害項目に区分し、差額説と相当因果関係説により賠償額を算定する個別損害評価方式である。他方、公害・薬害事件損害賠償論は、人身損害を個別の損害項目に分けず、一つの非財産的損害としてとらえ、生命侵害や身体被害の重傷度に応じて総額で損害賠償を算定する方式である。

そこで福島原発事故の被害を全体としてみた場合、従来の損害賠償モデルでは解決できない被害の広範性、継続性、長期性、深刻性があり、実態として存在する被害をそのまま損害として把握する「あるがまま損害論」が提唱されている[11]。このような観点からみた損害には、①放射線被曝の恐怖・深刻な危機感(高濃度汚染地域における避難の繰り返しによる被曝の恐怖、高濃度汚染地域に居住し続けたことによる健康被害の恐怖)、②避難・仮設生活における精神的損害、③地域コミュニティ喪失による損害、④帰還できない地域の不動産損害、⑤純粋な環境損害があるという[12]。他方、並走する全国の集団訴訟においても、避難慰謝料、

11) 淡路剛久「福島原発事故の損害賠償の法理をどう考えるか」環境と公害 43 巻 2 号 (2013 年) 4 頁。
12) 淡路・前掲注 11) 4-7 頁。

ふるさと喪失慰謝料、コミュニティ喪失慰謝料などが主張されているが、未だ裁判所の判断は示されていない。原発ADRの和解案は、被曝不安慰謝料（飯舘村長泥行政区、蕨平行政区）や被曝不安・実生活制約慰謝料（伊達市小国地区等）といった新たな慰謝料類型を認めているが、コミュニティ喪失慰謝料の判断を留保している。

2　指針

第二に指針であるが、現在までのところ、原賠審が定めた「原子力損害の範囲の判定の指針」（以下「指針」という）には、中間指針（2011年8月5日）、第一次追補（同年12月6日）、第二次追補（2012年3月16日）、第三次追補（2013年1月30日）、第四次追補（同年12月26日）がある。そのうち「本件事故による原子力損害の当面の全体像」を示したのが、中間指針である。

中間指針は、相当因果関係説の立場から、損害の範囲を「本件事故と相当因果関係にある損害、すなわち社会通念上当該事故から当該損害が生じることが合理的かつ相当であると判断される範囲」とし、「類型化が可能な損害項目やその範囲等」を提示している（中間指針第1の4、第2の1）。

指針は、従来の差額説と相当因果関係説による個別損害評価方式に立ちながらも、被害者、自治体、業界団体、福島県原子力損害対策協議会などの切実な要請を受けて、風評被害、間接被害、精神的損害、除染費用、地方自治体等の行う検査費用などを損害と認めるなど、原発事故被害をできるだけ広く拾い上げようとしている[13]。他方、精神的損害に生活費増加分が含まれ、賠償額が低額（月額10万円）であり、事故6カ月経過後に減額（月額5万円）され、緊急時避難準備区域の精神的損害賠償額が総額10万円と低額であり、間接被害の賠償範囲が狭く、風評被害を認める類型が狭いなどの批判[14]がある。

このように指針には類型の狭さ、賠償範囲の狭さ、賠償額の低さなどの問題点があるが、他方、指針にはこれらを一定修正する余地も残されている。すなわち中間指針は、「類型化が可能な損害項目やその範囲等」を提示する一方、明示されなかった損害であっても「個別具体的事情に応じて相当因果関係のある

13）　吉村良一「福島原発事故の救済」法律時報85巻10号（2013年）60頁。
14）　小島延夫「原子力損害賠償紛争解決センターでの実務と被害救済」環境と公害43巻2号（2013年）20頁。

損害と認められることがある」（中間指針第1の4、以下「個別事情損害」という）としている。また指針は賠償額を提示する場合、金額を「目安」としており、増額の余地を残している。さらに指針は、損害の範囲を「社会通念上当該事故から当該損害が発生することが合理的かつ相当であると判断される範囲」に限定しているが、何が「合理的かつ相当」か、解釈の余地がある。

要するに指針には、個別事情損害、「目安」、「相当かつ合理的」などにより、類型の狭さ、賠償範囲の狭さ、賠償額の低さを一定修正する余地が残されており、これらを利用していかに賠償の範囲を拡大していくのかが、「迅速な解決」「適正な解決」を目的とする原発 ADR の課題になる。

3　総括基準

第三に総括委員会が定めた総括基準であるが、これは、①中間指針等の細目に当たる基準および②中間指針等から漏れた事項についての紛争解決の基準を定めたものである。これによって、①和解案の迅速な提案、②被害者間の公平の確保、③被害者と東京電力との相対交渉の促進を図るとともに[15]、④仲介委員間の判断のバラツキを抑える面もある。総括基準は、和解仲介において仲介委員が参照すべき共通基準であり、紛争解決における規範と位置づけられており、今日までに14本の総括基準が作成・公表されている。総括基準が、指針の個別事情損害、「目安」、「相当かつ合理的」などを活用して、類型の狭さ、賠償範囲の狭さ、賠償額の低さをいかに拡大していくのかが、課題になる。

4　和解事例

第四に事実上の紛争解決規範として和解事例がある。総括委員会は、「和解仲介の結果が広く知られ、被害者に対する東京電力の損害賠償がより迅速・適切に行われる」ことを期待して、成立した（しなかった）和解の和解契約書および和解案提示理由書をウェッブ・サイトで公開している[16]。和解事例は、総括基準と異なり、後の仲介委員を拘束するものではない。しかし公平の見地から同一または類似の事案に対して同一の判断が要請されるところから、同一または類似の事案が集積すれば、事実上の紛争解決規範が形成されるものと考えられ

15）　2012年活動状況報告書（2013年2月）20頁。
16）　総括委員会「和解事例の公表について」（2012年4月27日）。

る。

Ⅳ　精神的損害（慰謝料）

1　慰謝料の基準

それでは上記の指針と総括基準は、紛争解決規範としてどのように事案に適用されているのか。損害項目別和解成立件数において二番目に件数が多く、不満の大きい精神的損害（慰謝料）について検討しよう。検討対象にするのは、避難指示区域個人の慰謝料である（中間指針第3の6)。

中間指針第3の6Ⅰ）は、「自宅以外での避難生活を長期間余儀なくされ、正常な日常生活の維持・継続が長期にわたり著しく阻害されたために生じた精神的苦痛」を賠償すべき損害（以下「日常生活阻害慰謝料」という）として、つぎのように定めている。①事故から6ヵ月間（第1期 2011.3〜8）は月額10万円（避難所12万円)、②その後6ヵ月間（第2期 2011.9〜）は月額5万円（避難所7万円)、③第2期終了から終期までは、改めて損害額を検討、④原則として生活費増加分を含む（以上を(i)という)。

他方、総括基準1（避難者の第2期の慰謝料、2012年2月14日決定）は、中間指針第3の6備考11）の「その他の本件事故による精神的苦痛についても、個別の事情によっては賠償の対象と認められうる」という規定に基づき、第2期の慰謝料を、今後の生活の見通しへの不安に対する慰謝料（以下「将来生活不安慰謝料」という）として、月額5万円（避難所7万円）と定めている（以上を(ii)という)。(i)が第2期の日常生活阻害慰謝料を5万円に減額したので、新たに将来生活不安慰謝料5万円を設け(ii)、合計10万円の賠償を継続するものであり、(i)の「横出し」ということができる。また中間指針第3の6備考11）は、将来生活不安慰謝料以外のその他の個別事情による慰謝料も認めており（以上を(iii)という)、(iii)も(i)の横出しである。

他方、総括基準2（精神的損害の増額事由等、2012年2月14日決定）は、中間指針第3の6備考10）の「金額はあくまでも目安であるから、具体的な賠償に当たって柔軟な対応を妨げるものではない」という規定に基づき、(i)日常生活阻害慰謝料の増額事由として、つぎの8つの事由を定めている（以上を(iv)という)。①要介護状態にあること、②身体または精神の障害があること、③重度または中程度の持病があること、④上記の者の介護を恒常的に行ったこと、⑤懐妊中であること、⑥乳幼児の世話を恒常的に行ったこと、⑦家族の離別・二重生活等が生じたこと、避難所の移動回数が多かったこと、⑧避難生活に適応が困難な客観的事情であって、上記の事情と同程度以上の困難さがあるものであったこと。(iv)は(i)日常生活阻害慰謝料を増額するもので、(i)の「上乗せ」ということができる。

要するに、総括基準は、賠償範囲が狭く、金額の低い中間指針の慰謝料を、個別事情によってできるだけ拡大しようとするものである。それではどの程度、賠償の範囲が拡大され、金額が増額されたのであろうか、避難指示区域個人の慰謝料に関する公開和解事例を検討しよう。

2 避難指示区域個人の慰謝料

まず避難指示区域個人の慰謝料であるが、検討するのは、公表番号219～435(2012年10月19日～2013年3月29日)[17]に含まれた避難指示区域個人の慰謝料に関する和解事例である。ちょうど混乱の中で体制整備が行われ、安定しつつある時期の事例である。この和解事例の仕分けは、平成25年度福島県弁護士会原子力発電所事故被害者救済支援センター運営委員会『原子力損害賠償紛争解決センター和解事例の分析 Ver. 2』45-51頁(西ヶ谷尚人弁護士担当)、101-114頁(2013年8月19日)によった。

【表】の見方を説明する。縦軸は、慰謝料の平均月額を1万円単位で示したものである。慰謝料の金額と期間は、和解事例によってさまざまなので、平均月額(総慰謝料額÷受領月数)により比較できるようにした。平均月額は基本慰謝料10万円(12万円)を既に受領したかどうかによって、区分してある。横軸は、(a)二期慰謝料の増額(ii)、(b)その他の慰謝料(iii)、(c)9つの増額事由(iv)に区分してある。表中の例えば244x3、244x6は、公表番号244の申立人x3と申立人x6を表す。また欄外の(注1)の例えば363-1、363-2は、公表番号363の和解契約書が2度に分けて公表されたことを示す。以下、項目別にみてみよう。

17) 文部科学省HP「和解事例の公表について」http://www.mext.go.jp/a_menu/genshi_baisho/jiko_baisho/detail/1329118.htm

【表】　避難指示区域個人の慰謝料（公表番号 219～435、2012. 10. 19～2013. 3. 29）

受領の有無	慰謝料平均月額	(a)二期慰謝料増額	(b)その他	(c)日常生活阻害慰謝料増額（総括基準の増額事由に該当）								
				①要介護	②身体、精神障害	③持病	④恒常介護者	⑤妊娠中	⑥乳幼児世話	⑦別離・二重生活	⑧避難所多数移動	⑨その他
10⑿万円受領済みまたは増額分	3万円～						245x1 245x2		275x1 275x2	266x1 266x2 266x3 266x4		
	4万円～											
	5万円～				245x3							
未受領	13万円～			244x3	360x1		354x1 354x2 360x2 408x2		306x1	261x1 261x2 311x3 311x4		
	14万円～			244x6	335x4 317x1	298x1	332x1 335x1 335x2 410x1	371x2				
	15万円～			265x1 265x2	335x3		270x1 265x3 309x1			311x1		
	16万円～			309x2 354x3	360x6		409x2			311x2		
	17万円～				406x1		406x2					
	18万円～			270x2 270x3	410x2							
	19万円～				409x4		310x4					
	20万円～			242x 329x2 375x		382x1 408x1	382x2					
	21万円～			310x2								
	～											
	28万円～				310x1							

（注1）②から 363-1、363-2、389、428 を、③から 296 を、④から 273 を除外した。

（注2）310 は x1 を②、x2 を①、x4 を④と仮定した。335 は x1、x2 を④、x3、x4 を②と仮定した。

(1) 横出し

中間指針第3の6備考11)、総括基準1により生活不安慰謝料が認められた事例はない(a)（なお過去の該当事例は公表番号2)。

中間指針第3の6備考11）により避難指示区域個人に慰謝料が認められた事例は、つぎのとおりである(b)。

・災害関連死の死亡慰謝料［(公表番号268）1人1,200万円、(271）1人900万円、(284）1人925万円、(357）2人計800万円、(391）2人計600万円］

・介護・障害者施設のサービス不受給［(335）4人各2万円、(389）1人滞在者慰謝料6割増］

・津波行方不明者の捜索困難［(282）2人計100万円、(305）x1・45万円、x2・145万円、x3・60万円、(348）3人各40万円］。原紛センターの基準は、支払い上限を1家族当たり300万円とし、①父母・子供の1親等と配偶者は60万円、②孫など同居の2親等は40万円、③1、2親等以外の同居の親族は20万円としているようである。

(2) 上乗せ

中間指針第3の6備考10)、総括基準2（増額事由）(c)により、避難指示区域個人の慰謝料の増額が認められた事例は56人あり、310x1（平均月額28万円）を除き、平均月額13万円～20万円の範囲に分布している。

①要介護該当は12人あり、13万円～21万円の範囲に分布しているが、15万円～20万円の事例が多い。個別事情がわかる事例を平均月額の低い順からみていくと、自力外出不可（309x2）→両股関節機能全廃（270x2）→認知能力低下（242x）・寝たきり（329x2）・要介護2（375x）の順になっている。障害が重度になる程増額される傾向がみえる。

②身体・精神障害者該当は10人あり、310x1（平均月額28万円）を除き、13万円～19万円の範囲に分布している。個別事情をみると、高齢3級（360x1）→知的障害（335x4）→2級（335x3）→高齢1級（360x6）→1級（406x1）→2級（410x2）→1級（409x4）の順になっている。障害が重度になる程増額される傾向がみえる。310x1（平均月額28万円）は、身体障害者で、過酷な避難態様と避難生活を考慮して、避難による日常生活阻害慰謝料の大幅な増額が認められている（2011年3月、4月は月額35万円を上回り、15ヵ月間の総額は428万円)。

③持病該当は3人あり、平均月額20万円台に2人分布している。個別事情をみると、[糖尿病・心筋梗塞・パーキンソン病・脳梗塞]（382x1）・認知症（408x1）であり、病状は重そうである。

④恒常介護者該当とは上記①〜③を恒常的に介護した者で、17人あり、最も多い。平均月額13万円（4人+2人）、14万円（4人）、15万円（3人）、16万円（1人）、17万円（1人）に分布しているが、15万円以下が多く、恒常介護者の評価が低いようにみえる。

⑤妊娠中該当は1人あり、平均月額14万円（371x2）である。

⑥乳幼児世話該当は3件あり、平均月額13万円（1人+2人）である。

⑦別離・二重生活該当は10件あり、平均月額13万円〜16万円に分布しているが、8人が13万円である。

3　小括

避難指示区域個人慰謝料の検討結果をまとめよう。第一に横出しであるが、(a)総括基準による将来生活不安慰謝料に該当する事例はなく、(b)その他の個別事情による慰謝料には、災害関連死、介護・障害者施設のサービス不受給、津波行方不明者の捜索困難に関する慰謝料などが認められ、一定の範囲で「横出し」が行われている（なお過去にペットの死［猫（公表番号1）2人各5万円、兎（113）3人計10万円］、妊娠・人工中絶［128］2人計50万円］が認められている）。

第二に上積みであるが、(c)総括基準の増額事由に該当した事例は、つぎのとおりである。人数が多い順に、恒常介護者17人（30.4%）、要介護12人（21.4%）、身体・精神障害10人（17.9%）、離別・二重生活10人（17.9%）、持病3人（5.4%）、乳幼児3人（5.4%）、妊娠中1人（1.8%）である。

第三に増額事由による賠償金額であるが、多い順に平均月額28万円1人、21万円1人、20万円6人、19万円2人、18万円3人、17万円2人、16万円4人、15万円8人、14万円9人、13万円20人であった。「上乗せ」の範囲は概ね13〜20万円であり、13〜15万円の人数が3分の2を占めている[18]。

18)　なお筆者は、過去に公表事例1〜218のうち、増額事由に該当する事例19件について同様の分析をしたが、慰謝料は概ね11〜20万円の範囲に分布していた。しかし初期の事例なので、16万円以上が4件しかなく、全体として低水準である。高瀬雅男「原子力損害賠償とADRの役割」行政社会論集26巻3号（2014年）18頁。

以上、避難指示区域個人は、ADR 申立をすることによって、一定の範囲で慰謝料を獲得ないし増額することができた。

V 原発 ADR の到達点と課題

1 到達点

最後に原発 ADR の到達点と課題を確認しておきたい。まず到達点であるが、「迅速な解決」に係わって、つぎの到達点を確認できる。第一に審理遅延問題への対応であるが、原紛センターは、人員体制の拡充、審理の簡素化、総括基準の作成・公表、和解事例・和解案提示理由書の公表などによって、遅延問題を徐々に解消してきた。しかし平均審理期間を当面の目標である 4～5 カ月に近づけるためには、人員増を含む更なる改善が求められる。他方、東京電力の不当遅延行為に対して、原紛センターは、①問題事例の公表、②遅延損害金の賦課などの対策を行っているが、より実効性ある対策が求められる。

第二に総括基準の作成・公表であるが、これは、和解案の迅速な提案、被害者間の公平の確保、相対交渉の円滑な促進や仲介委員間の判断のバラツキの防止をめざしたもので、一定の効果があった。また和解事例・和解案提示理由書の公表、パンフレットの作成・配布も、被害者が、紛争解決を予測するうえで、有益である。ただし公表された和解事例は、事実が簡略なうえ、既に約千件に達し、被害者がこれらを読んで分析し、判断をするのは容易ではない。

つぎに「適正な解決」に係わって、つぎの到達点を確認できる。指針には類型の狭さ、賠償範囲の狭さ、賠償額の低さなどがあるが、これらが総括基準（1、2、5、3、11、12）や和解事例によって、一定修正され、一定の範囲で「横出し」「上乗せ」されてきた。増額事由に該当した場合、概ね平均月額 13 万円～20 万円の範囲で「上乗せ」されている。

2 課題

つぎに原発 ADR の今後の課題を確認しよう。第一は、総括基準の作成・公表である。総括基準は、2013 年以降、作成・公表されていない。総括基準は、前記のように重要な役割を果たしており、原紛センターは、同一または類似の事案に共通する基準が形成されたときは、判例法の法典化として、それらを総括基準に固定し、公表することが、紛争の「迅速な解決」「適正な解決」に資する。

第二は、避難指示区域個人の慰謝料であるが、原発ADRが認める慰謝料は、増額事由に該当しても、概ね平均月額13～20万円（実質上積み3～10万円）程度である。申立人が和解案に合意しているとはいえ、金額に満足しての合意ではなく、諸般の事情を考慮しての合意であろう。病気・障害を抱えての過酷な避難生活を強いられた割には低額であり、増額部分と基本部分（月額10万円）の両方に問題がある。特に中間指針の定める慰謝料（基本部分）が、日常生活不安慰謝料に限定され、金額が交通事故慰謝料基準に準拠している点が問題である。原子力被害の特質を反映した紛争の「適正な解決」を図るためには、実態調査を踏まえた指針の見直しが不可欠である。

第三は、原発ADRへの裁定機能の付与と独立性の確保である。まず前者であるが、2014年に入り、東京電力が仲介委員の和解案を拒否する事例（飯舘村蕨平行政区、浪江町）がみられるようになった。原発ADRは、当事者に和解案の「諾否の自由」（和解仲介規程28条）を認めているが、「正当な理由」なく諾否の自由を認めていれば、紛争の「迅速な解決」はおぼつかず、原発ADRの存在意義が問われることになる。そこで原発ADRに裁定機能を付与し、原子力事業者は、原則として裁定を尊重するものとし、裁定を受取った後、例えば1カ月以内に訴訟を提起しない限り、裁定どおりの和解内容が成立するとみなすといった機能を法定することが考えられる[19]。

つぎに後者であるが、原紛センターは、原賠審とともに、原子力開発を推進する文部科学省研究開発局に設置されており、制度上、原紛センターの独立性、中立性、公正性を疑わしめるものである。原紛センターを原子力行政から中立的な行政機関（内閣府）に移管し、準司法機関として整備していくことが必要である[20]。

（たかせ・まさお　福島大学名誉教授）

19）日本弁護士連合会「原子力損害賠償紛争解決センターの立法化を求める意見書」（2012年8月23日）5頁。

20）日本弁護士連合会・前掲注19）6頁。

2　ADR和解の現状と課題
――精神的損害、財物損害に関して

小海範亮

I　はじめに

ADR手続の和解事例については、原子力損害賠償紛争解決センター（以下、「原紛センター」）のホームページに実例が公表されているものの、和解案提示理由書により内容を詳しく知ることができる事例はわずかであり、またデータベースもない。そのため、具体的な解決水準に関して論じることは容易ではない。よって、必ずしも全体的な傾向を表すものではないが、当職は、東日本大震災による原発事故被災者支援弁護団（原発被災者弁護団）に所属し、自らADR申立代理人として活動するのみならず、弁護団内の他の事例を見聞きしているため、知る限りで現状と課題につき概観したい。

なお、紙面の都合上、精神的損害と、財物損害のうち宅地および住宅の損害について述べる。また、自主的避難等対象区域住民など区域外避難者、滞在者等の賠償問題も極めて重要であるが、本稿では割愛する。

II　精神的損害

1　中間指針等に規定された慰謝料について

2011年8月5日策定の中間指針では、精神的損害については、日常生活阻害慰謝料と入通院慰謝料に言及している。原紛センターは、「当該紛争の当事者による自主的な解決に資する一般的な指針」を策定する原子力損害賠償紛争審査会（以下、「審査会」）の下で、審査会の和解仲介業務を担う機関であるため、中間指針等を基礎として、和解案を検討している。

(1)　日常生活阻害慰謝料

中間指針にて、「自宅以外での生活を長期間余儀なくされ、正常な日常生活の維持・継続が長期間にわたり著しく阻害されたために生じた精神的苦痛」などと説明され、原紛センターの総括基準において「日常生活阻害慰謝料」と表現される慰謝料である。次のとおり、中間指針等の内容を修正する重要な和解案が原紛センターより示され、特に①および②については、直接請求による東電の賠償方針にも影響を与えた。①第2期（本件事故から6ヶ月〔第1期〕経過後からの6ヶ月）の慰謝料につき、月額5万円を第1期と同様の月額10万円にしたこと。②（旧）緊急時避難準備区域における滞在者（早期帰還者含む）慰謝料につき、約1ヶ月間の屋内待避期間に相当する1人10万円のみであったものを、避難者と同じ月10万円としたこと（2011年10月以降は、月8万円＋生活費増加分を別途請求か、生活費増加分を含めて月10万円かを選択することとなっている。同年9月末の政府の緊急時避難準備区域解除が影響している）。③特定避難勧奨地点設定地点（伊達市霊山町内）の周辺区域住民（自主的避難等対象区域）の集団申立に対して、2011年6月30日から2013年3月31日まで1人月7万円の慰謝料を認めたこと。

ただし、そもそも中間指針等が、日常生活阻害慰謝料を月10万円としたことについては、自賠責保険を参考にしたことの不合理性などから被害者の理解は得られておらず、ADR 申立の多くがその増額を請求趣旨とするものの、満足できる解決が得られてはいない。原紛センターは、自ら定めた「総括基準（精神的損害の増額事由等について）」（2012年2月14日決定）に該当する事由のある場合に、個別に増額する取扱いであるからである。その結果、総括基準該当事由があれば、月3割程度の増額は得られ、事由が重なる場合や状況が過酷である場合に5割以上、そして、短期間だが10割を認める例や障がい者の案件で月額25万円を認める例もある。しかし、該当事由がなければ増額されず、仮に増額される場合でも、世帯主のみもしくは夫婦の一方のみという場合も多い。

前述の②や③のように、今後も支払い対象地域の拡大を図るべきであり、地域住民による集団 ADR 申立は手段となり得る。しかし、例えば、被害者に一律月35万円（交通事故損害賠償に関するいわゆる赤本の、入通院慰謝料算定に関する別表Ⅱの入院1ヶ月相当額）[1] を認める旨の請求など、慰謝料額の一律かつ大幅な増額をADRにて実現するのは厳しく、各地で訴訟提起が進められている。

(2) 入通院慰謝料

中間指針における「生命・身体的損害」の中の精神的損害部分である。集団ADR申立に馴染まず、個々の案件において和解がなされている。原紛センターでは、一般的に、次の取扱いをしていると思われる。①東電のひな形である「診断書（医療証明書）」や「通院証明書」において、医師が「避難生活により発症・受傷」、「避難生活により悪化」もしくは「避難との因果関係　有」などの欄にチェックすることを重視し、避難との因果関係に関する医師の意見書までは求めないこと。②赤本における別表Ⅰを用いる例が多いが、算定根拠となる通院期間を、通院開始日から終了日までの全体とするか、実通院日数×3.5日という手法を用いるかについては、判断が分かれること。③①のとおり、因果関係を広く認定する一方、50％程度減額する例が多いこと（減額割合に理由は付されず）。④重篤でない疾病（生活習慣病、うつ病など）の発症、悪化については、通院1回につき1万円という算定方法や、日常生活阻害慰謝料の増額事由として扱われる方法があること。

例えば、前述の日常生活阻害慰謝料の月額など、中間指針等の内容の是非を問う争点はともかく、入通院慰謝料のような個別性の高い損害については、よりADR手続に期待する部分が大きい。よって、③に指摘したような一定割合の減額が、その理由の説明もなく原紛センターの運用方針であるかのような現状は問題であり、被害者が納得のできる和解案を提示するよう心がけるべきである。

(3) 賠償終期問題

現在、旧緊急時避難準備区域や「地方公共団体が住民に一時避難を要請した区域」（南相馬市の主に鹿島区を指す）については、賠償終期が訪れ、避難費用や日常生活阻害慰謝料が打ち切られている。このうち、旧緊急時避難準備区域につ

1） 財団法人日弁連交通事故相談センター東京支部「民事交通事故訴訟　損害賠償額算定基準」（2011年）135頁。

いては、これまで、南相馬市原町区住民の集団 ADR 申立案件などで争われたが、原紛センターは、和解対象期間を 2012 年 8 月まで、すなわち中間指針第二次追補の内容の範囲とするのみで、申立人の主張を受け入れなかった（なお、判断回避であって、賠償の対象外であることを明言したわけではない）。この和解方針では、「避難を継続せざるを得ないような特段の事情」がある場合には、2012 年 9 月以降の精神的損害や避難費用も和解の対象とするとして、①身体または精神の障害があり、避難先での医療措置・福祉的措置を継続する必要がある者、②持病があり、避難先での医療措置を継続する必要がある者、③本件事故前から同じ勤務先において就労しており、原町区に帰還すると通勤が困難である者、④帰還することなく避難先の学校への通学を継続しなければならない事情がある者などの例を挙げる。しかし、被曝の不安から避難を継続している世帯については認められていない。また、④については、転校に困難を伴う高校生については認めた例があるが、小中学生については認めていない（障がいがあれば別であるが）。よって、この特別の事情の運用は極めて限定的であり、被害者の実態に即していない。

賠償終期問題は、現在は一部の地域で生じているに過ぎないようにみえるが、すでに旧警戒区域である現在の帰還困難区域、居住制限区域、避難指示解除準備区域のうち、避難指示解除準備区域については、漸次避難指示解除が広まってきている。中間指針第四次追補においても、避難指示解除後 1 年が相当期間であると明記されており、今後急速に賠償終期が問題化するおそれがある。地域の実情を踏まえた終期延長の和解案を期待したいところではあるが、前述のような状況から訴訟やむなしとの現状である。

2　日常生活阻害慰謝料や入通院慰謝料とは性質の異なる慰謝料

中間指針等は、慰謝料項目を限定すると述べているものではなく、例えば、第四次追補における「故郷喪失慰謝料」など、中間指針自身にも、新たな慰謝料概念が登場する。原紛センターの総括基準でも、日常生活阻害慰謝料以外に、本件事故と相当因果関係のある精神的損害が発生した場合には、別途賠償の対象とすることができるとされている。被害の実態が明らかになるとともに、ADR 申立においても様々な精神的損害が主張され、認められてきた。

例えば、センターの和解案では、これまでに、以下のような例がある。「生活の基盤、日々の暮らしを一瞬にして失った」(終の棲家を失った) ことに対する慰謝料 (一時金) 50 万円。漁師としての人生を奪われたことに対する慰謝料 20 万円 (一時金)。ペット死亡の慰謝料 (一時金) 10 万円。墓参りに行けなくなった慰謝料 (一時金) 5 万円。津波被害に遭った肉親を探しに行けないまま避難せざるを得なかった慰謝料数十万円。

また、地域住民の集団 ADR 申立案件の和解案では、「被曝への恐怖、不安に対する慰謝料」や「避難生活の長期化に伴う精神的苦痛 (将来への不安等) の増大による慰謝料」などがある。まず前者は、飯舘村長泥地区、および蕨平地区の各申立案件である。旧警戒区域と同程度の放射線量に曝された地域で、現在は帰還困難区域 (長泥地区) もしくは居住制限区域 (蕨平地区) でありながら、2011 年 4 月 22 日に計画的避難区域に指定された (5 月末までの避難が求められた) 他は、何らの注意喚起もなされず、住民の多くは数ヶ月間住み続けた。2011 年 3 月 15 日以降の放射線量が高かった時期に、2 日以上滞在した者に対し、1 人 50 万円 (妊婦および子供は 100 万円) の慰謝料が認められた。しかし、東電は難色を示し、最終的に長泥地区案件については受諾し和解が成立したものの、蕨平案件については、11 ヶ月経過した現在 (本稿執筆時の 2015 年 2 月 27 日) でも抵抗を示しているため、原紛センターの説得が続いている。

次に、「避難生活の長期化に伴う精神的苦痛 (将来への不安等) の増大による慰謝料」は、浪江町町民の集団 ADR 申立案件にて、和解案として提示されたもので、2012 年 3 月 11 日から 2014 年 2 月末日までの期間について、申立人 (約 1 万 5000 人) 全員に日常生活阻害慰謝料として月額 5 万円を加算、さらに、年齢が 75 歳以上の高齢者については月額 3 万円を加算するという内容である。この画期的な和解案に対しても、東電は抵抗し、11 ヶ月を経過した現在も受諾しない状態が続いている。東電が新・総合特別事業計画にて自ら誓う「和解仲介案の尊重」を遵守しないのは極めて問題であるが、原紛センターは手続を打ち切ることなく、粘り強く説得を続けている。被害実態に応じて明らかになる新たな慰謝料を請求する手段として、ADR 手続が利用できるか否かは、これら蕨平地区案件、浪江町案件の成り行きにかかっているともいえる。

ただし、本件原発事故損害賠償請求に関する各地の弁護団が主張する「ふるさと喪失慰謝料 (コミュニティ喪失慰謝料)」については、南相馬市小高区住民が集団 ADR 申立にて請求したものの、原紛センターは、中心的な争点と認識していながら判断を回避した。本件原発事故から4年となる現在、住民らの家庭内での生活のみならず、地域内での生活や精神的なつながり（農作物のおすそわけ、祭りや地域行事、助け合いなど）が失われたことを、いかに被害実態として主張し、賠償すべき損害として捉えていくべきかということが問われている。

Ⅲ　財物損害（宅地、住宅）

1　中間指針第四次追補と原紛センター和解案との関係

精神的損害は、中間指針の内容がまずあって、これを元にADR手続が行われてきたが、財物損害については、むしろ原紛センターの実務が先行し、その影響を受けた指針が策定された。

すなわち、申立人が財物損害の賠償を請求しても、一部の例外を除き、保留とされる時期が続いたが、2013年頃より、原紛センターより和解案が示されるようになった。そして、それを追いかけるように、審査会において具体的な賠償方針に関する議論が行われ、2013年12月26日の中間指針第四次追補の策定に至った。

その意味では、中間指針ありきの発想ではなく、弁護団等が求めてきた原状回復ー再取得価格という考え方（本件事故前後の価値の下落分ではなく、避難先など新たな場所にて同等の不動産を確保できる程度の賠償）についても、一部ではあるが、原紛センターの和解案に取り入れられた。そして、それが、中間指針第四次追補においても「住居確保損害」として規定された。そのため、実態調査を行っていないと批判される[2]精神的損害部分に比べれば、より実践的な内容になっているといえる。

ただし、和解案では「住居確保損害」という概念は基本的に用いず、再取得のために必要な増額分についても、財物損害の中で差額説による説明[3]の上で柔軟に算定し、具体的案件に応じて原則の修正を図っている。よって、次項では、第四次追補の内容を押さえつつ、原紛センターの実務における算定方法や解決

2)　浦川道太郎「原発事故により避難生活を余儀なくされている者の慰謝料に関する問題点」環境と公害43巻2号（2014年）14頁等。
3)　野山宏「原子力損害賠償紛争解決センターにおける和解の仲介の実務」判例時報2210号（2014年）7頁。

方針の妥当性を検討する。

2 全損と評価される地域の賠償について

ここで主に検討の対象となるのは、大熊町および双葉町の全域、その他の市町村の帰還困難区域（中間指針第四次追補の定義参照）など、全損（対義語は部分損）と評価される地域の財物の賠償である。

(1) 宅地の損害

第四次追補では、宅地の「住居確保損害」を、宅地（居住部分に限る）取得のために実際に発生した費用（ただし、登記費用、消費税等の諸費用は別項目にて賠償）と事故時に所有していた宅地の事故前価値（財物価値）との差額であるとする。そして、標準的な場合を、事故時所有宅地面積 400 m²、移住先の宅地面積 250 m² かつ宅地単価 38,000 円／m² と設定する。移住先の値については、福島市、会津若松市、郡山市、いわき市、二本松市、南相馬市の調査結果に基づく、福島県都市部の平均宅地面積および平均宅地単価である。その結果、仮に事故前所有宅地単価が 15,000 円／m² であるとすると、住居確保損害は 350 万円（250 m²×38,000 円－400 m²×15,000 円）であり、事故時所有宅地の事故前価値 600 万円（400 m²×15,000 円）の合計である 950 万円が財物損害の賠償額と算定される。

ただし、上記標準値を超える場合には、賠償額の算定を制限する。例えば、事故時所有宅地の面積が広大な場合には、事故前価値は全面積の損害が算定されることは当然であるが、住居確保損害については 400 m² 分しか考慮されない。また、移住先宅地価格が高額な場合でも、250 m²×38,000 円を考慮することが限度となる。

これに対し、原紛センターの和解案は、そもそも算定方法[4)]がより単純である上、個別事情に応じた修正が図られる場合がある。例えば、飯舘村の事故時所有宅地約 560 m²（事案特定を回避する趣旨より概数）である被害者が、移転先を決

---

4) 原紛センターの基本算定式（宅地、全損で移住を認める場合）
C×D＋(A－C)×B
A：被害土地面積（m²）
B：被害土地地価単価（円／m²）
C：移住先土地面積（移住先の市町村住宅地の平均地積）
D：移住先土地地価単価（移住先の市町村住宅地の平均地価単価）

め、福島市内で宅地を購入するに必要な賠償を求めた事例では、①福島市内の平均的な宅地を購入するために必要な費用として、福島市内の平均宅地面積（241.35 m^2、2011年当時の公示価格）に同市内の平均宅地単価（47,159円／m^2、2011年当時の公示価格）を乗じた11,381,824円と、②事故時所有宅地面積560 m^2から①の福島市内の平均宅地面積（241.35 m^2）を差し引いた面積に、その宅地の1 m^2当たりの固定資産税評価額約1,500円（概数）を1.43倍した数値を乗じた683,504円の合計の約1200万円の賠償を認めた。基本算定式にあてはめると、241.35×47,159＋(560－241.35)×(1,500×1.43）となる。仮に、この事例で第四次追補に従えば、住居確保損害は約864万円（250 m^2×38,000円－400 m^2×1,500円×1.43)、事故時所有宅地の事故前価値約120万円（560 m^2×1,500円×1.43）との合計は約984万円となる。すなわち、原紛センターの和解案は、福島県内ではなく福島市内の平均宅地単価を採用し、かつ250 m^2を超える面積については住居確保損害による加算を行わないとする第四次追補の考え方を採用していないという点で、被害者に有利である。

また、第四次追補は実際に移転先宅地を購入するなど、原則として、取得費用を負担したことを必要とするが、原紛センターの和解案では、実際に負担したことまでは求めていない。「移住先地価単価による増額賠償部分について、現実に費用支出をしない限りは賠償の対象とはならないという考え方は今回の原発事故被害を前提にすると、増額賠償の拒否にも等しい効果をもたら」すと野山宏元室長が述べるように[5)]、現実の支出の前に再取得できるような賠償を認めなければ、原状回復は叶わない。資金がなければ移転先土地を購入できないし、仮にある場合でも、請求が認容されない場合を恐れて不本意な狭小地を購入せざるを得ないなどの不都合が生じる。したがって、移転先土地購入前の賠償が認められることも、原紛センターのADRを利用する大きなメリットである。

このように、全損地域の宅地の賠償については、ADR手続により、一定の合理性を有すると思われる算定方法での解決が可能である。ただし、福島県内の平均宅地単価よりも高い地域に移転する際に、先の事例のように移転先の平均宅地単価にて算定する方法が原則的運用とまでなっているかは、今後の事例の

5）野山・前掲9頁。

集積を待たねばならない[6]。また、そもそも平均宅地単価や平均宅地面積を利用した算定方法でよいのか、家族が多い場合など事故時所有宅地と同面積の土地の取得を望む場合もあるのではないかなど、被害者のニーズの多様性に対応できる算定方法であるかを検証する必要がある。さらに、特に福島県内都市部においては、移住を望む多数の被害者らの需要により、地価の著しい上昇が予想されるが、統計資料ではなく実勢価格をどのように算定していくかが、今後の重要課題となる。

(2) 住宅の損害

第四次追補では、住宅の「住居確保損害」を、住宅（建物で居住部分に限る）取得のために実際に発生した費用（ただし、登記費用、消費税等の諸費用は別項目にて賠償）と事故時に所有し居住していた住宅の事故前価値との差額の 75% を超えない額とする。そして、これは、財物賠償と合わせ、元の住宅の新築価格の 8～10 割までを賠償するという意味であると説明される。一見すると難解だが、経年減価方式を採用しつつ、減価率を大幅に修正するというのがこの趣旨である。もともとの東電の賠償方針では、住宅の事故前価値について、例えば一般の居住用木造建物の場合、耐用年数が 48 年かつ耐用年数経過後の残存価値は新築時価格の 20% となる（次頁の図の a）。しかし、古くても被害者らは居住していたのであり、新築時価格の 20% 程度の賠償では移住先に新たな住宅を得られない。第四次追補では、公共用地取得の際の補償額（築 48 年の木造建築物であっても新築時価格の 50% 程度を補償）を参考に、それを上回る水準を設定した。すなわち、耐用年数が到来した築 48 年の木造建築物であっても、新築時価格の 80% を賠償すべきとしたものである（図の b)。これによって、建物価値が新築時より経年減価し下降する直線グラフの坂は緩やかとなり、最低でも 80% ということで、前述の「8～10 割」という数字となる（図の c から b の範囲)。そして、賠償額を、もともとの東電の賠償方針である最終残存価値が 20% となるグラフによって示される残存価値（事故前価値）分 a と、上乗せとなる住居確保損

---

6) なお、和解案には、千葉県内市町村の内東京通勤圏の平均的な住宅地平均価格であるとして、移転先の宅地面積 250 m² について 100,000 円／m² を考慮した事例（避難生活が原因の疾病の治療のため東京都内の病院に通院する必要があるが、視力障害があるため親族が居住する千葉県内に移住先の宅地を購入するに必要な賠償を求めた）や、申立人の現実の移転先や移転希望先ではなく、福島市や郡山市など福島県内都市部の平均公示価格で算定した事例などがある。

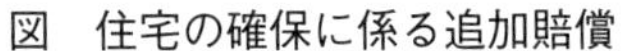

図　住宅の確保に係る追加賠償

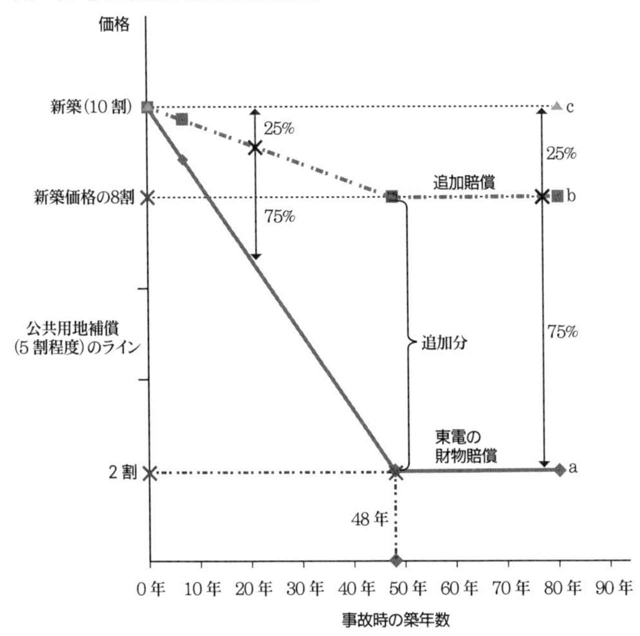

害分 b−a とに分けると、計算上、後者は新築価格と事故前価値との差額 c−a の 75% になるという意味である。

原紛センターの和解案も、同様の考え方であるが、「住居確保損害」という用語を基本的には用いず、これを含めて財物損害としているので、むしろ分かりやすい。建築後 T 年経過後の木造建物の賠償割合は、1−(0.2（20% を表す）×T 年÷48 年）という式で示され（経年減価されるのは新築時価値の 20% までであり、その減価割合は、事故時の築年数／耐用年数の 48 年となる）、例えば、事故時築 10 年なら約 95.83%、築 24 年なら 90% である。

また、新築時価値の算定について、東電の賠償方針では、①固定資産税評価額を元に計算する方法（固定資産税評価額×建築物係数）、②平均新築単価を元に計算する方法（平均新築単価×床面積）、③請負契約書の金額による方法、④補償コンサルタントの算定数値による方法などがあり、第四次追補では言及はない。原紛センターでは、①による東電の算定額を割り戻して想定新築価格を算定（例えば、築 24 年経過時建物の定型評価額が 420 万円なら、その時点で想定新築価格の

60% の経年減価が行われている〔20%＋48 年間で経年減価する 80% の 24 年／48 年＝20%＋40%〕から、420 万円÷60%＝700 万円）したり、実際に支出した工事代金を参考にしたりするなどして、申立人に有利な方法を採用する場合が多い。

さらに、原紛センターでは、建物建築後にリフォームを行った事実を認定できる場合には、それを行った時期から本件事故までの経過年数に応じて、リフォーム代金の一定割合の金額を、リフォームによる住宅の価値増加分として賠償額に加算することもある。

加えて、宅地の賠償と同様、移転先で住宅を取得する費用を実際に負担したことまでは求められていない。

このように、全損地域の住宅の賠償についても、宅地同様、一定の合理性を有すると思われる算定方法での解決が可能である。ただし、被害者間の理解が得られるかが重要ではあるが、そもそも経年減価方式を、本件被害において採用してよいかということについては検討の余地がある。また、前述のように、第四次追補は、新築時価格の 8〜10 割の賠償としたものであるが、その具体的な根拠があるわけではない。東電の 2 割、公共用地取得の補償額の際の 5 割と比べ、大幅に減価率の幅を狭めてきたものであるから、9 割もしくは限りなく 10 割に近い割合とする方針もありうると思われる。

3　居住制限区域、避難指示解除準備区域等の賠償について

(1)　宅地の価値減少率（全損か部分損か）について

当初、東電の賠償方針では、使用不能の見込み期間（行政の避難指示解除見込期間を基準とする）が 72 ヶ月の場合を全損とし（中間指針第二次追補にて、不動産を全損と評価するに当たって考慮した事情として、「5 年以上の長期間にわたり立入りが制限され使用ができないこと」を重視することが影響している）、居住制限区域は 36 ヶ月であるので 36 ヶ月／72 ヶ月＝全損の 1／2、避難指示解除準備区域は 24 ヶ月であるので 24 ヶ月／72 ヶ月＝全損の 1／3 というように賠償額を時価相当額から減額していた。その後、原紛センターの和解案や現実の経過年数などが影響し、例えば浪江町、富岡町、南相馬市の居住制限区域や避難指示解除準備区域は、現在では 60 ヶ月／72 ヶ月＝5／6 の賠償がなされている。

一方、原紛センターの和解案は、行政の避難指示解除見込期間を超える期間を使用不能期間と認定する場合も多く、葛尾村（帰還困難区域のみならず、居住制

限区域および避難指示解除準備区域)、飯舘村蕨平地区（居住制限区域)、南相馬市小高区（避難指示解除準備区域）などでは、集団申立の申立人全てにつき、全損の認定がなされている。帰還後事故前の利用形態に支障があるか、地域が5年以内に現実に帰還できる状況であるかなど、具体的事情が考慮されている。しかも、全損であるからといって清算条項を付すことはなく、また、仮に本和解による賠償がその価額の全部の賠償となる場合でも、その支払いにかかわらず、所有権は東電に移転しない旨の確認条項を設けている。

ただし、全損と認定されることと、次に述べる移住の合理性を認めることは別の論点であるとされ、連動しない。たしかに、価値を失った住宅に住むことは可能であるため、論理的には矛盾しないが、被害者からすれば、違和感を禁じえない。全損と評価される地域に帰還して生活再建を行うイメージを持つことは難しく、別の場所に土地建物を確保するための賠償が得られなければ、全損評価は、賠償額が若干増えたというにすぎないからである。

(2)　移住の合理性について

前項の宅地の価値減少率は、全損と認定されれば時価相当額を賠償するというものであり、2で述べた移転先土地建物の確保を含む賠償（第四次追補でいう「住居確保損害」を含む）とは別である。

大熊町、双葉町を除く市町村の居住制限区域および避難指示解除準備区域において、それが認められるためには、「移住の合理性」が必要とされる。そして、第四次追補では、「例えば、帰還しても営業再開や就労の見通しが立たないため避難指示の解除前に新しい生活を始めることが合理的と認められる場合、現在受けている医療・介護が中断等されることにより帰還が本人や家族の医療・介護に悪影響を与える場合、避難先における生活環境を変化させることが子供の心身に悪影響を与える場合等が考えられる。」としている。

しかし、これでは限定的すぎる。しかも、仮に認められる場合でも、原紛センターは、移住先を決めていない段階、もしくは移住か帰還かで迷う場合は、移転先土地建物の確保を含む賠償は認めず、和解条項に清算条項を付さないことで移住先を決めた後の追加請求を可能にするという方法をとる。その結果、移住の合理性が認められる場合は極めて少なく、例えば、葛尾村や南相馬市小高区の集団申立においても、ごくわずかであった（「移住の合理性」に関する原紛センターの判断は、2014 年夏以後厳しくなったという印象である)。しかも、すでに費用負担をしていたのに、移住の合理性が認められなかった例もある。

そのため、原紛センターが移転先土地建物の確保を含む賠償を認めているといっても、2014 年夏以後は、帰還困難区域とそれに準ずる大熊町、双葉町の地域のみであり、その他の地域では、実際上は極めて例外的であり、被害者の救済につながっていない。一方で、2014 年 9 月から開始された「住居確保損害」の直接請求では、「移住の合理性」はチェック方式の自己申告制で緩やかに審査するとされている。直接請求では移住先を具体的に決定していることが前提となっているとはいえ、原紛センターの厳しい「移住の合理性」の審査との間に著しいアンバランスが生じている。

前述のように、先立つものがなければ、被害者は移住の可能性すら検討することができないのであり、原紛センターにはより被害者の生活再建に資する判断を期待する。

なお、第四次追補では、移住の合理性が認められる場合でも、「避難指示の解除等により土地の価値が回復し得ることを考慮し」て、宅地の住居確保損害は 75% しか認めないとする。そもそも居住制限区域や避難指示解除準備区域の宅地の価値が今後回復するか否かも明らかではなく、区域指定解除後の宅地の価値回復状況を検証することなく、賠償の切り下げを行うことは許されない。原紛センターの和解案では、このような減額は行っていないようである。

(3) 住宅の最終残存価値率について

さらに、原紛センターは、移住の合理性が認められない場合でも、築 48 年経過後の木造住宅の最終残存価値率につき、東電の主張する 20% を上方修正したり、逆に認められる場合でも、第四次追補の 80% を下方修正したりするなどの調整を行う。例えば、南相馬市小高区(避難指示解除準備区域)の住宅に関し、移住の合理性が認められない場合でも最終残存価値を概ね 40% としつつ、認められる場合でも 60〜80% とする集団申立事例がある。

よって、移住の合理性が認められない場合でも、上記の限りでは東電の賠償よりも上乗せがあり、再取得価格のごく一部が考慮されているようにも見えるが、公共用地取得の際の補償額(5 割)よりも低いことからすれば、移転先土地建物確保の検討が可能な程度の賠償であるかは疑問といわざるを得ない。

Ⅳ　原紛センターの今後の課題

1　線引きによる賠償格差の解消に取り組むこと

中間指針等は、政府の定めた避難指示区域に応じて賠償水準を定めるため、その線引きにより賠償格差が生じる。そして、それが、被害実態に応じた賠償水準ではないため、被害者らは、自分の個別具体的な被害に照らした際に、随所に矛盾や不公平感が生じることについて大きな不満を持つ。例えば、旧警戒区域と、すでに賠償終期を迎えた旧緊急時避難準備区域を比べても分かるように、賠償の格差は大きく、これが地域住民の分断を招く結果ともなっている。

前述の和解案の中には、格差解消を意図したものもあるが、原紛センターには、より積極的な取り組みを期待する。和解提案の根拠は、被害実態を前提とした具体的判断であるから、例えば、被害者に共通する生活状況や、集団ADR申立により明らかとなったその地域の実情など、被害実態を原紛センター内で共有する態勢を構築すべきである。

2　過去の和解例を尊重し、総括基準を定立していくこと

業務開始から3年半となる原紛センターには、相当の事例が集積されているであろうが、冒頭で述べたように、現状のホームページの事例紹介では、賠償額の算定基準が明らかにされていない。

また、現室長は、個々の案件についてパネル（担当仲介委員）の独立性を強調し、この独立性確保を理由として、和解仲介室が、損害額算定の判断基準を策定する等の方法でパネル間の判断の統一性を確保する手だてを講じることには消極的であるべきであるとの趣旨の発言を重ねている。しかし、一定の紛争解決基準を示し、また賠償を前進させた事例の内容については、他の事例においても同様の適用をしていかねば、申立人は事前に見込みが立たない。特に本件では、東電への直接請求による賠償請求も選択肢として併存するため、実務上は、「ADRは直接請求と比較してメリットがあるか」という観点からの利用価値が問われており、「ADRより直接請求の方が有利と判断されるなら、直接請求を選択すればよい」というような発想では、被害者は原紛センターに期待できないし、手間や時間のかかるADR申立は敬遠されてしまう。その結果、大

量の紛争の自主的な迅速解決というADR制度のそもそもの意義が失われるばかりか、申立人も、「ある損害が他人には認められたのに、自分の案件では認められなかった」という不信感を抱くことになり、原紛センターは信頼を失うおそれがある。「個々の仲介委員の判断である」との説明では納得できないのである。本件では、それだけ被害者は他人との格差に敏感であるというのが、多くの申立案件を経験する弁護団としての感覚である。

したがって、過去の和解例を分析し、積極的に「総括基準」(原紛センターの説明によれば、「センターにおける和解の仲介を進めていく上で、多くの申立てに共通する問題点に関して、一定の基準を示すものであって、仲介委員が行う和解の仲介にあたって参照されるもの」。ホームページ参照)を定立すべきである。現状では、2012年12月21日の公表を最後に全く更新されていない。

3 被害者が納得できる和解案を提示する努力をすること

2014年3月に、前述した蕨平地区案件や浪江町案件など画期的な和解案が示され、東電が抵抗するも、現在に至るまで粘り強く説得が続けられているが、それらを最後に原紛センターの和解案に求心力が感じられなくなったと、個人的には感じる。

また、賠償額や範囲に対する不満を申告すると、パネルに「清算条項を付していないので、後は訴訟等で争ってほしい」と回答されることがよくある。そもそも、特に精神的損害や財物損害について清算条項を付さない運用は、未だ被害の全貌が明らかとならない状況において、当面の生活費目的など、請求を躊躇なく迅速に進め、被害者が妥協を強いられないようにするためのものであるはずである。よって、パネルを弁解理由として使うのは、趣旨を誤っている。

巨大企業たる東電と被害者一個人との間には、厳然たる力の差があり、これに配慮した運用をしなければ、今回のADRの意義は失われる。原紛センターに対しては、魅力のある、被害者が納得できる和解案を提示するよう求めるものである。

(こかい・のりあき　弁護士・
東日本大震災による原発事故被災者支援弁護団)

1　福島第一原発事故に関わるアンケート調査結果からみる被害の実態

高木竜輔

I　はじめに

この論文の目的は福島県民を対象としてこれまで実施された各種アンケート調査を取り上げ、調査結果から被害の実態を読みとくことである。

東日本大震災ならびに福島第一原発事故により福島県を中心として現在も多くの方が避難を余儀なくされている。今でも約12万人が避難を余儀なくされているとともに、避難の仕方も多様である（たとえば、政府からの避難指示によって避難している人もいれば、家族を守るために自らの決断で避難をした人もいる）。また2014年度からは田村市都路地区や川内村など、旧警戒区域の避難指示の解除も始まっており、原発事故からの復旧・復興において日々刻々と避難者を取り巻く状況は変わりつつある。

このような多数・多様な避難者の置かれた状況を明らかにし、支援策を策定するために、さまざまな行政機関によってアンケート調査が実施されている。他方、学術機関においては福島県民の原発事故から受ける被害を明らかにすべくさまざまな調査研究が実施されており、そこからは被害の複雑な様相が明らかになりつつある。

そこで本論文では、行政機関や学術機関によって実施されたアンケート調査の結果を読み解き、福島県民の受けた被害を示したい。ここでは復興庁などによる住民意向調査と学術機関による調査を取り上げる。異なる機関によるアンケート調査の結果から被害の実態を立体的に明らかにしていきたい[1]。

Ⅱ　復興庁による住民意向調査

1　復興庁調査の概要

まずは復興庁による調査の概要を紹介しておきたい。復興庁は2012年度から原発避難自治体における住民意向調査を福島県ならびに各自治体との連名で実施している。この調査は「避難期間中の生活環境の改善、帰還に向けた諸施策の実施、長期避難者に対する支援策等の具体化を進めるための基礎情報の収集」（復興庁「平成24年度原子力被災自治体における住民意向調査結果概要」）を目的としており、原発事故によって避難指示が出された地域に住んでいた住民を対象にアンケートを配布、回収している。復興庁の調査はあくまでも避難指示区域からの避難者を対象とした調査であり、あとから紹介する学術機関の調査のように自主避難区域の避難者や避難していない福島県民を対象とはしていない。

2012年度から始まった調査は2014年度において三巡目の調査が実施され、速報値が公表されたところである。これまで調査がいつ、どこで行われたのかについては表1で示した[2)]。これを見ると調査は全ての地域で毎年行われているわけではない。加えて調査票における設問項目も対象地域の実情にあわせて異なっている。

復興庁の調査結果を見ていく前に、この調査データでわかること／わからないことを確認しておきたい。

調査においては年齢や避難地域、居住形態などの基本的属性に加えて、帰還意向などを尋ねている。政府の基本的な立場は避難者が元の地域に戻ることであり、あくまで避難者の帰還を遂行するために必要な支援策を策定するために調査をおこなっている。そのため調査項目の設定には一定の偏りがあり、復興庁の調査データから避難者の被害の総体を明らかにすることはできない。まずこの点を確認しておきたい。

また調査の方法においても自治体ごとに違いが見られる。たとえば調査単位

1）　原発事故による福島県民の被害という視点から見たときに、福島県立医科大学による県民健康調査を取り扱うべきだろう。ただし筆者の専門分野からみたときに、その調査結果の読み取りは自分の能力を超える作業であるため、ここでは扱わない。

2）　本来ならそれぞれの調査の回収率なども示すべきだが、これに関しては紙幅の関係から割愛した。詳しくは復興庁のホームページにある住民意向調査の箇所を参照していただきたい。

表1　復興庁調査の対象地域

	避難地区類型			調査の実施タイミング		
	警戒区域	計画的避難区域	緊急時避難準備区域	2012	2013	2014
飯舘村		○		○	○	○
南相馬市	○	○	●		○	
川俣町（山木屋地区）		○			○	○
浪江町	○	○		○	○	○
葛尾村	○	○		○	○	
田村市	○		○(注	○		○
双葉町	○			○	○	○
大熊町	○			○○	○	○
富岡町	○			○	○	○
川内村	○		○			○
楢葉町	○		○	○	○	○
広野町			●			

○は調査対象地域、●は調査非対象地域　注：2014年の田村市の調査は都路地区のみが対象
出典：復興庁住民意向調査

において個人と世帯主が混在していたりする。その場合には、帰還意向などの結果を経年変化で捉えることができない。そもそも避難地域の住民（構成）は毎年少しずつ変化しており（死亡・転出など）、回収率・回答者も各回違うことを考えた場合、このデータから経年変化を見ることは方法論的に不適切である。ただしこのように厳密に捉えてしまうとデータから何も知見を引き出すことができなくなってしまう。一定の制約を自覚しつつデータを解釈していくのがここでの立場である[3)]。

すべての論点について解説していくことは紙幅の関係上不可能なので、ここでは避難者の被害を明らかにするという点に絞ってデータを見ていきたい。

2　避難者の帰還意向

最初に避難世帯主の帰還意向について見ておこう[4)]。帰還意向は避難元での生

3)　岩井は原発避難自治体を対象に行われている住民意向調査についてその方法論的な問題点を整理している。岩井は「原発からの避難という、性別や年齢により考えの異なる争点については世帯主の意見だけでは、家族の意向をとらえたとはいえず、結果として、実際の帰還や移住の行動と解離する可能性が高まる」と指摘している（岩井 2014）。ここでもう少し踏みこんで言うならば、対象者を世帯主に限定することで「帰りたい」と回答する割合が高くなり、「帰るつもりはない」という回答割合が低くなるデータが示される傾向があることを確認しておきたい。

活再建を断念した人々がどれだけいるのかを見る上で重要な指標である。

帰還意向に関するデータは各地の調査において調査単位や回答選択肢が統一されていないため、ここでは比較することが可能な双葉町、大熊町、富岡町、楢葉町について見ていく。双葉町、大熊町は町のほぼ全域が帰還困難区域になっている地域である。富岡町は帰還困難区域、居住制限区域、避難指示解除準備区域が混在する区域であり、楢葉町はほぼ全域が避難指示解除準備区域である。このような避難指示区域の差異も念頭に見ていきたい。

データから明らかになった点を指摘しておくと、第一に、これらの地域の避難者の帰還意向は極めて低い。楢葉町以外においては戻らないと決めている割合は5〜6割にのぼる。楢葉町においてもその割合は2〜3割程度であり、極論を言えばそれだけの人がすでにふるさとでの生活再建を断念している事実を確認しておこう。

第二に、選択肢が微妙に異なるためおおまかな傾向しか示せないが、「(今は)まだ判断がつかない」という回答が現時点においても一定程度存在する[5]。特に町の大半が帰還困難区域である双葉町や大熊町よりも、三区分が混在する富岡町や避難指示解除準備区域である楢葉町において割合が高くなっている。原発事故から4年が経過しても「まだ判断がつかない」という回答が多いことをどう理解すればいいのか。

このことは、原発事故から4年が経過してもまだ戻るか戻らないかで避難者が迷っているということではない。そうではなく、「帰還」(戻る)という選択肢、「移住」(戻らない)という選択肢のどちらも選択できない人がいると解釈すべきである。自分の住んでいた所は政府によって将来「帰れる地域」とされているが、放射線に対する不安があるため帰りたくない。しかし他地域に移住するだけの充分な賠償を受け取れないから移住できない。だからこそ「まだ判断がつ

4)　双葉町、富岡町、楢葉町に関しては2012年の調査単位が個人ベースであり、分析から除外することとした。もちろん、世帯主と他の構成員の帰還意向がずれることがあるため、世帯主のみを調査対象者とすることには問題はあることを再確認しておきたい。

5)　復興庁の調査の問題点として、単に「戻る—戻らない」という形で帰還意向を尋ねることにある。各地の結果から明らかなように、「まだ判断がつかない」という回答が3割程度を示していることはふるさとに対する複雑な感情を抱いていることを意味する（戻りたくないけど、戻らざるを得ない。帰れないけどふるさとを捨てられない)。そのような複雑な思いを「戻る—戻らない」の択一の選択で測定すること自体が避難者にとっては「アンケートなんて意味が無い」と思う大きなきっかけとなり、そのため回収率を下げることにつながる。

表2　各地域の帰還意向

双葉町	2013年	2014年(注
戻りたいと考えている	10.3%	12.3%
まだ判断がつかない	17.4%	27.9%
戻らないと決めている	64.7%	55.7%
無回答	7.5%	4.1%
N	1731	1738

注：2014年の「戻りたいと考えている」には（将来的な希望も含む）という点も記載されている。

大熊町	2012年1回目	2012年2回目	2013年	2014年(注
戻りたいと考えている	11.0%	11.3%	8.6%	13.3%
まだ判断がつかない	41.9%	43.5%	19.8%	25.9%
戻らないと決めている	45.6%	42.3%	67.1%	57.9%
無回答	1.4%	3.0%	4.5%	2.9%
N	3424	3445	2764	2825

注：2014年の「戻りたいと考えている」には（将来的な希望も含む）という点も記載されている。

富岡町	2013年	2014年
戻りたいと考えている	12.0%	11.9%
まだ判断がつかない	35.3%	30.7%
戻らないと決めている	46.2%	49.4%
無回答	6.5%	8.0%
N	3866	3979

楢葉町	2013年	2014年
すぐに戻る	8.0%	9.6%
条件が整えば戻る	32.2%	36.1%
今はまだ判断ができない	34.7%	30.5%
楢葉町には戻らない	24.2%	22.9%
無回答	0.9%	0.8%
N	2188	1923

出典：復興庁の住民意向調査のデータを筆者が加工

かない」のである。このデータからは、今井照（2014）がいうように、帰還でも移住でもない、「第三の道」（超長期避難＝待避）とそのための方策（二重住民票など）を用意する必要があることを理解すべきである。

第三に、町の大半が帰還困難区域の双葉町、大熊町と、三区分が混在する富岡町とで回答選択の割合に大きな違いがないことである。このことは、自分の家がある地域の避難指示が解除されたとしても、町内の他地区の避難指示が解除されなければ戻れないことを示している。紙幅の関係からデータを詳しく示せないが、他の人の帰還動向を帰還判断の条件に挙げる人は各地域において約半数を占める。このことは、政府が設定した三区分の標準的な避難指示解除のタイミングが避難者の感覚といかにずれているかを示している。

3 戻らない理由からみる被害

次に戻らない理由について見ておこう。帰還意向において「戻らないと決めている」と回答した人は戻らない理由を答えており、表3はそれぞれの項目について該当する割合を示している。ここでは比較が可能と思われる浪江町、双葉町、大熊町、富岡町、楢葉町に関して、2013年と2014年のデータを提示した。なお、調査票では戻らない理由については20項目ほど列挙されているが、ここでは回答割合が高い7つに絞ってデータを提示した。

第一に、原子力発電所の安全性に不安を抱えている人が多いということである。この傾向は2013年から2014年にかけて該当する割合が低下傾向にあるが、事故から3年以上が経過した時点でもなお各地で5〜7割程度の人がそのような不安を抱えている。これについては楢葉町でも半数以上の人がそのように答えており、原発からの近さとは関係がない。このことは、2011年の野田首相(当時)によるいわゆる「収束宣言」を多くの人が信じておらず、政府への不信感が根強く存在している。

第二に、放射能・放射線への不安である。線量が低下しないことや飲み水への不安が示されており、これについても地域による違いはほとんどみられない。地域の生活環境が回復しないこととあわせて、元の地域で生活する上での不安を解消できていない。

第三に帰還まで時間がかかりすぎるという点であり、これについては町の大半が帰還困難区域である双葉町、大熊町において割合が高くなっている。長期避難をしなければならない状況のなかで、多くの人は帰還を断念している。

以上、復興庁の調査から強制避難者の受けた被害について見てきた。彼らの被害を一言でまとめるならば、まさに人生そのものを奪われたということに尽きるだろう。事故を起こした原発への不安。そして自分のふるさとが汚染され、

表3　戻らない理由

	浪江町		双葉町		大熊町		富岡町		楢葉町	
	2013年	2014年	2013年	2014年	2013年	2014年	2013年	2014年	2013年	2014年
放射線量が低下せず不安だから	62.0%	60.5%	67.6%	54.6%	73.2%	57.2%	67.7%	58.4%	50.9%	45.4%
原子力発電所の安全性に不安があるから	68.9%	67.2%	69.5%	56.6%	71.2%	54.2%	67.3%	55.4%	70.2%	54.9%
水道水などの生活用水の安全性に不安があるから	68.4%	65.5%	66.7%	53.0%	67.0%	53.1%	64.3%	54.1%	54.3%	51.9%
医療環境に不安があるから	62.3%	67.5%	64.8%	56.8%	69.1%	58.6%	63.9%	60.6%	65.8%	54.6%
生活に必要な商業施設などが元に戻りそうにないから	60.5%	62.0%	65.7%	55.2%	68.3%	56.9%	65.5%	58.3%	54.5%	43.3%
家が汚損・劣化し、住める状況でないから	53.3%	54.1%	57.9%	58.7%	58.0%	55.7%	52.6%	54.0%	47.0%	42.2%
帰還までに時間がかかるから	53.1%	48.1%	67.7%	56.2%	64.8%	58.3%	55.9%	48.3%	19.6%	13.3%
N	2299	2806	1120	968	1854	1637	1785	1965	530	441

出典：復興庁の住民意向調査のデータを筆者が加工

不十分な生活環境のなかに帰還することへの拒否。また避難指示が解除されるまで長期間避難生活を継続することが明確に否定されており、そのことがこの時点で戻らないと決めているとの回答へつながっている。このように調査においては戻らないと決めている人の割合が高いにもかかわらず、依然としてそのような人への支援策が政府から示されていない。何のための調査であるかが問われていると言えよう。

Ⅲ　学術機関による調査

復興庁など行政機関による調査が基本的に避難者のニーズ調査という性格を有するのに対し、学術機関による調査は避難者の置かれた状況を根本から捉えていこうとする性格をもつため、その調査結果は彼らの被害を浮き彫りにしていく。特に福島県内に留まっている人々が原発事故後の生活においてどのような苦悩を抱えているのか、その点に対する理解が重要である。山下らは、たとえ避難していなくても日常生活において無用の被爆を避けるべく対応していることを「生活内避難」という言葉で説明している（山下・市村・佐藤 2013；126)。このことは、原発事故による被害者を強制避難者や自主避難者だけに限定せず、福島県内外において被ばく防護をおこなう人々へと研究対象を広げる必要性を指摘するものである。

ここでは福島県中通りの母親を対象とした質問紙調査、いわき市民を対象とした質問紙調査を取り上げる。それらを通じて避難区域外における福島県民の多様な被害の実相を読み解いていく。

1 福島県中通りの母親への調査

放射線被ばくの影響は子どもにおいて強く現れるため、福島県内でも避難指示区域以外から多くの人が避難を余儀なくされている。特に福島市や郡山市など、中通りに暮らしていた子どもを持つ母親が自主避難という形で県外へと避難する動きが震災直後から顕在化した（河﨑ほか 2012）。ただし子どもに対する放射能の影響を強く心配していたとしても、全ての母子が避難できたわけではない。さまざまな事情から福島県内に留まらざるをえない親子はたくさんいる。

福島子ども健康プロジェクト（代表：中京大学　成元哲）による「福島原発事故後の親子の生活と健康に関する調査」は、福島県中通りに 2012 年 10 月～12 月に住民票を置いていた、事故時に 3 歳児だった子どもをもつ母親、6,191 名を対象としてアンケート調査を実施している[6]。アンケートでは原発事故後における子どもの外遊びの頻度や保護者の精神的状態などを尋ねている。ここでは中通りで暮らす母親とその子どもが受けた被害に注目しながら調査結果を紹介していきたい（成ほか 2013；成ほか 2014）。

第一に、原発事故後の子どもの行動への影響である。子どもの外遊びの時間について、62.8% の保護者が事故後半年間においてまったく外遊びをしていなかったと回答している。事故によって 3 人に 2 人の子どもが屋外で遊ぶことができなくなった。震災から 2 年経過した段階でその割合は 11.4% まで減少しているが、それでも幼少期における貴重な外遊びの機会を喪失したという点で

6）調査対象地域は福島市、郡山市、二本松市、伊達市、桑折町、国見町、大玉村、三春町、本宮市の 9 市町村であり、震災時に 3 歳の子どもをもつ方すべてを住民基本台帳から抽出し、調査票を郵送にて配布・回収している。調査は 2013 年 1 月から約 1 ヶ月間の期間で行われた。回収数は 2,613 票で回収率は 42.2%。詳しくは福島子ども健康プロジェクトのホームページ（http://mother-child.jpnwellness.com/）を参照。

この調査は同一対象者へ期間をおいて同じ質問をおこなうパネル調査であり、本稿執筆時点では 2013 年、2014 年の調査を終え、3 回目の調査を実施しているところである。本稿は紙幅の都合上、最初の調査結果について紹介する。

この地域の子どもたちは大きな被害を受けたと言えよう。

第二に、このような行動の背景には保護者の放射能汚染に対する深刻な認識が存在する。27.9%の親が「深刻である」、50.0%が「ある程度深刻である」と回答しており、このような認識が子どもの外遊びを規制するきっかけとなっている。さらに居住意思について見ると、「できれば引っ越したい」「すぐ引っ越したい」という回答をあわせて27.4%の親が移住を希望していた。4人に1人が、経済的な事情などさまざまな理由から移住を断念し、そのなかで親にはかなりのストレスがのしかかっていることが明らかになった。

第三に、県外へ避難できないなかでできる限りの保養をおこなっていることである。事故直後から半年間において34.8%が「頻繁に出かけた」と回答し、「何度か出かけた」という回答52.7%を加えると9割弱の親が保養に出かけていた。震災から2年経過した段階でも「頻繁に出かけた」「何度か出かけた」をあわせて74.8%が保養に出かけている。子どものことを考えて保養に出かけているが、そのための費用は親への負担となってのしかかることになる。

2　いわき市調査

次に紹介するのはいわき市民を対象とした調査である。この調査は、いわき明星大学人文学部現代社会学科が2014年1月に実施したアンケート調査である。調査はいわき市民の復興に対する意識、いわき市に多数流入している原発避難者に対する意識を明らかにするために行われた[7)]。ここでは原発事故がいわき市民に与えた影響を紹介してみたい。

いわき市は原発事故の影響で直後には市民の約半数が市外に避難した(52.2%)。多くの市民は1ヶ月以内にいわき市に戻っているが、他方で中通りと同様避難を継続する人も存在した。いわき市は放射線量が中通りと比較してそれほど高いわけではなく、震災から1年後の時点において広範囲な市街地で年間追加被曝線量が1mSVを下回っている。

ただし図1からわかるように、いわき市民の約半数が放射能の健康影響への

7)　調査はいわき市平地区、小名浜地区の各750人、合計1,500人を選挙人名簿から無作為に抽出し、郵送法にて調査を配布・回収したものである。681人から回答があり、回収率は45.6%である。具体的な設問ならびに調査結果に関しては高木（2015）ならびに次のURLhttp://www2.iwakimu.ac.jp/~imusocio/iwaki2014/2014iwaki_tabulation.pdfを参照。

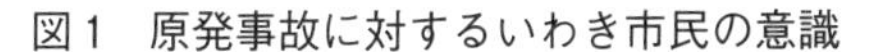
図1　原発事故に対するいわき市民の意識

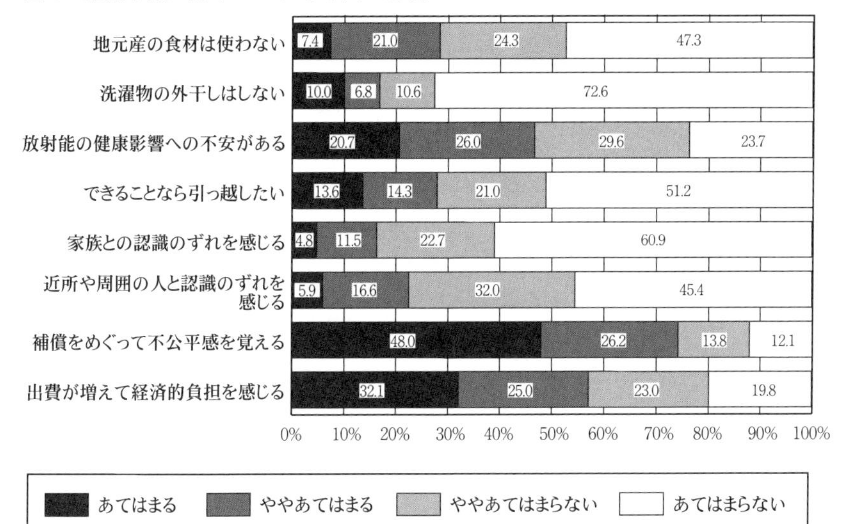

不安があると回答している。ただしその不安が具体的な行動（地元産の食材は使わない、洗濯物の外干しはしない）へと結びついているわけではない。

それ以上に重要な点は、補償をめぐって不公平感を覚える人が「あてはまる」「ややあてはまる」をあわせて8割強も存在することであろう。自分たちも原発事故で大変な思いをしたが、それが政府による理不尽な線引きとそれに基づく賠償によって不公平感を募らせている。このことによって，いわき市をはじめとして県内外において原発避難者と受け入れ住民であるいわき市民との間で軋轢が生じている（川副 2013）。このような軋轢の発生によって、いわき市に避難している避難者の多くが自らを避難者であると打ち明けることができなかったり、外出を控えているという。原発事故に対する政府の施策が避難者間の分断を招き、両者に精神的な負担をもたらしている点を指摘しておきたい。

このように、小さな子どもを抱える母親への調査や、いわき市民への調査からは、一見すると何事もないように暮らしている人々がかなりのストレスを抱えながら生活している様子を見て取ることができた。当たり前の日常を奪われたという点において、大きな損失が発生しているのであり、ここから原発事故からの被害に対する視線を広げていく必要性を理解することができるだろう。

Ⅳ　おわりに

以上、復興庁のアンケート調査ならびに学術機関による質問紙調査の結果を通じて、原発事故によって福島県民が受けた苦痛ならびに被害を見てきた。そのほかにも重要な調査が存在するが、紙幅の関係で割愛せざるを得なかった[8]。ただしここで取り上げたアンケート調査だけでも、多様な主体による多様な被害の存在を確認することができた。調査対象者への負担を考慮しつつ、アンケート調査の結果から原発事故による被害を明らかにしていく作業が今後も求められる。

また、ここでは福島県民を対象とした調査しか取り上げなかったが、放射能汚染が県外においても拡がっていることを考えると、他地域で暮らす住民を対象とした調査結果も見ていく必要がある。加えて、アンケート調査からはどうしても個人または世帯単位での被害しか見えてこない。コミュニティや自治体が受ける被害をどのように析出するのか、個人の被害とコミュニティの被害をどのように結びつけていくのかという課題について、最後に指摘しておきたい。

参考文献

今井照『自治体再建』（ちくま新書、2014年）
岩井紀子「原発避難に関する住民意向調査――社会調査の視点からみた課題」『学術の動向』（2014年4月号）94-101頁
河﨑健一郎・菅波香織・竹田昌弘・福田健治『避難する権利、それぞれの選択――被爆の時代を生きる』（岩波ブックレット、2012年）
川副早央里「原発避難者の受け入れをめぐる状況――いわき市の事例から」『環境と公害』42巻4号（2013年）25-30頁
成元哲・牛島佳代・松谷満「終わらない被災の時間――原発事故後の福島県中通り9市町村の親子の不安、リスク対処行動、健康度」『中京大学現代社会学部紀要』7巻1号（2013年）109-167頁
成元哲・牛島佳代・坂口祐介・松谷満「放射能災害下の子どものウェルビーイングの規定要因」『環境と公害』44巻1号（2014年）41-47頁
高木竜輔「原発事故に対するいわき市民の意識構造⑴――調査結果の概要」『いわき明星大学人文学部研究紀要』28号（2015年）65-80頁
山下祐介・市村高志・佐藤彰彦『人間なき復興』（明石書店、2013年）
除本理史『原発賠償を問う――曖昧な責任、翻弄される避難者』（岩波ブックレット、2013年）

（たかき・りょうすけ　いわき明星大学准教授）

8）　たとえば、福島大学災害復興研究所が2011年に実施した「双葉地方の住民を対象とした災害復興実態調査」、福島市が2012年に実施した「放射能に関する市民意識調査」、福島県が2013年に実施した「福島県避難者意向調査」などである。

2　原発事故に係わる被害の認知
――浪江町住民調査の結果から

和田仁孝

はじめに――調査の実施と意義

東日本大震災および原発事故によって惹起された被害は、個人や世帯のレベルで発生した個別の損害を超えて、コミュニティそのものの破壊、生活の場や社会的人間関係そのものの喪失という、これまでにない大規模で根源的な被害としてとらえられなければならない。

早稲田大学大学院法務研究科では、原発事故の影響を大きく被った浪江町の方々を対象に、その被害が、住民にとってどのようなものとして存在し、認識されているかについて、客観的に明らかにするために、質問紙調査を行った。具体的には、浪江町の住民、全10109世帯（総人数21463名）に浪江町の協力を得て質問票送付し、18歳以上の対象者に回答をお願いした。その結果、得られた第一次締め切り分9384通の有効回答を素材に、以下では検討を加えていく。

I　「被害」の認知――質問紙調査結果から

原発事故被害の特徴は、個別の被害項目の積み上げによっては、把握されない構造的な関係が見られる点であり、法的救済を考えていく際にも、新たな法的アプローチが要請される。以下では、そうした被害の実態をいくつかの観点から具体的に検証していこう[1)]。

1　世帯の分裂

ここでは、まず、世帯人数の変化を中心に世帯の変化の実態を検討してみよう。

図1が示すように、明らかに単身世帯、2人世帯が著しく増加し、3人世帯で拮抗、4人世帯以上が減少という傾向が明確に表れている。いうまでもなく、①仮設住宅等、新たに提供される住居には物理的に家族全員が居住することが難しいこと、②就労のため家族の一部が別の地域に住むことを余儀なくされること、などがその要因である。留意すべきは、60代以上の世代で単身世帯が震災後には661世帯に増加している点である。従来、一緒に暮らしてきた家族と切り離された心理的苦痛に加え、高齢者に対し家族の目が届きにくい状況が、この世帯の分裂の結果生まれているのである。

図1　世帯の同居者人数の変化

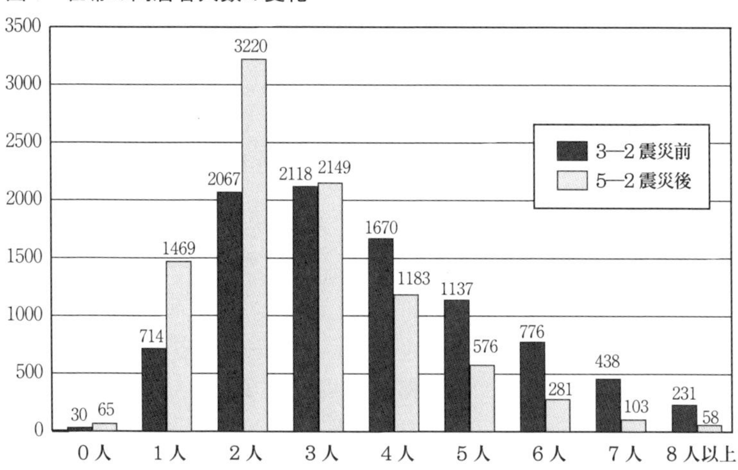

さらに、この世帯の分裂は、住環境の悪化とも結びついている。図2は、震災前後の住居の部屋数のデータであるが、明確に部屋数が激減している現状がうかがえる。部屋数は、一つの指標であり、家族の分裂を示すとともに、住環境の悪化をも示唆している。

1)　より詳細なデータの分析は、和田仁孝・西田英一・中西淑美『浪江町被害実態報告書』2013において展開されている。

図2 住居の部屋数の変化

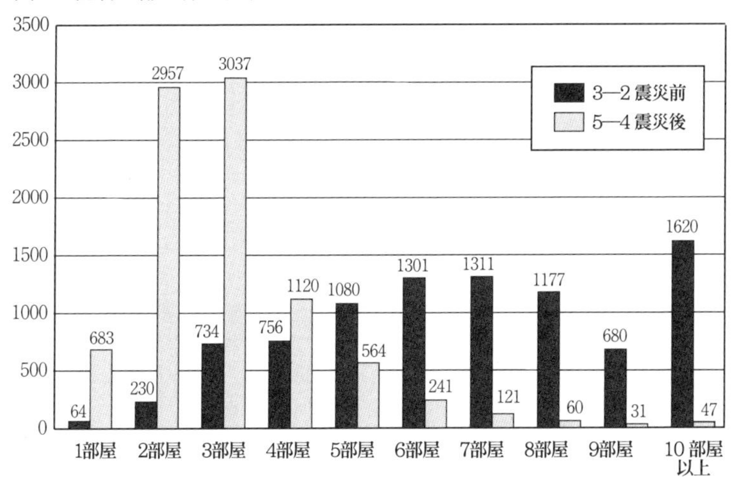

2 収入の減少と生活の困窮

次に、震災前後の収入・支出の状況についてみてみよう。まず、就労業種の変化を示すデータが**図3**である。原発事故により避難を余儀なくされた住民の多くにとって、従来通りの就労が困難になったことはいうまでもない。それぞれの住民が、避難先で就労への努力をしているものの、従来同様の収入を得られる仕事、従来の専門性を生かせる仕事、従来通りのやりがいを持てる仕事を見いだすことは、多くの場合、困難である。職場という一つの人間関係が構成される場の喪失をも、それは意味している。しかも、データによれば、「無職」が激増している。とりわけ、中高年の新たな仕事への就労は難しく、世帯の収入の低下にもつながっていると思われる。

そこで収入の震災前後の変化をまとめたのが**図4**である（現在、提供されている精神損害補償の10万円を除く収入)。1万円未満という実質的に無収入というカテゴリーが急増しているなど、すべての層で、震災前の収入を維持できておらず、震災による収入悪化の現実が明らかとなっている。とりわけ、無収入層は、現在、提供されている精神損害の賠償10万円が唯一の生活収入となっている可能性が高く、実数では9384名中、1224名にも上ることから、大きな問題といわざるを得ない。

図3　従事している職種の変化

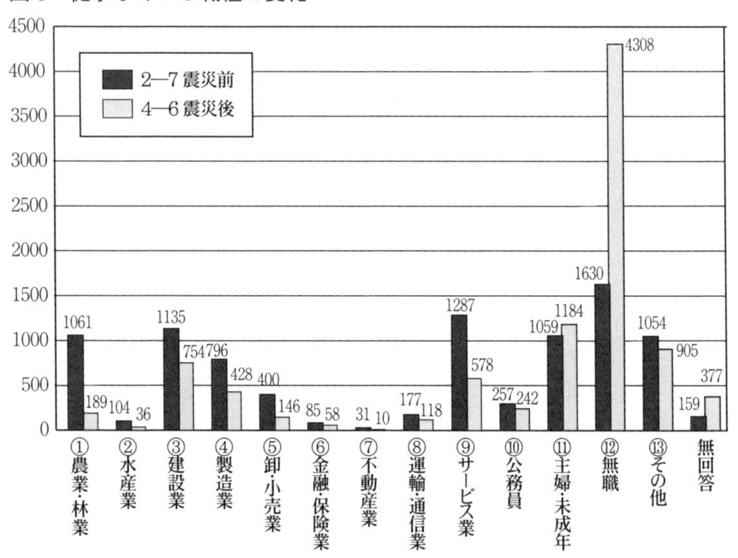

図4　震災前後の月間個人収入の変化

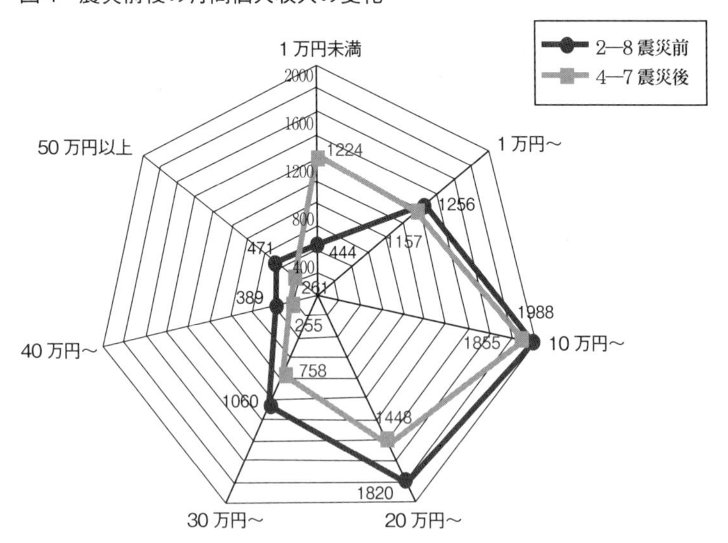

これに対し、支出の変化を示すのが、図5である。支出については、震災前後でほとんど変化がないことが読み取れる。その理由としては、家族構成等に応じた一定レベルの支出が収入の変化に関わりなく必要であり、切り詰めることに限界があること、また、家族が分離している状況等の中で、切り詰めると同時に新たな支出が必要となって、結果的に一定のレベルにとどまっていること等が推認される。

図5　震災前後の月間個人支出の変化

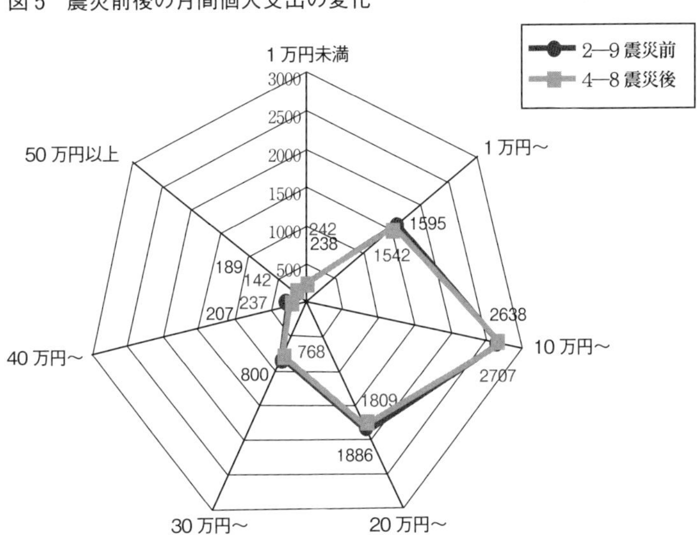

いずれにせよ、収入の減少傾向の中で、支出に大きな変化がないことは、一般的な生活水準の悪化、そして低収入層における厳しい生活環境の存在をうかがわせる。

また、個人収入の変化について年代別に確認したものが図6である。大まかに見て、年齢層が高くなるに連れて、収入減少の度合いが大きくなっている。70歳以上については高齢故に個人収入は震災前からそもそも限定されていたことが考えられ、減少の度合いは60代よりは低くなっているのは当然である。このデータからも、新たな就労や収入確保の道が限定されている比較的高齢層の生活の困窮の可能性を読み取ることができよう。

図6　年代別月間個人収入の変化

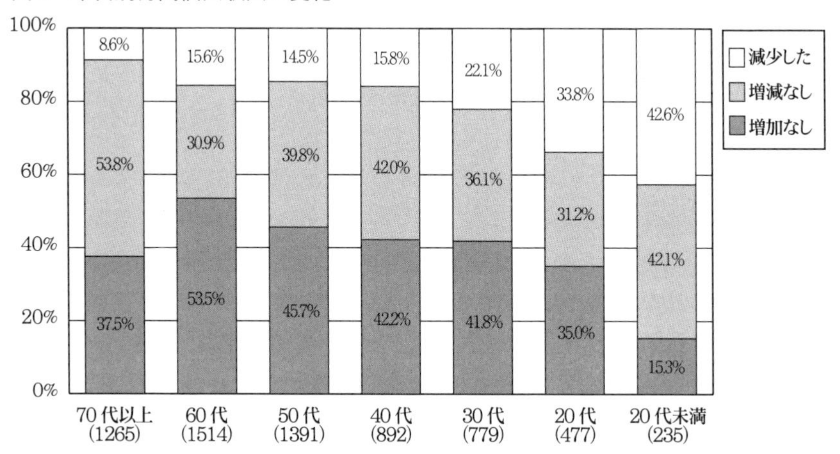

また、個々の収入の減少という問題は、これまでコミュニティの中で自身が担ってきた職業と達成感が喪われてしまっていることも示している。職を通じて貢献すべきコミュニティは既になく、また自身の人生において慣れ親しんできた職や専門的技能を発揮できる場を新たに見いだすことも困難である。収入の減少をもたらした原因は、同時に人々の生きがいや人生の目標を喪わせる結果をも惹起しているのである。

3　不安と苦痛

次に、住民の方々が実際にどのような点で、より強い苦痛を感じているかについて検討してみよう。調査では、苦痛について、①被曝による精神的損害、②地域社会（コミュニティ）破壊による精神的損害、③平穏な日々の喪失による精神的損害、④自宅に帰れないことによる精神的損害、⑤避難生活の不便さによる精神的損害、⑥先の見通しがつかない不安による精神的損害の6項目に分類し、かつそれぞれについて5つ程度の質問を行っている。ここではすべてを示すことはできないので、特徴的な項目をいくつか取り上げてみることにする。

まず、①被曝による精神的損害に関しては、「放射能が見えないことへの恐怖と苦痛」「低線量被曝による影響への不安と苦痛」について苦痛を訴える回答が多い。この点は、放射能の身体への影響についての直接的不安が、全く払拭されていないこと、除染への不信につながる恐怖が今も強いことを示唆している。

次に、②地域社会（コミュニティ）破壊による精神的損害では、避難先のコミュニティへの参加についての苦痛なども聞いているが、やはり、それ以上に、自分たちのコミュニティが破壊され、人間関係が失われている現状や将来についての不安が大きい傾向が見られる。なかでも、浪江町のコミュニティが本当に回復されるのかに関わる不安と苦痛が最も高い数値を示している。

③平穏な日々の喪失による精神的損害については、家族の分裂に関わる苦痛の項目、仕事や生きがいの喪失に関わる苦痛の項目などについて質問しているが、ほぼすべての項目で高い苦痛が示されている。

次に、④自宅に帰れないことによる精神的損害については、プライバシーの制限や、近隣との関係など現状の生活に関わる苦痛以上に、住み慣れた家の喪失、手入れができないこと、墓参りができないことなどへの苦痛度が高く、生活の場が失われたことによる代替不可能な精神的苦痛が非常に強いことがうかがわれる。また、この自宅に帰れないことによる苦痛は、他の苦痛と比較しても、強い数値を示しており、なお、浪江町への愛着と帰れないことの不安の狭間での苦痛が大きいことがうかがわれる。

次に、⑤避難生活の不便さによる精神的損害では、現状の生活環境、生活上の不便に起因する精神的苦痛について問うている。これら現状の生活に関する苦痛は、失われた生活に起因する苦痛と比較すると比較的低いものの、いずれの質問においても高い苦痛度を示す回答がもっとも多く、現状の生活環境・状況についても、強い精神的苦痛が存在していることを示している。

最後に、⑥先の見通しがつかない不安による精神的損害では、一部を除いてすべて、①から⑤の各質問項目と比較しても強い不安・苦痛を示しており、多くの住民にとって、今後の生活の設計や安全性などについての不安、苦痛が、きわめて強いことを示している。このように先が見えないという状況は、社会生活の様々な側面で、現状が一時的な状況にとどまり、仕事にしても人間関係にしても、本来の安定した生活の中で保持できる「気持ちのよりどころ」としては機能しえないことを意味している。生活の全般にわたる不安は、それ自体として、人々にとって、耐えがたい苦痛を及ぼしているというほかない。

4　帰還意思

最後に帰還への意思について見てみよう。帰還について年代別に整理したのが、図7である。「国が示している期間後に除染が完了したら帰る」とする者は、全体で722名とわずか7.9%であった。また、「除染にどれだけかかっても、町内全体の除染が完了した時点で帰還する」も、やはり、全体で827名（9.1%）にとどまっている。他方、「帰還しない」と断言する解答が3163名（34.8%）と、ほぼ3分の1にのぼっている。また「わからない」が4145名と45.6%と半数近くにのぼる。また、年代に別では、年齢層が上がるごとに帰還の意思を示す回答が増え、若年層では、帰還する意思のあるものはわずかである。若年層では、既に新たな地域に生計維持の必要から根を張らざるを得ないこと、子供への放射能の影響をより強く不安に感じていることなどが、影響していると思われる。全体からわかるのは、多くの住民が、国の発表はもちろん、客観的にも除染可能性、すなわち放射能の影響の除去の可能性について、大きな不安を抱えていること、またコミュニティとして機能するだけの条件が整うか、帰還までの間の家族の生活、家族の健康や将来設計などに不安を感じ続けていることが明らかである。

図7　帰還の意思（年代別）

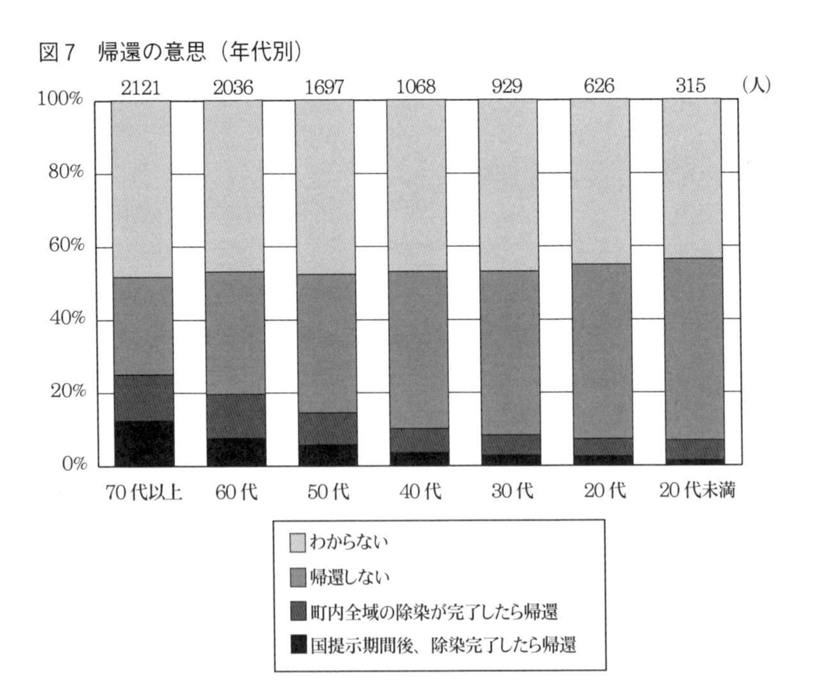

また、3分の1の住民が「帰還しない」と明言していることは、除染がもし完成したとしても、町としてのコミュニティ機能の回復には困難が伴うことを意味している。「除染が完了したら帰還する」に回答せずに、「わからない」とした回答の多くは、こうした現実の①放射能汚染の除去可能性への疑念、②コミュニティ回復の可能性への疑念、③家族の生活や健康、家族の将来設計と、希望としての長年暮らしてきた浪江への愛着との間での悩みと苦痛の表現と言えるかもしれない。ちなみに、復興庁、福島県、浪江町が行った平成26年度の調査結果を見ると、「帰還しない」48.4%にまで増加している。

なお、帰還意思を年代別に見てみると、「帰還しない」と決めている層は、若い世代ほど多く、逆に高齢層ほど、「除染が完了したら帰還する」が多くなる傾向がはっきりと現れている。

次に、帰還しない理由について、あえて、「除染後の安全性への不安」と、「帰還しても元の生活が送れない」の選択肢のみ挙げて二者択一で聞いた結果が、図8である。「元の生活が送れない」との理由が「除染への不安」を示す解答を大きく上回っており、除染されれば帰還できるといった単純な論理ではなく、今回の事故により生活環境やコミュニティ自体が破壊され回復不能と思われることが、大きなウェイトを占めていることがうかがわれる。

図8　帰還しない理由

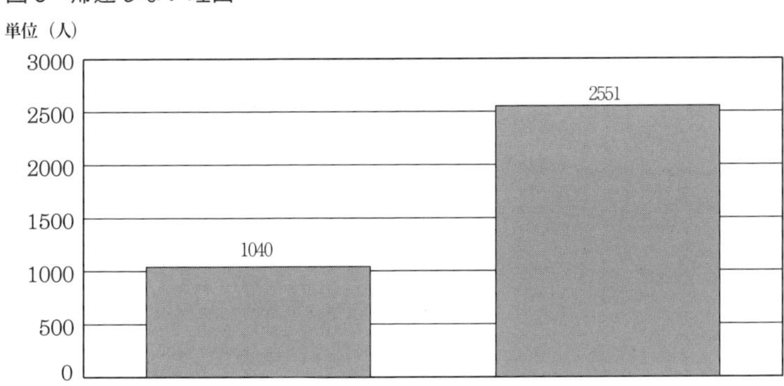

Ⅱ　まとめの考察

この調査結果全体が示すのは、民事的な損害賠償を考える際にも、あるいは行政による救済と補償を考える際にも、その基盤となる従来型の損害論では把握しきれない苦痛がそこに存在しているということである。伝統的な損害論に基づいた発想を採る限り、被災者の苦痛とは、ずれが生じてくる可能性が高い。本調査の結果は新たな救済へのアプローチを創案していく上で、出発点となる知見を提供してくれている。

また、除染の効果や科学的データをもって示される安全性の議論は、住民がその全生活との関連で感じる体感的な恐怖や安全への意識とは大きくずれている。科学的言説が住民に受容されるためには、たとえそれが客観的であるとしても、人々の深く傷ついた苦悩や恐怖の感覚を共感的に受け入れる姿勢がなければ、困難であろう。苦悩や恐怖は、科学的言説のみによって消失するものではない。この点、科学的言説と住民の意識の間には、超えがたい共約不可能性が存在するというほかない。

法システムは、こうした共約不可能な認識が対立しコンフリクトが生じる場合に、その仲介を行うシステムと言うことも出来る。超えがたい共約不可能な言説の対立に、一定の和解をもたらす効果である。しかしながら、実は、法的言説自体、また住民の認識と、さらには科学的言説とも共約不可能であり、それゆえ、ADRや訴訟など法システムの動員は、状況に新たな共約不可能性を持ち込む事にほかならないと見ることも出来る。具体的には、住民が抱える苦痛や恐怖に向き合うとき、法は従来の概念構成に基づき、そこに当てはめようとすることで、苦痛の本質を十分には救済できないなどである。たとえばADRでも、その申立ては金銭的請求の形でなされることになる。しかし、金銭的苦痛は、住民にとって、重要ではあってもその一部でしかない。しかも金銭的評価を前提とする枠組みは、被災者が被っている被害と苦痛の有り様をとらえ切れてはいない。法的言説は、最終的には権力的効果をもつことになるため、こうした問題により慎重に対応すべきであると思われる。

参考文献

和田仁孝・西田英一・中西淑美『浪江町被害実態報告書』2013
和田仁孝「被災者の苦痛と被害の実態」法と民主主義486号、2014

（わだ・よしたか　早稲田大学教授）

原発事故賠償をめぐる訴訟の概要

米倉　勉

福島第一原発事故による被害者の避難先は、北海道から沖縄まで全国各地に広がっている。そのこと自体が、この事故の巨大さと、放射線被ばくのリスクに対する地域住民の強い警戒感と恐怖感を示している。

これらの多数かつ多様な被害者を救済するために、全国各地に被害救済のための弁護団が結成されて、それぞれ活発な取り組みを展開している。全国に散在する被害者の被害の態様は一様ではなく、大別すると、①避難行動をとった人々、②放射線被ばくにさらされている居住地に滞在している人々に分けられる。このうち前者には、政府の避難指示による避難者（区域内避難者）と、避難指示区域外から主体的な判断で避難している人々（区域外避難者）がいる。さらに区域外避難者には、原賠審が一応の金銭支払いの対象とした「自主的避難対象区域」からの避難者と、それ以外の区域からの避難者がある。それぞれが、いずれも固有の論点と立証テーマを持ち、それぞれの困難を有する。

各地の弁護団には、これら多様な被害者の中で、複数の態様の被害者を集団訴訟によって同時に提訴している地域もあれば、その態様ごとに別の訴訟を提起している地域もある。しかし、いずれも何らかの形で放射線被ばくによるリスクを避けるための行動を取ったことによって、重大な有形・無形の損害を被っている被害者らであり、あるいは日々自然放射線レベルを超える被ばくを強いられながら、「低線量」被ばくとしてまともな賠償の対象にされないまま放置されている被害者らである。

それぞれの地域の弁護団が、その擁する被害者の権利・利益を救済するために、被害の解明と分析、評価にどのような研究と工夫をし、どのような請求を立てる苦心を重ねてきたか、全国各地の弁護団における訴訟やADR申立の内容を、末尾の一覧表のとおり集約し、さらに下記のとおり各地の弁護団からの報告を得た。

なお、これらの弁護団はいずれも、被害救済のために自主的に結集した「原発事故全国弁護団連絡会」（以下「全弁連」と略称する）に参加している自主的な弁護団である。全弁連は既に2年以上に亘って、約2ヶ月に1度のペースで定例の会合を持ち、情報を集約し、問題提起と意見交換を重ねることで、英知と労力を共同化してきた。筆者はこの全弁連を運営する委員の1人として関わってきたものである。短期間に最新の情報と報告を寄せていただいた全国の弁護団に感謝したい。

（よねくら・つとむ　弁護士・福島原発被害弁護団幹事長）

【「生業を返せ、地域を返せ！」福島原発事故被害弁護団】

事故を公害ととらえ原状回復と慰謝料を求める訴訟を担当（福島地裁）。原告団（滞在者と避難者）は約4000名。福島県全市町村とその隣接県に原告を擁する全国最大規模の訴訟。国の責任を明らかにし、原状回復・全体救済・脱原発を目的に掲げている。帰還困難者の“ふるさと喪失”訴訟、東電が自死との因果関係を初めて認めた樽川事件など個別事案も担当。太陽光発電、借り上げ住宅の期間延長や住み替え、営業損害に対する課税阻止など法廷外の活動も行う（参照、原告団・弁護団編『あなたの福島原発訴訟』（かもがわ出版、2014年）、弁護団サイト：http://www.nariwaisoshou.jp/）。

【福島原発被害弁護団（通称「浜通り弁護団」）】

福島地裁いわき支部において、個別事件のほか2つの大規模訴訟を提起している。「避難者訴訟」は、強制避難の対象となった双相地域や川俣町山木屋地区等の住民が原告となり、東京電力を被告としている。早期の審理終結・救済を実現するため、多岐に及んでいる損害項目を、避難生活に伴う慰謝料、故郷喪失慰謝料、居住用不動産、家財の4つに絞り、生活の再建を図る。居住用不動産は元の生活の再取得を可能とするため、時価ではなく、双相地域の平均住宅敷地面積（500 m²）までは、県内の市街地における平均的地価を基準に算定する。

「いわき市民訴訟」では、東電と国を被告として、継続的な低線量被ばくによる不安とストレス、地域力の低下による無形の損害を賠償させるが、将来的には政策形成による被害回復を展望する。そのために、社会調査的手法を取り入れた陳述書をとりまとめて、被害状況の分析と立証に取り組んでいる。

【福島原発被害首都圏弁護団（福島原発被害東京訴訟）】

原発事故被害者の支援活動をする東京災害支援ネット（とすねっと）に関わる若手・中堅弁護士を中心に2011年9月結成した。避難区域の内外、避難者・滞在者を問わず、被害者への謝罪と生活再建に適った完全賠償等の実現を目的する。結成当初から避難区域の内外による一方的な「線引き」の問題性を指摘して、その最先端の問題に取り組んでいる。現在、都内に避難する被害者をはじめ「線引き」に翻弄されている被害者等を原告とし、国と東電を被告とする集団訴訟（福島原発被害東京訴訟）を東京地裁にて行っている。また、避難の現場での支援活動の経験から、被害者や支援者とともに住宅問題や医療問題等、現に生活上直面する問題にも取り組んでいる。

【原発被害救済千葉弁護団】

福島第一原発事故から半年後の2011年9月、千葉県弁護士会所属の弁護士有志により結成され、現在団員は60名。これまで、千葉県内の事業者や県内避難者など原発事故で被害を受けた方の相談やADR、訴訟の個別提起、さらには、事故から2年後の2013年3月11日と7月12日に県内避難者18世帯47名が原告となり国および東京電力を被告として、避難者集団訴訟を千葉地裁に提起した。同時期に提訴した3弁護団と同様全国に先駆けた訴訟として、2014年12月にはすでに10回の口頭弁論を経て2015年には専門家や原告本人尋問等の証拠調べを予定。また、前例のない事故被害に対し、「ふるさと喪失」という新たな損害概念を研究者の成果を基に法的に構成、請求した。完全賠償にとどまらず、国の法的責任の明確化により区域内外の線引を超えた全面救済に向けた政策形成などを目指している。

【福島原発被害者支援かながわ弁護団】

横浜弁護士会による震災被害者に対する相談活動、支援活動の延長として、

2011年10月1日に結成、団員は約150名（団長水地啓子）。神奈川県内の事業者、福島から神奈川への避難者、福島県内の避難者・滞在者などの損害賠償について、ADRと訴訟を併用しながら完全賠償を目指している。2013年9月11日に第一次提訴を行い、2014年12月22日の第四次提訴までの原告は合計61世帯174名となる（横浜地裁）。

国と東電の責任の明確化、全てを奪われた被害者の損害の完全な賠償、特に、避難指示等対象区域内外の賠償水準の格差の打開を目指す。早期から原告団、支援の会を結成し、全国の被害者との連帯を模索するとともに、一般市民の理解を拡げるべく積極的に活動している。

【原発被災者支援北海道弁護団】

3・11直後、まず札幌弁護士会が、東日本大震災災害緊急対策本部を立ち上げ、原発事故による損害賠償や補償を求める北海道へ避難してきた被災者の方々のための支援を開始、まもなく旭川、釧路、函館の各弁護士会も活動に加わった。同年9月、北海道全体の弁護団を立ち上げ、いわゆる「中間指針」の内容や「原発ADR」の利用方法等について支援を拡大した。

2013年6月、東電と国を被告とする訴訟を提起した。北海道には福島市などいわゆる区域外からの避難者が多数存在し、さらには栃木県や千葉県など福島県外からの避難者も存する。それらの方々の避難と原発事故との因果関係が重要な課題となる。さらに原発被災者の損害について、単なる個別積上げ方式ではなく、「規範的な抽象的損害計算」の優位性について積極的に取り組んでいる。

【原発被害救済山形弁護団】

2012年4月に、山形県内の弁護士有志により結成された。山形県内への避難者およびその家族、山形県内への避難後に福島県内へ帰還した方を原告、東京電力および国を被告として、避難生活等に伴う慰謝料請求訴訟を山形地裁に提起している。避難元にかかわらず、慰謝料の請求額を一律にしている。自主的避難等対象区域からの避難者で、同居していた家族が分離する「二重生活」かつ、父が福島県内に残って母および子だけが山形県内に避難する「母子避難」の世帯を多く抱える。避難者の状況が類似している新潟・群馬などの弁護団とも連携を密にしている。慰謝料以外の損害の賠償請求については、ADRを積極的に活用し、一定の成果を上げている。

【福島原発被害救済新潟県弁護団】

新潟地方裁判所において、国および東京電力を被告として、慰謝料1人あたり1100万円の支払いを求める訴訟を提起している。原告は、「福島県内から新潟県に避難している又はしたことがある者を含む世帯」の方々であり、これまで第一陣（2013年7月23日提訴）、第二陣（2014年3月10日提訴）、第三陣（2014年10月20日提訴）あわせて計208世帯711名となっており、福島県外の同種の訴訟の中では最大規模となっている。

主張、立証については、全国の弁護団と情報共有を行いつつ、近隣県である山形、群馬、埼玉の各弁護団と密に連携し、共同研究、意見交換等を行っている。

【原子力損害群馬弁護団】

2011年9月、群馬弁護士会所属弁護士の有志により立ち上げられた。2013年9月11日から2014年9月11日にかけて三次にわたって前橋地方裁判所に提訴している。原告は、福島県内から群馬県内への避難者を中心に合計44世帯137名であり、国と東京電力に対し、慰謝料等の支払を求めている（請求内容は山形・新潟と同様）。裁判所の積極的な訴訟指揮に特徴があり、期日は概ね月1回のペースで、裁判所から各当事者に多数の求釈明が行われている。また、原告意見陳述も、事前の書面提出等を条件に毎期日実施されており（被告側が異議を差し挟む余地はない）、訴訟救助についても、決定前に被告側に求意見し、二次・三次提訴では全原告（相当額の収入がある世帯を含む）に救助決定が発令されている。

【福島原発事故損害賠償愛知・岐阜弁護団】

当弁護団では、東京電力に対する直接請求、原子力損害賠償紛争解決センター（原発ADR）を利用した仲介申立など、避難者の賠償請求手続の支援をした。しかし、いずれの手続においても東電の対応は不誠実であり、十分な賠償の実現は困難であることから、東電と国を被告とし、損害賠償請求訴訟を提起することとし、2013年6月に第一次提訴、同年12月に第二次提訴、2014年3月には第三次提訴（このときから岐阜への避難者の方が参加）を行った。これまでに、この訴訟に原告として参加している方は114名（2015年1月末日現在）にのぼる。訴訟においては、東電と国の責任を明らかにし、また、避難者への十分な賠償を実現するべく訴訟活動を行っている。

【東日本大震災による被災者支援京都弁護団】

京都府下には、今も484人の避難者が行政の支援を受けて避難生活をしている（京都府調べ。2014年12月1日現在）。東日本大震災による被災者支援京都弁護団は、福島県いわき市出身の川中宏弁護士を団長に結成され、こうした避難者に対する支援活動をしている。

当弁護団は、2013年9月17日、国と東電を相手取って損害賠償請求訴訟を提起した。二次提訴を経て、2014年末時点で、原告数は51世帯144名となった。訴訟の目的は、被害の回復、真相究明および避難者支援に向けての政策転換である。特に、京都の原告団は、いわゆる区域外からの避難者が多数を占めることから、避難の相当性、すなわち因果関係が大きな争点となることが予想される。

【東日本大震災による原発事故被災者支援関西弁護団】

2011年10月に、主に大阪弁護士会に所属する弁護士の有志により結成された。現在、弁護団員は119名。大阪府下だけではなく近畿、あるいはその周辺地域への避難者、およびその家族が原告となって、国および東京電力を被告として、大阪地方裁判所に集団訴訟を提起している。原告には避難指示区域内外からの避難者、その家族で滞在を続ける者も含まれる。また、原告には福島県外からの避難者も含まれている。避難指示対象区域外の地域からの避難者が多数を占める。父が避難元に滞在を続け、母子のみが避難する「母子避難」「世帯分離」の原告も多い。避難指示区域の内外、避難者、滞在者を問わず、全ての被害者が救済されることを求めている。

【原発事故被災者支援ひょうご弁護団】

阪神淡路大震災を経験する兵庫県内の弁護士有志が中心となり、2012年4月に結成された（団長は古殿宣敬弁護士）。「子どもたちの未来、当たり前の日常、認めよ！　避難の権利」のスローガンを掲げ、国と東京電力を被告として、神戸地方裁判所に、2013年9月30日に原告18世帯54名で第一次提訴を、2014年3月7日に原告11世帯29名で第二次提訴を行った。原告らは、いわゆる「自主的避難者」がほとんどである。この訴訟を通じて、事故原因の徹底的解明がなされ、国の法的責任が明確化されるとともに、原発事故被災者に対する恒久的補償制度が実現されることを目指している。

【東日本大震災による原発事故被災者支援弁護団（原発被災者弁護団）】

東京三弁護士会の震災支援の受け皿として結成、団員は約400名。都内避難者や、福島県内の避難者・滞在者など、500件以上6000人に上るADR申立を行った。ADRでは獲得できない部分につき、事故当時の居住地域や同じ境遇の者ごとに集団訴訟を提起していることが特徴。賠償請求を地域の団結力・再生力を再構築するきっかけにしたいと考える。①田村市都路町への移住者が、自然との共生生活を喪失したことの慰謝料と、旧緊急時避難準備区域の財物損害を求める訴訟（東京地裁）。②南相馬市鹿島区（30 km圏外でありながら中間指針上の対象区域）の滞在者が、2011年9月で打ち切られた滞在者慰謝料の継続を求める訴訟（福島地裁）。

【みやぎ原発損害賠償弁護団】

2012年3月、仙台弁護士会の有志（現在30名）により結成された。

2014年3月、国および東電を相手に、「避難生活」慰謝料、「ふるさと喪失」慰謝料の支払を求め提訴した。避難者が失ったものは生存基盤そのものであることから、裁判所に対しては、原発被害総体を真摯に見極めるため、検証その他、早期に現地にて現状把握することを求めている。

なお、当弁護団では、福島県から宮城県への避難者への支援はもとより、宮城県内における被災者の救済にも取り組んでいる。

【埼玉原発事故責任追及訴訟弁護団】

埼玉では原発事故直後から、弁護士有志が避難者らの相談業務やADR代理業務を手がけてきたが、中間指針にとらわれた賠償基準では被害の救済として全く不十分であった。2014年3月10日、国と東電に対して損害賠償請求訴訟を提起した（さいたま地裁）。訴訟の目的は、事故の原因究明、事故を起こした国と東電の責任追及、それに被害者の生活再建に適った完全賠償の実現。2015年1月末現在、避難区域内外からの避難者約50名が原告となって訴訟を展開している。市民による「埼玉訴訟を支援する会」も結成され、期日後の報告集会のほか、映画上映会や学習会を開催するなど、原発被害の問題について世論喚起すべく積極的な活動を展開している。

【岡山原発被災者支援弁護団】

2012年11月、岡山弁護士会の弁護士有志で結成をした。原発事故による岡山県内への避難者は、災害の少ない土地であること、県内に原子力発電所がないこと、自治体による支援が充実していること等もあって、被災地から遠方であるにもかかわらず、近畿以西で最大の数となっている。2014年3月10日、国と東京電力を被告として岡山地方裁判所に訴訟を提起し、避難を余儀なくされたことに対する損害賠償を求めている。原告は、原発事故時、福島県内に居住し、その後に岡山に避難された方、またはその家族の方で、自主的避難等対象区域からの避難者が多い。訴訟を通じて、被災者の方に真に救済がなされるよう努力をしていきたい。

【福島原発ひろしま訴訟避難者弁護団】

広島では、発災直後から、弁護士会が中心となり、被災者支援にあたってきた。対東京電力の関係では、2011年8月、原発損害賠償請求を支援する弁護士の会（広島）が発足し、ADR申立を中心とした法的支援を行っている。

2014年9月、国および東京電力に対して、集団訴訟を提起した。原告には、福島県のみならず、関東圏からの避難者もいる。その目的は、福島第一原発の事故の責任を明らかにすること、全ての人が適切かつ平等な賠償を受けられること、健康面や生活面に対する支援体制が十分確保されること、そして、次世代に同じような被害や苦痛を与えることの無いようにすることである。

原告団と弁護団が一丸となって、この目標を達成すべく、主張立証に取り組んでいきたい。

【福島原発損害賠償愛媛弁護団】

2014年3月10日に福島県内から愛媛県に避難している人12名が原告とな

り、国および東京電力に対して損害賠償訴訟を松山地裁に提起した。原発事故の原因究明と避難者の生活再建に適った完全賠償等の実現を目的としている。2012年9月11日に東日本大震災で愛媛県に避難している人たちが中心になってNPO法人えひめ311が結成され、避難者の支援や減災活動等を行っており、原発損害賠償訴訟についても支援している。

松山地裁には伊方原発の差し止め訴訟も係属しているが、福島の悲劇を繰り返してはいけないと福島からの避難者も原告に名を連ねている。福島原発事故発生から4年が経ち、世間の関心の薄れなど原発事故の風化が進んでいるが、避難者が平穏な生活を取り戻せるまで避難者に寄り添って支援を継続していきたい。

【福島原発事故被害救済九州弁護団】

被災者支援活動に取り組んできた福岡県弁護士会災害対策委員会メンバーが中心となって、2014年に弁護団を結成した。団員は約50名（団長吉村敏幸）。九州各地への避難者約40名により、2014年3月に国と東京電力に催告通知。半年後の2014年9月9日に原告31名（10世帯）が国と東電を被告に第一次訴訟を提起した。被告らの責任の明確化、適切な賠償の確保、すべての被災者に対する恒久的支援制度の確立を目指す。原告らはいずれも区域外避難者であり、福島県外の東北圏・関東圏からの避難者も多く、訴訟においては避難範囲（避難の相当性）が重要争点となることが予想される。

【“小高に生きる！”原発被害弁護団】

2014年12月、福島県南相馬市小高区の住民344名が、東京電力を被告として損害賠償を求める訴えを提起した。この訴訟は、避難生活に対する慰謝料のほか、“小高に生きる”ことを奪われたことに対する慰謝料の支払いを求めるものである。小高区の住民は、原発事故直後、着の身着のままで町からの退出を強制され、現在も帰還の目途は立っていない。長い歴史と豊かな自然に育まれた“小高”で家族や仲間に囲まれながら暮らし人生を全うするという住民たちのささやかな夢は、永遠に奪われた。本件の原告はこの裁判で、新たな生活を築き人生に希望を見出すために最低限必要な糧を得ることを目指す。

福島原発事故に関する集団訴訟各地の提訴状況のまとめ

		1	2
弁護団		「生業を返せ、地域を返せ！」 福島原発事故被害弁護団	
弁護団HP		http://www.nariwaisoshou.jp/	
裁判所		福島地方裁判所※全て併合	
被 告		国・東電	
訴訟名		「生業を返せ、地域を返せ！」 福島原発訴訟	
提訴日		第一次 2013年3月11日　第四次 2014年9月10日 第二次 2013年9月10日 第三次 2014年3月10日	第一次 2013年5月30日 第二次 2014年9月10日
原告数		第一次 800名　第四次 1285名 第二次 160名 第三次 620名	第一次 12世帯26名 第二次 6世帯14名
原告の属性		福島県とその隣接県の滞在者と避難者（内、約9割は福島県、滞在者と避難者の割合は7：3）	避難指示等対象区域から主に福島県内（および首都圏）への避難者
主な請求の内容	原状回復	原告らの居住地において、空間線量率を0.04 μ Sv/h以下とせよ	――――
	慰謝料	事故発生から原告ら居住地の空間線量率が0.04 μ Sv/hとなるまで、原告1人当たり月5万円を支払え	ふるさと喪失につき2000万円を支払え
	実損害	弁護士費用のみ	居住用不動産等の再取得費用土地1368.8万円（全国平均）建物2238万円（全国平均）を賠償せよ

3
福島原発被害弁護団（通称：浜通り弁護団）
http://www.kanzen-baisho.com/
福島地方裁判所いわき支部 （第二陣は第一陣と併合しない）
東電
福島原発避難者訴訟
第一次 2012年12月3日　第四次 2014年5月21日 第二次 2013年7月17日 第三次 2013年12月26日
第一次 17世帯39名　第四次 35世帯119名 第二次 64世帯181名 第三次 35世帯137名
避難指示等対象区域から主に福島県内（および首都圏）への避難者
――
ふるさと喪失につき2000万円・避難生活につき月50万円を支払え
居住用不動産等の再取得費用（福島県市街地における再取得を可とする金額）土地：500㎡までは福島県市街地における平均地価（38000円／㎡）＋500㎡を超える面積部分について固定資産評価額の単価×1.43 建物：フラット35の2238万円（115.3㎡）＋115.3㎡を超える延べ床面積×2011年度の平均新築単価（15万8800円円／㎡）・家財道具購入費（損害保険基準）・弁護士費用等を賠償せよ（その他の実損害は、別途解決する）

4	5
福島原発被害弁護団 （通称：浜通り弁護団）	福島原発被害首都圏弁護団
同前	http://genpatsu-shutoken.com/blog/
福島地方裁判所いわき支部 （避難者訴訟とは併合しない）	東京地方裁判所
国・東電	国・東電
元の生活をかえせ・ 原発事故被害いわき市民訴訟	福島原発被害東京訴訟
第一次 2013年３月11日 第二次 2013年11月26日 第三次 2014年12月17日	第一次 2013年３月11日 第二次 2013年７月26日 第三次 2014年３月10日
第一次 822名 第二次 574名 第三次 181名	第一次 ３世帯８名 第二次 14世帯40名 第三次 73世帯234名
自主的避難等対象区域（いわき市）の滞在者	〈第一次・第二次〉自主的避難等対象区域（いわき市）から首都圏への避難者およびその家族〈第三次〉首都圏への避難者 19 世帯 42 名、福島県田村市の滞在者 42 世帯 152 名、福島県他地域の滞在者５世帯 20 名、栃木県県北地域の滞在者７世帯 20 名
——	——
いわき市全域の空間線量率が 0.04 μSv/h となり、かつ福島第一原発の廃炉完了まで、月３万円（18 歳未満月８万円）・事故後に懐胎・誕生した子どもを除き 25 万円（事故当時妊婦であれば +25 万円）を支払え	〈第一次・第二次〉避難生活につき月 50 万円／１人 〈第三次〉1800 万円／１人
弁護士費用のみ	避難費用、休業損害、弁護士費用等を賠償せよ

6	7
原発被害救済千葉県弁護団	福島原発被害者支援 かながわ弁護団
http://gbengo-chiba.com/	http://kanagawagenpatsu.bengodan.jp/
千葉地方裁判所	横浜地方裁判所
国・東電	国・東電
福島第一原発事故 被害者集団訴訟	福島原発かながわ訴訟
第一次 2013年3月11日 第二次 2013年7月12日	第一次 2013年9月11日　第四次 2014年12月22日 第二次 2013年12月12日 第三次 2014年3月10日
第一次 8世帯20名 第二次 10世帯27名	第一次 17世帯44名　第四次 26世帯81名 第二次 6世帯22名 第三次 12世帯27名
千葉県への避難者とその家族避難指示等対象区域15世帯38名自主的避難等対象区域2世帯5名その他（福島県内）1世帯4名	神奈川県への避難者とその家族避難指示等対象区域45世帯124名自主的避難等対象区域16世帯50名
――	――
コミュニティ喪失につき2000万円避難生活につき月50万円を支払え	ふるさと喪失・生活破壊につき2000万円・避難生活につき月35万円を支払え
居住用不動産等の再取得費用土地1368.8万円（全国平均）建物2238万円（全国平均）・家財道具購入費（損害保険基準）・その他、避難費用、弁護士費用等を賠償せよ	居住用不動産等の再取得費用土地1368.8万円（全国平均）建物2238万円（全国平均）・家財道具購入費（損害保険基準）・その他、避難費用、弁護士費用等を賠償せよ

8	9
原発事故被災者支援 北海道弁護団	原発被害救済 山形弁護団
http://hokkaido-genpatsu-bengodan.jp/	http://mlaw.cocolog-nifty.com/
札幌地方裁判所	山形地方裁判所
国・東電	国・東電
原発事故損害賠償・北海道訴訟	――
第一次 2013年6月21日　第四次 2014年8月12日 第二次 2013年9月27日　第五次 2014年8月21日 第三次 2014年3月4日　第六次 2014年12月15日	第一陣 2013年7月23日 第二陣 2014年3月10日
第一次 13世帯43名　第四次 1世帯2名 第二次 20世帯70名　第五次 1世帯4名 第三次 33世帯110名　第六次 6世帯21名	第一陣 62世帯227名 第二陣 57世帯204名
北海道への避難者とその家族避難指示等対象区域8世帯自主的避難等対象区域61世帯その他(白河市) 3世帯、会津若松1世帯、松戸市1世帯	山形県への避難者とその家族避難指示等対象区域12世帯42名自主的避難等対象区域106世帯385名会津若松市1世帯4名
――	――
1人当たり1000万円	1人当たり1000万円
1人当たり500万円＋弁護士費用（不動産に関する損害は除く）	弁護士費用のみ

10	11	12
福島原発被害救済 新潟県弁護団	原子力損害賠償 群馬弁護団	福島原発事故損害賠償 愛知弁護団
http://genpatubengodan.cocolog-nifty.com/blog/	http://gunmagenpatsu.bengodan.jp/	http://genpatsu-aichi.org/
新潟地方裁判所	前橋地方裁判所	名古屋地方裁判所
国・東電	国・東電	国・東電
――	――	――
第一陣 2013年9月11日 第二陣 2014年3月10日 第三陣 2014年10月20日	第一陣 2013年9月11日 第二陣 2014年3月10日 第三陣 2014年9月11日	第一次 2013年6月24日 第二次 2013年12月20日 第三次 2014年3月5日
第一陣 101世帯354名 第二陣 30世帯99名 第三陣 77世帯258名	第一陣 32世帯90名 第二陣 10世帯35名 第三陣 3世帯12名	第一次 8世帯29名 第二次 15世帯44名 第三次 13世帯41名
新潟県への避難者とその家族避難指示等対象区域28世帯90名その他（自主的避難等対象区域を含む福島県内）73世帯264名（第二陣・第三陣は未集計）	群馬県への避難者とその家族避難指示等対象区域22世帯65名自主的避難等対象区域20世帯60名（第三陣は未集計）	愛知県・岐阜県への避難者とその家族自主的避難等対象区域13世帯51名その他（福島県内）10世帯22名（第三次は未集計）
――	――	――
1人当たり1000万円	1人当たり1000万円	1人当たり1000万円
弁護士費用のみ	弁護士費用のみ	弁護士費用のみ

13	14
東日本大震災による 被災者支援京都弁護団	原発事故被災者支援 関西弁護団
http://hisaishashien-kyoto.org/	http://hinansha-shien.sakura.ne.jp/kansai_bengodan/index.html
京都地方裁判所	大阪地方裁判所
国・東電	国・東電
――	原発賠償関西訴訟
第一次 2013年９月17日 第二次 2014年３月７日	第一次 2013年９月17日 第二次 2013年12月18日 第三次 2014年３月７日
第一次 33世帯91名 第二次 20世帯53名	第一次 27世帯80名 第二次 14世帯40名 第三次 40世帯105名
京都府への避難者とその家族・避難指示等対象区域２世帯２名 ・自主的避難等対象区域 43 世帯 124 名 ・その他の福島県内５世帯９名 ・福島県外３世帯９名	関西地方への避難者とその家族避難指示等対象区域 14 世帯 29 名自主的避難等対象区域 54 世帯 161 名その他 13 世帯 35 名
――	――
慰謝料および客観的損害として１人当たり 500 万円・弁護士費用を賠償せよ（財物損害は後日追加予定）	慰謝料および客観的損害として１人当たり 1500 万円・弁護士費用を賠償せよ（財物損害は後日追加予定）

15	16
兵庫県原発被災者支援弁護団	東日本大震災による 原発事故被災者支援弁護団
http://hinansha-hyogo.sakura.ne.jp/index.html	http://ghb-law.net/
神戸地方裁判所	東京地方裁判所
国・東電	国・東電
福島原発事故 ひょうご訴訟	阿武隈会訴訟
第一次 2013年9月30日 第二次 2014年3月7日	第一次 2014年3月10日 第二次 2014年8月5日
第一次 18世帯54名 第二次 11世帯29名	第一次 21世帯44名 第二次 2世帯3名
兵庫県への避難者とその家族避難指示等対象区域4世帯11名自主的避難等対象区域23世帯69名その他(福島県内) 2世帯3名	田村市都路町のうち、旧緊急時避難準備区域にあたる地域に、自然との共生生活を求めて移住してきた者
――	――
慰謝料および客観的損害として1人当たり1500万円 弁護士費用を賠償せよ(財物損害は後日追加予定)	自然との共生生活等喪失慰謝料(自然との共生生活や、自給自足の生活、第二のふるさと、終の棲家を奪われたことに対する慰謝料)として、1000万円
	財物損害(土地に関しては購入価格。住居に関しては購入価格、建築価格、セルフビルドの場合は建築士による建築価格の推計。家財に関しては、購入価格、市場価格)。なお、旧緊急時避難準備区域であるが、全損評価を求める 固定資産税相当額の損害 弁護士費用

17	18	19
東日本大震災による原発事故被災者支援弁護団	みやぎ原発損害賠償弁護団	原発被害救済弁護団（埼玉）
同前	http://mgs-bengodan.net/	http://genpatsu.bengodan.jp/
福島地方裁判所（相馬支部より回付）	仙台地方裁判所	さいたま地方裁判所
国・東電	国・東電	国・東電
鹿島区訴訟	――	埼玉原発事故責任追及訴訟
第一次 2014年10月29日	第一次 2014年3月3日 第二次 2014年12月22日（予定）	第一次 2014年3月10日 第二次 2015年1月19日
第一次 11世帯23名	第一次 22世帯58名 第二次 10世帯21名（予定）	第一次 6世帯16名 第二次 7世帯30名
南相馬市鹿島区の滞在者（30㎞圏外で、政府による避難指示区域外であるが、「地方公共団体が住民に一時避難を要請した区域」として中間指針上の対象区域となっている地域）	宮城県への避難者とその家族	埼玉県への避難者とその家族
――	――	――
主に滞在者慰謝料として600万円（2011年9月で賠償打ち切りとされているため、同年10月よりとりあえず5年間分の月10万円の慰謝料を求める）	①ふるさと喪失等慰謝料3000万円 ②避難生活慰謝料840万円（月額35万円×2年）	1人当たり1000万円
弁護士費用	弁護士費用	弁護士費用のみ

20	21	22
岡山原発被災者支援弁護団	福島原発ひろしま訴訟避難者弁護団	（愛媛）※弁護団は結成せず
http://okayamabengodan.blog.fc2.com/	http://k-sugar.cocolog-nifty.com/hiroshimanuclear/	なし
岡山地方裁判所	広島地方裁判所	松山地方裁判所
国・東電	国・東電	国・東電
福島原発おかやま訴訟	――	――
2014年３月10日	2014年９月10日	2014年３月10日
34世帯96名	11帯28名	６世帯12名
岡山県への避難者とその家族避難指示等対象区域２世帯５名自主的避難等対象区域28世帯78名その他の福島県内４世帯13名	広島への避難者飯舘避難準備区域から１世帯５名その他福島県から８世帯21名関東地方から２世帯２名	愛媛県内への避難者避難指示等対象区域１世帯４名その他の福島県内５世帯８名
――	――	――
１人当たり1000万円 弁護士費用	１人当たり1000万円 弁護士費用	１人当たり500万円 弁護士費用

23	24
原発事故被害者弁護団 福岡	“小高に生きる！” 原発被害弁護団
http://genpatsukyusai-kyushu.net/	なし
福岡地方裁判所	東京地方裁判所
国・東電	東電
福島原発事故被害救済 九州弁護団	――
2014年９月９日	2014年12月19日
10帯31名	344名
九州地方への避難者福島県から４世帯14名東北・関東地方から６世帯17名	震災当時，南相馬市小高区及び原町区の避難指示等対象区に居住していた避難者
――	――
１人当たり500万円 弁護士費用	①避難生活に対する慰謝料（月額20万円を避難指示の解除後3年を経過するまで） ②「小高に生きる」ことを奪われたことに対する慰謝料（2000万円）
	弁護士費用

*福島県内の地域は、原子力損害賠償紛争審査会の中間指針追補における「避難指示等対象区域」「自主的避難等対象区域」の定義に従い分類。
*原発事故被害者支援・全国弁護団連絡会が2015年1月25日までに集約した情報。

索引

あ行

か行

さ行

た行

な行

は行

ま・や・ら行

編者
淡路剛久（あわじ・たけひさ）立教大学名誉教授
吉村良一（よしむら・りょういち）立命館大学大学院法務研究科教授
除本理史（よけもと・まさふみ）大阪市立大学大学院経営学研究科教授

福島原発事故賠償の研究

2015年5月25日　第1版第1刷発行

編　者――淡路剛久・吉村良一・除本理史
発行者――串崎　浩
発行所――株式会社日本評論社
〒170-8474　東京都豊島区南大塚3-12-4
電話　03-3987-8621（販売）
FAX　03-3987-8590
振替　00100-3-16
印　刷――精興社
製　本――精光堂

装幀／有田睦美
ISBN 978-4-535-52093-6